全国BIM技术应用
校企合作系列规划教材

总主编 金永超

BIM模型 园林工程应用

风景园林相关专业适用

主　编 杨华金 唐 岱
副主编 陈 贤 柏文杰 钟文武

西安交通大学出版社
XI' AN JIAOTONG UNIVERSITY PRESS

内容简介

本书共有8章，分为基础入门篇(第1～3章)、专业实践篇(第4～7章)、综合实训篇(第8章)三个部分。基础入门篇重点介绍BIM的概念、BIM工具与相关技术及园林工程的BIM软件使用基础等内容。专业实践篇按园林工程的专业特点，结合工程实践按各阶段工作要求由浅入深地对当前我国特定条件下适合园林工程BIM技术的软件(如：Autodesk Revit、Navisworks、SketchUp、Fuzor、GIS、Civil 3D、Lumion、佳园软件、园林古建等)进行介绍并针对学生设计应用教学。每个单元操作均有案例引导，具有较强的实战性。综合实训篇(第8章)以一个园林工程案例重点介绍园林工程BIM的应用流程和各阶段专业要求，同时学生通过实践练习，可进一步理解利用BIM软件进行园林工程设计的相关要求。

本书可作为高等院校风景园林学及相关专业学生在BIM景观模型创建和设计方面的课程教材，也可作为园林工程行业的管理人员和技术人员学习参考用书，以及BIM相关培训教材。

图书在版编目(CIP)数据

BIM模型园林工程应用/杨华金，唐岱主编. —西安：西安交通大学出版社，2018.5
全国BIM技术应用校企合作系列规划教材
ISBN 978-7-5693-0585-2

Ⅰ.①B…　Ⅱ.①杨…②唐…　Ⅲ.①园林设计-计算机辅助设计-应用软件-教材　Ⅳ.①TU986.2

中国版本图书馆CIP数据核字(2018)第087656号

书　　名　BIM模型园林工程应用
主　　编　杨华金　唐　岱
责任编辑　史菲菲　祝翠华

出版发行　西安交通大学出版社
（西安市兴庆南路10号　邮政编码710049）
网　　址　http://www.xjtupress.com
电　　话　(029)82668357　82667874(发行中心)
(029)82668315(总编办)
传　　真　(029)82668280
印　　刷　西安东江印务有限公司

开　　本　787mm×1092mm　1/16　**印张**　13.75　**字数**　340千字
版次印次　2018年10月第1版　2018年10月第1次印刷
书　　号　ISBN 978-7-5693-0585-2
定　　价　49.80元

读者购书、书店添货，如发现印装质量问题，请与本社发行中心联系、调换。
订购热线：(029)82665248　(029)82665249
投稿热线：(029)82668526　(029)82668133
读者信箱：BIM_xj@163.com

“全国BIM技术应用校企合作系列规划教材”
编写委员会

“全国 BIM 技术应用校企合作系列规划教材”编审单位

天津大学
华中科技大学
西安建筑科技大学
北京工业大学
天津理工大学
长安大学
昆明理工大学
沈阳建筑大学
云南农业大学
南昌航空大学
西安理工大学
哈尔滨工程大学
青岛理工大学
河北建筑工程学院
长春工程学院
西南林业大学
广西财经学院
南昌工程学院
西安思源学院
桂林理工大学
黄河科技学院
北京交通职业技术学院
上海城市管理职业技术学院
广东工程职业技术学院
云南工程职业技术学院
云南开放大学
云南工商学院
昆明冶金高等专科学校
陕西铁路工程职业技术学院
南通航运职业技术学院
昆明理工大学津桥学院
石家庄铁道大学四方学院
中国建筑股份有限公司
清华大学建筑设计研究院有限公司
中国航天建设集团
中机国际工程设计院有限公司
上海东方投资监理有限公司
云南工程勘察设计院有限公司
云南城投集团
陕西建工第五建设集团有限公司
云南云岭工程造价咨询事务所有限公司
中国建筑科学研究院北京构力科技有限公司
东莞市柏森建设工程顾问有限公司
香港图软亚洲有限公司北京代表处
广东省工业设备安装有限公司
金刚幕墙集团有限公司
上海赛扬建筑工程技术有限公司
福建省晨曦信息科技股份有限公司
译筑信息科技(上海)有限公司
云南比木文化传播有限公司
北京筑者文化发展有限公司
江苏远统机电工程有限公司
江苏远通企业有限公司
上海谦亨网络信息科技有限公司
北京中京天元工程咨询有限公司
香港互联立方有限公司
筑龙网
中国 BIM 网

总序 Preface

当前，中国建筑业正处于转型升级和创新发展的重要历史时期，以数字信息技术为基本特征的全球新一轮科技革命和产业变革开启了中国建筑业数字化、网络化、精益化、智慧化发展的新阶段。BIM 则是划时代的一项重大新技术，它引导人们由二维思维向三维思维甚至是虚拟的多维思维的转变，并以此广泛应用于建设开发、规划设计、工程施工、建筑运维各阶段，最终走向建筑全寿命周期状态和性能的实时显示与把控。第四次工业革命已经悄然来临，BIM 技术在推动和发展建筑工业化、模块化、数字化、智能化产品设计和服务模式方面起到了独特的作用，特别是它可以实时反映和管控规划、设计和建造甚至运行使用中建筑物产品的节能、减排效应的状况。因此，BIM 在建筑产业中的推广应用，已经成为当今时代的必然选择。

随着国家和地方相关行业政策和技术标准的相继出台，更是助推了 BIM 深入发展和广泛应用。

在迎接日益广泛推广应用 BIM 和进一步研发 BIM 的当下，以及在今后相当长的一段时间里，都必须积极采取措施，强化培养从事 BIM 实操应用和研究开发的专业人才。相关高等和专科学校，应当根据不同学科和专业的需要，开设适当层级的 BIM 课程（选修课和必修课）。同时，有效地开展不同形式的 BIM 培训班和专门学校，也是必要的可行的，以应现实之所需。

有鉴于此，以金永超教授为首的几位教授、专家和西安交通大学出版社，于去年夏天，联合邀约从事 BIM 教学工作的教授老师和在企业负责担任 BIM 实操领导工作的专家里手一起，经过多次会商研讨后，共推金永超教授为总主编，在他统筹策划和主持下，“全国 BIM 技术应用校企合作系列规划教材”应运而生，内容分别为适用于建筑学相关专业、土木工程相关专业、机电工程相关专业、项目管理相关专业、工程造价相关专业、工程管理相关专业、风景园林相关专业和建筑装饰相关专业的教材一套共八本，其浩繁而艰巨的编写、编辑、出版工作就积极紧张地开始了。在不到一年的时间里，本人有幸在近日收到了其中的四本样书。如此高效顺利付梓出版，令我分外高兴和不胜钦佩之至，对此人们不能不看到作者们和编辑出版同仁们所付出的艰辛功劳，当然它也是校企与出版社密切合作的结果成果。我从所见到的这四本样书来看，这套教材总体编辑思路是清楚的，内容选取和次序安排符合人们的一般思维逻辑和认知规律。而本套教材的每一本书均针对一种特定的相关专业，各本书均按照基础入门篇、专业实践篇和综合实训篇三部分内容和顺序开展叙述和讲解。这是一项具有一定新意的尝试，以尽力符合本套教材针对落地实操的基本需求。

至于 BIM 多维度概念、全寿命周期理念，以及其具体实操的程序和方法，则是尚需我们努力开发的目标和任务，同时在产业体制、机制上，也需要作相应的改革和变化，为适应和满足真正开通实施全寿命周期管理创造基本条件和铺平道路。我们期望人们在学习这套教材的同时，或是学习这套教材之后，对 BIM 的认知思维必定有所升华，即能从二维度思维、立体思维扩大至多维度思维，经过大家的不懈努力，则我们追求的“全生命周期管理”目标定当有望矣！其实本人后面这些话语，乃是我本人对中国 BIM 技术发展的遐想和对学习 BIM 课程学子们的殷切期望。

这套系列教材实是校企双方在 BIM 技术教学和实操应用过程中交流合作，联合取得的重要成果，是提供给广大院校培养 BIM 人才富含新意内容的教材。同时，它也是广大工程专业人员学习 BIM 技术的良师益友。参与编著出版者对这套规划系列教材所付出的不懈努力和他们的敬业精神，令人印象十分深刻，为此本人谨表敬意，同时本人衷心期望，这套规划系列教材能一如既往地抓紧抓好，不忘初心方得始终地圆满完成任务。这套作为普及性的 BIM 教材，内容简练并具有一定的特色，但全书内容浩繁，估计全书不足之处在所难免，本人鼓励各方人士积极提出批评意见，以期再版时，得到进一步改进和充实。

特欣然为之序！

许溶烈

住建部原总工程师

瑞典皇家工程科学院院士

2017 年 4 月 1 日于北京

总前言 Foreword

建筑业信息化是建筑业发展的一大趋势，建筑信息模型(Building Information Modeling，BIM)作为其中的新兴理念和技术支撑，正引领建筑业产生着革命性的变化。时至今日，BIM 已经成为工程建设行业的一个热词，BIM 应用落地是当前业界讨论的主要话题。人才匮乏是新技术进步与发展的重大瓶颈，当前 BIM 人才缺乏制约了 BIM 的应用与普及，学校是人才培养的重要基地，只有源源不断的具备 BIM 能力的毕业生进入工程行业就业，方能破解当前企业想做 BIM 而无可用之人的困境，BIM 的普及应用才有可能。然而，现在学校的 BIM 教育并没有真正地动起来，做得早的学校先期进行了一些探索，总结了一些经验，但在面上还没能形成气候。究其原因有很多，其中教师队伍和教材建设是主要原因。从当前 BIM 应用的实际，我们的企业走在前头，有了很多 BIM 应用的经验和案例，起步早的企业已有了自己的 BIM 应用体系，故此在住建部、教育部相关领导的关心指导下，在西安交通大学出版社和筑龙网的大力支持下，我们联合了目前学校研究 BIM 和开展 BIM 教学的资深老师和实践 BIM 的知名企业于 2016 年 8 月 13 日启动了这套丛书的编制，以期推动学校 BIM 教育落地，培养企业可用的 BIM 人才，力争为国家层面 2020 年 BIM 应用落地作点贡献！

本套教材定位为应用型本科院校和高等职业院校使用教材，按学科专业和行业应用规划了 8 个分册，其中《BIM 建筑模型创建与设计》《BIM 结构模型创建与设计》《BIM 水、暖、电模型创建与设计》注重 BIM 模型建立，《BIM 模型集成应用》《BIM 模型算量应用》《BIM 模型施工应用》则注重 BIM 技术应用。结合当前 BIM 应用落地的要求，培养实用性技术人才是当前的迫切任务，因此本套教材在目前理论研究成果下重视实践技能培养。基于当前学校教学资源实际，制定了统一的教育教学标准，因材施教。系列教材第一版分基础入门篇、专业实践篇、综合实训篇三个部分开展教授和学习，内容基本涵盖当前 BIM 应用实际。课程建议每专业安排 3 学分 48 学时，分两学期或一学期使用，各学校根据自身实际情况和软硬件条件开展教学活动。

教法：基础入门篇为通识部分，是所有专业都应该正确理解掌握的部分，通过探究 BIM 起缘，AEC 行业的发展和社会文明的进步，教学生认识到 BIM 的本质和内涵；通过对 BIM 工具的认识形成正确的工具观；对政策标准的学习可以把脉行业趋势使技术路线不偏离大的方向。学习 Revit 基础建模是为了使学生更好地理解 BIM 理念，形成 BIM 态度，通过实操练习得到成就感以激发兴趣、促进专业应用教学。BIM 应用离不开专业支撑，专业实践部分力求体现现阶段成熟应用，不求全但求能开展教学并使学生学有所获。综合实训是对课时不足的有益补充，案例多数取材实际应用项目，可布置学生在课外时间完成或作为课程设计使用，以提高学生实战能力。

学法：学生须勤动手、多用脑，跟上教学节奏，学会举一反三，不断探究研习并积极参与工程实践方能得到 BIM 真谛。把书中知识变成自己的能力，从老师要我学，变成我要学，用

BIM 思维武装自己的头脑，成长为对社会有益的建设人才。

BIM 是一个新生的事物，本身还在不断发展，寄希望一套教材解决当前 BIM 应用和教育的所有问题显然不合适。教育不能一蹴而就，BIM 教育也不例外，需要遵循教育教学规律循序而进。本系列教材为积极推进校企合作以及应用型人才培养工程而生，充分发挥高校、企业在人才培养中的各自优势，推动 BIM 技术在高校的落地推广，培养企业需要的专业应用人才，为企业和高校搭建优质、广阔的合作平台，促进校企合作深度融合，是组织编写这套教材的初衷。考虑到目前大多数高校没有开展 BIM 课程的实际，本套教材尽量浅显易教易学，并附有教学参考大纲，体现 BIM 教育 1.0 特征，随着 BIM 教育逐渐落地，我们还会组织编写 BIM 教育 2.0、3.0 教材。我们全体编写人员和主审专家希望能为 BIM 教育尽绵薄之力，期待更多更好的作品问世。感谢我们全体策划人员和支持单位的全力配合，也感谢出版社领导的重视和编辑们的执着努力，教材才能在短时间内出版并向全国发行。特别感谢住建部前总工程师许溶烈先生对教材的殷殷期望。

本套教材为开展 BIM 课程的相关院校服务，既可满足 BIM 专业应用学习的需要又可为学校开展 BIM 认证培训提供支持，一举两得；同时也可作为建设企业内训和社会培训的参考用书。

最后需要强调：BIM，是技术工具，是管理方法，更是思维模式。中国的 BIM 必须本土化，必须与生产实践相结合，必须与政府政策相适应，必须与民生需要相统一。我们应站在这样的角度去看待 BIM，才能真正做到传道授业解惑。

金永超

2017 年 4 月于昆明

前言 Forword

《BIM 模型园林工程应用》的编写旨在为高等院校风景园林学及相关专业学生提供 BIM 景观模型创建和设计方面的课程指导，为相关课程的任课教师提供讲授内容的参考。本书内容涵盖 BIM 在园林工程设计行业的主要应用软件的操作，建立 BIM 各专业内容模型的创建方法，提供了从方案设计到施工图设计的操作流程，使用 BIM 软件进行参数设计、性能设计和协同设计等内容。同时，教材介绍了相关案例和工程经验。本教材共有 8 章，分为基础入门篇、专业实践篇、综合实训篇三个部分。基础入门篇（第 1～3 章）重点介绍 BIM 的概念、BIM 工具与相关技术及园林工程的 BIM 软件使用基础等内容。专业实践篇（第 4～7 章）按园林工程的专业特点，结合工程实践按各阶段工作要求由浅入深地对当前我国特定条件下适合园林工程 BIM 技术的软件（如：Autodesk Revit、Navisworks、SketchUp、Fuzor、GIS、Civil 3D、Lumion、佳园软件、园林古建等）进行介绍并针对学生设计应用教学。每个单元操作均有案例引导，具有较强的实战性。其中：第 4～5 章讲述了模型信息，软件操作，项目标准，建模准备，原始场地的创建与分析，场地环境设计，种植、设施与小品设计等设计步骤。综合实训篇（第 8 章）以一个园林工程案例重点介绍园林工程 BIM 的应用流程和各阶段专业要求，同时学生通过实践练习，可进一步理解利用 BIM 软件进行园林工程设计的相关要求。

本教材的第 1～2 章在原编委完成并出版的基础上，由本教材编委根据内容做局部调整；以后各篇/章由杨华金和唐岱负责组织编写。编写的主要参与者有：云南农业大学园林学院陈贤、陈新建、熊瑞萍；西南林业大学园林学院刘柯三，昆明理工大学建筑与城市规划学院毛智睿，云南大学滇池学院荣超，云南安泰兴滇建筑设计有限公司郑文，昆明市建筑设计研究院股份有限公司柏文杰，云南城投集团蔡嘉明、钟文武，云南工程勘察设计院有限公司王珏、汤倩、彭雪松、许伟琦、程娇等专家和学者。同时，教材在编写过程中得到了昆明理工大学刘铮教授、张学忠教授的大力支持！感谢中国建筑科学研究院北京构力科技有限公司的夏绪勇、杨洁和姜立等专家提供的佳园软件的资料和说明书。

编 者

2018 年 5 月于昆明

目 录
Contents

教学大纲 ······ 1

基础入门篇

第 1 章 **BIM 概论** ······ 7

1.1 BIM 的基本概念 ······ 7

1.2 BIM 的发展与应用 ······ 11

1.3 BIM 技术相关标准 ······ 18

第 2 章 **BIM 工具与相关技术** ······ 23

2.1 BIM 工具概述 ······ 23

2.2 BIM 相关技术 ······ 35

第 3 章 **园林工程中的 BIM 与软件基础** ······ 41

3.1 园林工程 BIM 现状 ······ 41

3.2 园林工程 BIM 技术的需求 ······ 41

3.3 园林工程 BIM 模型与数据架构 ······ 42

3.4 园林 BIM 工程软件 ······ 43

专业实践篇

第 4 章 **园林工程 BIM 模型信息与流程** ······ 47

4.1 模型信息的生成 ······ 47

4.2 模型信息交换 ······ 48

4.3 设计流程 ······ 48

第 5 章 园林工程 BIM 标准与建模 …… 50

5.1 园林项目标准 …… 50
5.2 建模准备 …… 54
5.3 原始场地的创建与分析 …… 55
5.4 场地环境设计 …… 70
5.5 种植、设施与小品设计 …… 76
5.6 园林设计综合步骤 …… 84

第 6 章 园林工程 BIM 模型综合与应用 …… 179

6.1 园林 BIM 模型综合 …… 179
6.2 园林 BIM 模型应用 …… 185

第 7 章 园林工程 BIM 协同与数据 …… 191

7.1 协同设计的数据引用 …… 191
7.2 协同设计的常用方法 …… 191
7.3 数据的共享与管理 …… 193

综合实训篇

第 8 章 园林工程 BIM 实训案例 …… 197

8.1 项目概况 …… 197
8.2 项目成果展示 …… 198
8.3 实训目标要求 …… 206
8.4 提交成果要求 …… 206
8.5 实训准备 …… 206
8.6 实训步骤和方法 …… 206
8.7 实训总结 …… 206

附 录 BIM 相关软件获取网址 …… 207

参考文献 …… 208

教学大纲

课程性质:专业选修课

适用专业:园林、风景园林等专业

先行、后续课程情况:

先行课:园林规划设计、园林工程、植物造景

后续课程:多专业联合毕业设计及项目综合训练

学分数:2

总课时:32 课时

一、课程目的与任务

了解 BIM 模型的范畴、基本概念和相关技术,掌握 BIM 模型在园林工程中应用的技术支撑、信息流程、建模标准、协同管理的基本理论和实现路径,明确 BIM 模型园林工程应用在园林工程中的作用,以及其在专业课程体系中的地位和作用。

二、课程的基本要求

(1)了解 BIM 模型的范畴、基本概念和相关技术。

(2)掌握 BIM 模型在园林工程中应用的技术支撑、信息流程、建模标准、协同管理的基本知识和实现路径。

(3)掌握应用 BIM 软件进行园林工程设计、工程管理的实务和相关要求。

三、课程的教学内容

第 1 章　BIM 概论

掌握 BIM 的基本概念、BIM 的发展与应用、BIM 技术相关标准。

第 2 章　BIM 工具与相关技术

1. 该章的基本要求与基本知识点

(1)正确理解 BIM 在园林工程上的工具软件及其应用特点。

(2)了解 BIM 的相关技术及其使用特点。

2. 要求学生掌握的基本概念、理论、原理

BIM 核心建模软件、BIM 可持续(绿色)分析软件、BIM 机电分析软件、BIM 结构分析软件、BIM 可视化软件、BIM 深化设计软件、BIM 模型综合碰撞检查软件、BIM 造价管理软件、BIM 运营管理软件、BIM 发布审核软件。

3. 教学重点与难点

BIM 工具软件的交互性与协同性,BIM 在相关技术领域的辐射。

4. 习题课安排

(1)BIM 工具软件的类型及应用特点。

(2)BIM 工具软件的交互性与协同性在园林工程中的应用优势。

(3)BIM 在相关技术领域的辐射与 BIM 的应用前景。

第3章　园林工程中的BIM与软件基础

1.该章的基本要求与基本知识点

(1)了解园林工程发展对软件信息平台的要求增长与BIM应用现状。

(2)掌握园林工程中应用BIM整体出图、施工图与工程量清单协同性的技术。

(3)掌握园林设计的三维可视化和方案优化的BIM路径。

2.要求学生掌握的基本概念、理论、原理

园林工程中的整体出图、工程量清单、BIM的工程模型与数据架构。

3.教学重点与难点

整体出图、施工图与工程量清单的协同,BIM的工程模型与数据架构。

4.习题课安排

(1)园林工程的规范发展对软件信息平台的支持提出的要求有哪些?

(2)简述BIM在整体出图、施工图与工程量清单的协同和设计的三维可视化和方案的优化方面对园林工程的技术支持。

第4章　园林工程BIM模型信息与流程

1.该章的基本要求与基本知识点

(1)掌握BIM模型信息生成的技术。

(2)掌握景观工程中BIM软件之间数据交换的特点。

(3)掌握应用BIM的园林景观设计流程。

2.要求学生掌握的基本概念、理论、原理

BIM模型信息的生成、BIM软件之间数据交换、BIM的园林景观设计流程。

3.教学重点与难点

BIM模型信息的生成、BIM软件之间数据交换。

4.习题课安排

(1)简述BIM模型信息的生成。

(2)简述BIM软件之间数据交换。

(3)简述BIM的园林景观设计流程。

第5章　园林工程BIM标准与建模

1.该章的基本要求与基本知识点

(1)正确理解园林工程项目建模标准。

(2)掌握园林工程BIM建模的具体操作。

2.要求学生掌握的基本概念、理论、原理

园林工程项目建模标准,原始场地的创建与分析,场地环境设计,种植、设施与小品设计。

3.教学重点与难点

(1)园林工程项目建模标准。

(2)基于佳园园林设计软件景观设计的综合步骤和方法。

4.习题课安排

(1)园林工程项目建模标准是什么?

(2)简述基于佳园园林设计软件景观设计的综合步骤和方法。

(3)园林植物净化空气的作用主要体现在哪几个方面?

第 6 章　园林工程 BIM 模型综合与应用

1. 该章的基本要求与基本知识点

(1)正确理解 BIM 建模在园林工程中的专业划分。

(2)掌握 BIM 模型在园林工程中的整合。

2. 要求学生掌握的基本概念、理论、原理

主导专业建模、链接模型、模型综合。

3. 教学重点与难点

(1)BIM 建模的专业划分。

(2)BIM 模型的整合。

4. 习题课安排

(1)BIM 建模在园林工程中怎样进行专业划分?

(2)简述 BIM 模型在园林工程中的整合技术。

第 7 章　园林工程 BIM 协同与数据

1. 该章的基本要求与基本知识点

(1)正确理解协同设计通常的两种工作模式。

(2)掌握协同设计的常用方法。

2. 要求学生掌握的基本概念、理论、原理

工作集、模型链接。

3. 教学重点与难点

协同设计的常用方法。

4. 习题课安排

协同设计通常有两种工作模式,这两种模式的各自要点有哪些?

第 8 章　园林工程 BIM 实训案例

1. 该章的基本要求与基本知识点

(1)正确理解使用 Revit 创建室外景观的思路,了解建模流程和使用 Lumion 软件快速制作园区展示视频。

(2)掌握软件基本功能与使用方法。

2. 要求学生掌握的基本概念、理论、原理

建模流程、生成工程量清单。

3. 教学重点与难点

项目的正向设计,生成工程量清单。

4. 习题课安排

简述基于案例项目 BIM 软件的操作流程。

四、课程学时分配

内　容	课堂讲授	习题课	实验	小计	课外学时
第 1 章　BIM 概论	2 学时				
第 2 章　BIM 工具与相关技术	2 学时				
第 3 章　园林工程中的 BIM 与软件基础	4 学时				
第 4 章　园林工程 BIM 模型信息与流程	4 学时				
第 5 章　园林工程 BIM 标准与建模	4 学时				
第 6 章　园林工程 BIM 模型综合与应用	4 学时				
第 7 章　园林工程 BIM 协同与数据	2 学时				
第 8 章　园林工程 BIM 实训案例			10 学时		

五、成绩考核

成绩以考查方式进行。

总评成绩＝设计作业×70％＋设计汇报×30％

六、选用教材及参考资料

1. 教材

杨华金，唐岱. BIM 模型园林工程应用[M]. 西安：西安交通大学出版社，2018.

2. 参考书

(1)BIM 工程技术人员专业技能培训用书编委会. BIM 建模应用技术[M]. 北京：中国建筑工业出版社，2016.

(2)柏慕进业. Autodesk Revit Architecture 2016 官方标准教程[M]. 北京：电子工业出版社，2016.

(3)许秦. BIM 建筑模型创建与设计[M]. 西安：西安交通大学出版社，2017.

(4)鸿业 BIMSpace 系列软件教程[Z]. 2017.

(5)PKPM GARLAND. 佳园园林设计软件及 PKPM 古建设计软件 GUCAD[I]. 中国建筑科学研究院建筑工程软件研究所，2008.

七、教学大纲编制说明

1. 教学目的与课程性质、任务

本课程作为专业选修课在大学四年级开设。通过本课程的理论讲授和实习教学，学生可以掌握园林工程 BIM 的基础知识和基本技能。

2. 课程的主要内容

主要内容：园林工程 BIM 模型的基础知识和基本方法。

基础入门篇

第1章 BIM概论

教学导入

建筑信息模型(Building Information Modeling)是以建筑工程项目的各项相关信息数据作为模型的基础,进行建筑模型的建立,通过数字信息仿真模拟建筑物所具有的真实信息。本章在介绍BIM的起源、定义、特点等内容基础上,介绍了BIM的特点和主要应用价值,并展望了BIM良好的应用前景。

学习要点

- BIM的基本概念
- BIM的发展与应用
- BIM技术相关标准

1.1 BIM的基本概念

1.1.1 BIM的来源与定义

1975年,"BIM之父"——佐治亚理工学院的Chunk Eastman(查克·伊斯特曼)教授(见图1-1)创建了BIM理念。至今,BIM技术的研究经历了三大阶段:萌芽阶段、产生阶段和发展阶段。BIM理念的启蒙,受到了1973年全球石油危机的影响,美国全行业需要考虑提高行业效益的问题,1975年"BIM之父"伊斯特曼教授在其研究的课题"Building Description System"中提出"a computer-based description of a building",以便于实现建筑工程的可视化和量化分析,提高工程建设效率。

图1-1 Chunk Eastman教授

近三十年我国经济社会进步,尤其建筑行业的快速发展对BIM的应用有大量的实际对象和市场,也存在亟待解决的难题,BIM技术正成为勘察设计行业发展的必然趋势。随着技术的不断进步,BIM应用也和云平台、大数据等产生交叉和互动。中国BIM发展联盟理事长、中国建筑科学研究院原副院长、国家标准《建筑信息模型应用统一标准》主编黄强研究员在论述IFC-BIM与P-BIM的区别与前景的理论中提出:"我们为什么要使用BIM?是为了信息共享,BIM实现了建筑信息模型在建筑生命周期内的复操作性(复操作性,指复用技术),实现了电子数据交换、管理和反馈的流畅且无缝对接,信息只要输入电子系统一次,就能通过技术网络让参与各方瞬时得到。在BIM体系中,建模只是其中一方面,包含在整个过程中,但很多人都简单地把建模等同于BIM,这种观念显然是错误的。"他同时指出:要运用BIM软件,首先要创建一个BIM数据库,参与者都可以从数据库中调取数据,并能将修订后的数据保存在数据库内,这个过程需要BIM标准,从读取数据、用软件工作、完成数据成果,到给别人任务,这种循环过程才是BIM工作的过程,这种过程被定义为"聚合信息,为我所用"。中国BIM应该建立属于自己的实施模式,即P-BIM模式。根据不同的建筑领域建立不同的BIM实施模式,对各领域项目进行不同的项目分解,针对不同领域项目、子项目的任务制定专门的信息创建与交换标准,为各个专业承包商与从业者开发帮助他们完成工作业务的专业软件与协调软件,创建符合每个工作任务需要的子模型,并将虚拟模型与现场实建实体模型进行对比分析,从而指导现场施工。所有的软件围绕BIM做工作,用P-BIM使所有人员都能参与,体现了大众创业、万众创新的精神,开发适合自己的应用软件,实现技术指导。在《BIM的思维层次》文章中,黄强研究员高度提炼并创新了应用软件、软件集成、系统工程、体系工程和互联网五个BIM的思维层次,引起了业界的关注和共鸣。

BIM是Building Information Modeling的缩写,国内比较统一的翻译是:建筑信息模型。BIM是以建筑工程项目的各项相关信息数据作为模型的基础,进行建筑模型的建立,通过数字信息仿真模拟建筑物所具有的真实信息。BIM在建筑的全生命周期内(见图1-2),通过参数化建模来进行建筑模型的数字化和信息化管理,从而实现各个专业在设计、建造、运营和维护阶段的协同工作。

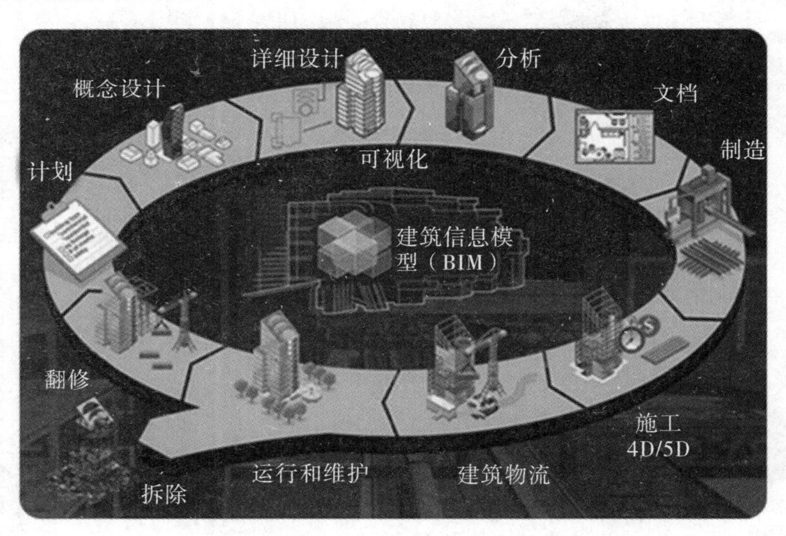

图1-2 建筑全生命周期

国际智慧建造组织(building SMART International,bSI)对BIM的定义包括以下三个层次:

(1)第一个层次是Building Information Model,中文可称之为"建筑信息模型"。bSI对这一层次的解释为:建筑信息模型是一个工程项目物理特征和功能特性的数字化表达,可以作为该项目相关信息的共享知识资源,为项目全生命周期内的所有决策提供可靠的信息支持。

(2)第二个层次是Building Information Modeling,中文可称之为"建筑信息模型应用"。

bSI 对这一层次的解释为:建筑信息模型应用是创建和利用项目数据在其全生命周期内进行设计、施工和运营的业务过程,允许所有项目相关方通过不同技术平台之间的数据互用在同一时间利用相同的信息。

(3)第三个层次是 Building Information Management,中文可称之为“建筑信息管理”。bSI 对这一层次的解释为:建筑信息管理是指通过使用建筑信息模型内的信息支持项目全生命周期信息共享的业务流程组织和控制过程,建筑信息管理的效益包括集中和可视化沟通、更早进行多方案比较、可持续分析、高效设计、多专业集成、施工现场控制、竣工资料记录等。

不难理解,上述三个层次的含义互相之间是有递进关系的,也就是说,首先要有建筑信息模型,然后才能把模型应用到工程项目建设和运维过程中去,有了前面的模型和模型应用,建筑信息管理才会成为有源之水、有本之木。

从学科分类来讲,为了区分建筑学与风景园林,可以将园林景观的信息模型技术简称为 LIM(Landscape Information Modeling)。为了方便交流和沟通,本教材将园林工程 BIM 或 BIM 在园林景观的运用等同于 LIM。

1.1.2 BIM 的特点

BIM 具有可视化、协调性、模拟性、优化性和可出图性五大特点。

(1)可视化。可视化即“所见所得”的形式,对于建筑行业来说,可视化的真正运用在建筑业的作用是非常大的,例如经常拿到的施工图纸,只是各个构件的信息在图纸上采用线条的绘制表达,但是其真正的构造形式就需要建筑业参与人员去自行想象了。对于一般简单的东西来说,这种想象也未尝不可,但是近几年建筑业的建筑形式各异,复杂造型在不断地推出,那么这种光靠人脑去想象的东西就未免有点不太现实了。所以 BIM 提供了可视化的思路,让人们将以往的线条式的构件形成一种三维的立体实物图形展示在人们的面前。建筑业也有设计方面出效果图的事情,但是这种效果图是分包给专业的效果图制作团队识读设计制作出的线条式信息制作出来的,并不是通过构件的信息自动生成的,缺少了同构件之间的互动性和反馈性,然而 BIM 提到的可视化是一种能够同构件之间形成互动性和反馈性的可视,在 BIM 建筑信息模型中,由于整个过程都是可视化的,所以可视化的结果不仅可以用于效果图的展示及报表的生成,更重要的是,项目设计、建造、运营过程中的沟通、讨论、决策都在可视化的状态下进行。

(2)协调性。协调性是建筑业中的重点内容,不管是施工单位还是业主及设计单位,无不在做着协调及相配合的工作。一旦项目在实施过程中遇到了问题,就要将各有关人士组织起来开协调会,找出问题发生的原因及解决办法,然后做出变更,或采取相应补救措施等,从而使问题得到的解决。那么这个问题的协调真的就只能在问题出现后再进行协调吗?在设计时,往往由于各专业设计师之间的沟通不到位,而出现各种专业之间的碰撞问题,例如暖通等专业中的管道在进行布置时,由于施工图纸是各自绘制在各自的施工图纸上的,真正施工过程中,可能在布置管线时正好在此处有结构设计的梁等构件在此妨碍着管线的布置,这种问题就是施工中常遇到的。像这样的碰撞问题的协调解决就只能在问题出现之后再进行解决吗?BIM 的协调性服务就可以帮助处理这种问题,也就是说 BIM 可在建筑物建造前期对各专业的碰撞问题进行协调,生成协调数据,提供出来。当然 BIM 的协调作用也并不是只能解决各专业间的碰撞问题,它还可以解决如电梯井布置与其他设计布置及净空要求的协调、防火分区与其他设计布置的协调、地下排水布置与其他设计布置的协调等。

(3)模拟性。模拟性并不是只能模拟设计出的建筑物模型,还可以模拟不能够在真实世界中进行操作的事物。在设计阶段,BIM 可以对设计上需要进行模拟的一些东西进行模拟实验,例如:节能模拟、紧急疏散模拟、日照模拟、热能传导模拟等;在招投标和施工阶段可以进行 4D 模拟(三维模型加项目的发展时间),也就是根据施工的组织设计模拟实际施工,从而来确定合理的施工方案来指导施工。同时还可以进行 5D 模拟(基于 3D 模型的造价控制),从而来实现成本控制;后期运营阶段可以模拟日常紧急情况的处理方式,例如地震发生时人员逃生模拟及火警时消防人员疏散模拟等。

(4)优化性。事实上整个设计、施工、运营的过程就是一个不断优化的过程,当然优化和 BIM 也不存在实质性的必然联系,但在 BIM 的基础上可以做更好的优化、更好地做优化。优化受三样东西的制约:信息、复杂程度和时间。没有准确的信息做不出合理的优化结果,BIM 模型提供了建筑物的实际存在的信息,包括几何信息、物理信息、规则信息,还提供了建筑物变化以后的实际状况。复杂程度高到一定程度,参与人员本身的能力无法掌握所有的信息,必须借助一定的科学技术和设备的帮助。现代建筑物的复杂程度大多超过参与人员本身的能力极限,BIM 及与其配套的各种优化工具提供了对复杂项目进行优化的可能。基于 BIM 的优化可以做下面的工作:

①项目方案优化:把项目设计和投资回报分析结合起来,设计变化对投资回报的影响可以实时计算出来;这样业主对设计方案的选择就不会主要停留在对形状的评价上,而更多地可以使得业主知道哪种项目设计方案更有利于自身的需求。

②特殊项目的设计优化:例如裙楼、幕墙、屋顶、大空间到处可以看到异型设计,这些内容看起来占整个建筑的比例不大,但是占投资和工作量的比例和前者相比却往往要大得多,而且通常也是施工难度比较大和施工问题比较多的地方,对这些内容的设计施工方案进行优化,可以带来显著的工期和造价改进。

(5)可出图性。运用 BIM 技术,可以进行建筑各专业平、立、剖、详图及一些构件加工的图纸输出。但 BIM 并不是为了出大家日常多见的设计院所出的这些设计图纸,而是通过对建筑物进行可视化展示、协调、模拟、优化以后,可以帮助建设方出如下图纸:①综合管线图(经过碰撞检查和设计修改,消除了相应错误以后);②综合结构留洞图(预埋套管图);③碰撞检查侦错报告和建议改进方案。

1.1.3 BIM 技术的优势

BIM 所追求的是根据业主的需求,在建筑全生命周期之内,以最少的成本、最有效的方式得到性能最好的建筑。因此,在成本管理、进度控制及建筑质量优化方面,相比于传统建筑工程方式,BIM 技术有着非常明显的优势。

1.成本

美国麦格劳-希尔建筑信息公司(McGraw-Hill Construction)指出,2013 年最有代表性的国家中,约有 75%的承建商表示他们对 BIM 项目投资有正面回报率。可以说 BIM 对建筑行业带来的最直接的利益就是成本的减少。

不同于传统工程项目,BIM 项目需要项目各参与方从设计阶段开始紧密合作,并通过多方位的检查及性能模拟不断改善并优化建筑设计。同时,由于 BIM 本身具有的信息互联特性,可以在改善设计过程中确保数据的完整性与准确性。因此,可以大大减少施工阶段因图纸错误而需要设计变更的问题。47%的 BIM 团队认为施工阶段图纸错误与遗漏的减少是最直接影响高投资回报的原因。

此外，BIM 技术对造价管理方面有着先天性优势。众所周知，价格是随经济市场的变动而变化的，价格的真实性取决于对市场信息的掌握。而 BIM 可以通过与互联网的连接，再根据模型所具有的几何特性，实时计算出工程造价。同时，由于所有计算都由计算机自动完成，可以避免手动计算时所带来的失误。因此，项目参与方所获得的预算量非常贴近实际工程，控制成本更为方便。

对于全生命周期费用，因为 BIM 项目大部分决策是在项目前期由各方共同进行的，前期所需费用会比传统建筑工程有所增加。但是，在项目经过某一临界点之后，前期所做的努力会给整个项目带来巨大的利益，并且将持续到最后。

2. 进度

传统进度管理主要依靠人工操作来完成，项目参与方向进度管理人员提供、索取相关数据，并由进度管理员负责更新并发布后续信息。这种管理方式缺乏及时性与准确性，对于工期影响较大。

对于 BIM 项目，由于各参与方是在同一平台，利用统一模型完成项目，因此可以非常迅速地查询到项目进度，并制定后续工作。特别是在施工阶段，施工方可以通过 BIM 对施工进度进行模拟，以此优化施工组织方案，从而减少施工误差和返工，缩短施工工期。

3. 质量

建筑物的质量可以说是一切目标的前提，不能因为赶进度而忽视。建筑质量的保障不仅可以给业主及使用者带来舒适环境，还可以大幅降低运营费用、提高建筑使用效率，最终贡献于可持续发展。BIM 的信息化与协调化都是以最终建筑的高质量为首要目标，即通过最优化的设计、施工及运营方案展现出与设计理念相同的实际建筑。

设计阶段，设计师与工程师可通过 BIM 进行建筑仿真模拟，并根据结果提高建筑物性能。施工阶段的施工组织模拟，可以为施工方在进行实际施工前提出注意点，以防止出现缺陷。

当然，建得再好的建筑物，如果没有后期维护将很难保持其初期质量。运维阶段，通过 BIM 与物联网的合作，可以实时监控建筑物运行状态，以此为依据在最短时间内定位故障位置并进行维修。

1.2 BIM 的发展与应用

1.2.1 AEC 行业的发展历程

AEC 为 Architecture Engineering and Construction 的缩略词，即建筑、工程与施工。从人类开始建造房屋起到现在，随着技术发展与管理需求，AEC 行业迎来了多次翻天覆地的变化。与根据时代背景而频繁出现不同建筑思想与建筑技术相反，建筑流程只有过三种不同形式。

在古代社会，建筑设计与施工的分化并不像现在如此明确，两项均由一名建筑师或工匠所负责。建筑师会根据自己所在地区自然条件与生活习惯等为依据，进行设计与施工。即便项目非常复杂，建筑相关所有信息均出自建筑师一人的头脑。因科技水平的限制，建筑师或工匠较少采用设计图纸，大多数情况下设计与施工是在现场同步实施的。

第一次重要变化出现在文艺复兴时期。在这期间设计与施工逐渐分离，建筑师脱离现场手工制作，专门从事于建筑艺术创作，而后期施工则由专门工匠所负责。在这个分离过程中，建筑过程及建筑工具都发生了根本性改变。建筑师需要把自己的设计概念完整地灌输到工匠脑中，因此设计图纸变得尤为重要，并且成为最重要的施工依据。同时随着造纸技术的发展，图纸在整个建筑业运用得非常频繁。而这也衍生出了除设计与施工以外的交付过程。之后随着科技的发展，建筑也运用了大量的机电设备，同时也分化出多个专业，如暖通、给排水、电气等。可是对于建筑过程的变化则少之又少。这时还是以手绘图纸为基础，设计师进行设计并交到施工方手中进行施工。

直到1980年以后，个人计算机的普及对AEC行业带来了又一波巨大的冲击，其主要以CAD(Computer Aided Design，计算机辅助设计)为主。第一台电子计算机早在1946年就被制造成功，而CAD也诞生于20世纪60年代。可是由于当时硬件设施昂贵，只有一些从事汽车、航空等领域的公司自行开发使用。之后随着计算机价格的降低，CAD得以迅速发展，AEC行业也开始经历信息化浪潮。计算机代替手工作业带来的不仅是设计工具的升级，细节与效率上的提升同样非常显著。比如利用CAD修改设计不再容易出现错误，对图作业也不需要传统对图方式，传递设计文件更加方便。虽然此次改变对建筑工具带来根本性改变，可是对于整个建筑过程，与之前形式相差无几。建筑师设计方案敲定之后由多专业工程师依次进行后续设计，最后交付到施工团队。由于各团队间协调配合工作不够完善，在后期施工期间，依然有大量问题出现。

在这种背景下，随着项目复杂度的提升，对于整个工程项目全程协调与管理的重要性也同样逐渐提高。1975年，伊斯特曼博士在《AIA杂志》上发表一个叫建筑描述系统(Building Description System)的工作原型，被认为是最早提及BIM概念的一份文献。在随后的30年时间中，BIM概念一再提起并由许多专家进行研究，但由于技术所限还是只停留于概念与方法论研究层面上。直到21世纪初，在计算机与IT技术长足发展的前提下，应AEC市场需求，欧特克(Autodesk)在2002年将Building Information Modeling这个术语展现到世人面前并推广。而BIM的出现，也正逐渐带来第三次建筑流程改变。

1.2.2 BIM在国外主要国家的发展路径与相关政策

1. 美国

美国作为最早启动BIM研究的国家之一，其技术与应用都走在世界前列。与世界其他国家相比，美国从政府到公立大学，不同级别的国营机关都在积极推动BIM的应用并制定了各自目标及计划。

早在2003年，美国总务管理局(General Services Administration，GSA)通过其下属的公共建筑服务部(Public Building Service，PBS)设计管理处(Office of Chief Architect，OCA)创立并推进3D-4D-BIM计划，致力于将此计划提升为美国BIM应用政策。从创立到现在，GSA在美国各地已经协助200个以上项目实施BIM，项目总费用高达120亿美元。以下为3D-4D-BIM计划具体细节：

①制订3D-4D-BIM计划；

②向实施3D-4D-BIM计划的项目提供专家支持与评价；

③制定对使用3D-4D-BIM计划的项目补贴政策；

④开发对应3D-4D-BIM计划的招标语言(供GSA内部使用)；

⑤与 BIM 公司、BIM 协会、开放性标准团体及学术/研究机关合作；

⑥制定美国总务管理局 BIM 工具包；

⑦制作 BIM 门户网站与 BIM 论坛。

2006 年，美国陆军工程师兵团(United States Army Corps of Engineers，USACE)发布为期 15 年的 BIM 发展规划(A Road Map for Implementation to Support MILCON Transformation and Civil Works Projects within the United States Army Corps of Engineers)，声明在 BIM 领域成为一个领导者，并制定六项 BIM 应用的具体目标。之后在 2012 年，声明对 USACE 所承担的军用建筑项目强制使用 BIM。此外，他们向一所开发 CAD 与 BIM 技术的研究中心提供资金帮助，并在美国国防部(United States Department of Defense，DoD)内部进行 BIM 培训。同时美国退伍军人部也发表声明称，从 2009 年开始，其所承担的所有新建与改造项目全部将采用 BIM。

美国建筑科学研究所(National Institute of Building Sciences，NIBS)建立 NBIMS-USTM 项目委员会，以开发国家 BIM 标准并研究大学课程添加 BIM 的可行性。2014 年初，NIBS 在新成立的建筑科学在线教育上发布了第一个 BIM 课程，取名为 COBie 简介(The Introduction to COBie)。

除上述国家政府机构以外，各州政府机构与国立大学也相继建立 BIM 应用计划。例如，2009 年 7 月，威斯康星州对设计公司要求 500 万美元以上的项目与 250 万美元以上的新建项目一律使用 BIM。

2. 英国

英国是由政府主导，与英国政府建设局(UK Government Construction Client Group)在 2011 年 3 月共同发布推行 BIM 战略报告书(Building Information Modeling Working Party Strategy Paper)，同时在 2011 年 5 月由英国内阁办公室发布的政府建设战略(Government Construction Strategy)中正式包含 BIM 的推行。此政策分为 Push 与 Pull，由建筑业(Industry Push)与政府(Client Pull)为主导发展。

Push 的主要内容为：由建筑业主导建立 BIM 文化、技术与流程；通过实际项目建立 BIM 数据库；加大 BIM 培训机会。

Pull 的主要内容为：政府站在客户的立场，为使用 BIM 的业主及项目提供资金上的补助；当项目使用 BIM 时，鼓励将重点放在收集可以持续沿用的 BIM 情报，以促进 BIM 的推行。

英国政府表明从 2011 年开始，对所有公共建筑项目强制性使用 BIM。同时为了实现上述目标，英国政府专门成立 BIM 任务小组(BIM Task Group)主导一系列 BIM 简介会，并且为了提供 BIM 培训项目初期情报，发布 BIM 学习构架。2013 年末，BIM 任务小组发布一份关于 COBie 要求的报告，以处理基础设施项目信息交换问题。

1.2.3 BIM 在国内的发展路径与相关政策

受发达国家与建筑行业改革发展的整体需求的影响，近年来 BIM 技术逐步在建筑工程领域普及推广。随着影响的不断加强，各地方政府也先后推出相关 BIM 政策。针对 BIM 技术的应用和发展，住建部早在 2011 年就开始进行 BIM 技术在建筑产业领域的发展研究，先后发布多条相关政策推广 BIM 技术，通过政策影响全国各地的建筑领域相关部门对于 BIM 技术的重视。

2011 年，中华人民共和国住房和城乡建设部发布《2011—2015 年建筑业信息化发展纲要》，声明在“十二五”期间，基本实现建筑企业信息系统的普及应用，加快建筑信息模型、基于网络的协同工作等新技术在工程中的应用，推动信息化标准建设，促进具有自主知识产权软件的产业化，形成一批信息技术应用达到国际先进水平的建筑企业。这一年被业界普遍认为是中国的 BIM 元年。

2016 年，中华人民共和国住房和城乡建设部发布《2016—2020 年建筑业信息化发展纲要》，声明全面提高建筑业信息化水平，着力增强 BIM、大数据、智能化、移动通讯、云计算、物联网等信息技术集成应用能力，建筑业数字化、网络化、智能化取得突破性进展，初步建成一体化行业监管和服务平台，数据资源利用水平和信息服务能力明显提升，形成一批具有较强信息技术创新能力和信息化应用达到国际先进水平的建筑企业及具有关键自主知识产权的建筑业信息技术企业。

此外，中华人民共和国住房和城乡建设部在 2013 年到 2016 年期间，先后发布若干 BIM 相关指导意见：

①2016 年以前政府投资的 2 万平方米以上大型公共建筑以及省报绿色建筑项目的设计、施工采用 BIM 技术。

②截至 2020 年，完善 BIM 技术应用标准、实施指南，形成 BIM 技术应用标准和政策体系；在有关奖项，如全国优秀工程勘察设计奖、鲁班奖（国家优质工程奖）及各行业、各地区勘察设计奖和工程质量最高的评审中，设计应用 BIM 技术的条件。

③推进建筑信息模型（BIM）等信息技术在工程设计、施工和运行维护全过程的应用，提高综合效益，推广建筑工程减隔震技术，探索开展白图代替蓝图、数字化审图等工作。

④到 2020 年末，建筑行业甲级勘察、设计单位以及特级、一级房屋建筑工程施工企业应掌握并实现 BIM 与企业管理系统和其他信息技术的一体化集成应用。

⑤到 2020 年末，以下新立项项目勘察设计、施工、运营维护中，集成应用 BIM 的项目比率达到 90%：以国有资金投资为主的大中型建筑；申报绿色建筑的公共建筑和绿色生态示范小区。

2017 年 2 月底，国务院办公厅印发《关于促进建筑业持续健康发展的意见》。该意见指出，要加强技术研发应用。积极支持建筑业科研工作，大幅提高技术创新对产业发展的贡献率。加快推进建筑信息模型（BIM）技术在规划、勘察、设计、施工和运营维护全过程的集成应用，实现工程建设项目全生命周期数据共享和信息化管理，为项目方案优化和科学决策提供依据，促进建筑业提质增效。

在国家标准方面，先后或即将出台《建筑工程信息模型应用统一标准》（GB/T 51212—2016）、《建筑工程施工信息模型应用标准》、《建筑工程信息模型存储标准》、《建筑工程设计信息模型分类和编码标准》、《建筑工程设计信息模型交付标准》、《制造业工程设计信息模型交付标准》等。

同时，随着 BIM 发展进步，各地方政府按照国家规划指导意见也陆续发布地方 BIM 相关政策，鼓励当地工程建设企业全面学习并使用 BIM 技术，促进企业、行业转型升级，以适应社会发展的需要。

1.2.4 BIM 的应用

BIM 发展至今，已经从单点和局部的应用发展到集成应用，同时也从阶段性应用发展到了项目全生命周期应用。从学科方面讲，BIM由当初针对建筑学发展到规划、风景园林等学科；在建筑领域也向装配式建筑部件设计、制造、安装以及装饰装修、运维等方面深度发展。

1.规划阶段BIM应用

(1)模拟复杂场地分析。随着城市建筑用地的日益紧张，城市周边山体用地将日益成为今后建筑项目、旅游项目等开发的主要资源，而山体地形的复杂性，又势必给开发商们带来选址难、规划难、设计难、施工难等问题。但如能通过计算机直观地再现及分析地形的三维数据，则将节省大量时间和费用。借助BIM技术，通过原始地形等高线数据，建立起三维地形模型，并加以高程分析、坡度分析、放坡填挖方处理，从而为后续规划设计工作奠定基础。比如，通过软件分析得到地形的坡度数据，以不同跨度分析地形每一处的坡度，并以不同颜色区分，则可直观看出哪些地方比较平坦，哪些地方陡峭。进而为开发选址提供有力依据，也避免过度填挖土方，造成无端浪费。

(2)进行可视化能耗分析。从BIM技术层面而言，可进行日照模拟、二氧化碳排放计算、自然通风和混合系统情境仿真、环境流体力学情境模拟等多项测试比对，也可将规划建设的建筑物置于现有建筑环境当中，进行分析论证，讨论在新建筑增加情况下各项环境指标的变化，从而在众多方案中优选出更节能、更绿色、更生态、更适合人居的最佳方案。

(3)进行前期规划方案比选与优化。通过BIM三维可视化分析，也可对于运营、交通、消防等其他各方面规划方案进行比选、论证，从中选择最佳结果。亦即，利用直观的BIM三维参数模型，让业主、设计方(甚至施工方)尽早地参与项目讨论与决策，这将大大提高沟通效率，减少不同人因对图纸理解不同而造成的信息损失及沟通成本。

2.设计阶段BIM应用

从BIM的发展可以看到，BIM最开始的应用就是在设计阶段，然后再扩展到建筑工程的其他阶段。BIM在方案设计、初步设计、施工图设计的各个阶段均有广泛的应用，尤其是在施工图设计阶段的冲突检测及三维管线综合以及施工图出图方面。

(1)可视化功能有效支持设计方案比选。在方案设计和初步分析阶段，利用具有三维可视化功能的BIM设计软件，一方面设计师可以快速通过三维几何模型的方式直接表达设计灵感，直接就外观、功能、性能等多方面进行讨论，形成多个设计方案，进行一一比选，最终确定出最优方案。另一方面，在业主进行方案确认时，协助业主针对一些设计构想、设计亮点、复杂节点等通过三维可视化手段予以直观表达或展现，以便了解技术的可行性、建成的效果，以及便于专业之间的沟通协调，及时做出方案的调整。

(2)可分析性功能有效支持设计分析和模拟。确定项目的初步设计方案后，需要进行详细的建筑性能分析和模拟，再根据分析结果进行设计调整。BIM三维设计软件可以导出多种格式的文件与基于BIM技术的分析软件和模拟软件无缝对接，进行建筑性能分析。这类分析与模拟软件包括日照分析、光污染分析、噪声分析、温度分析、安全疏散模拟、垂直交通模拟等，能够对设计方案进行全性能的分析，只要简单地输入BIM模型，就可以提供数字化的可视分析图，对提高设计质量有很大的帮助。

(3)集成管理平台有效支持施工图的优化。BIM技术将传统的二维设计图纸转变为三维模型并整合集成到同一个操作平台中，在该平台通过链接或者复制功能融合所有专业模型，直观地暴露各专业图纸本身问题以及相互之间的碰撞问题。使用局部三维视图、剖面视图等功能进行修改调整，提高了各专业设计师及负责人之间的沟通效率，在深化设计阶段解决大量设计不合理问题、管线碰撞问题，空间得到最优化，最大限度地提高施工图纸的质量，减少后期图纸变更数量。

(4)参数化协同功能有效支持施工图的绘制。在设计出图阶段，方案的反复修改时常发生，某一专业的设计方案发生修改其他专业也必须考虑协调问题。基于BIM的设计平台所有的视图中(剖面图、三维轴测图、平面图、立面图)构件和标注都是相互关联的，设计过程中只要在某一视图进行修改，其他视图构件和标注也会跟着修改，如图1-3所示。不仅如此，施工图纸在BIM模型中也是自动生成的，这让设计人员对图纸的绘制、修改的时间大大减少。

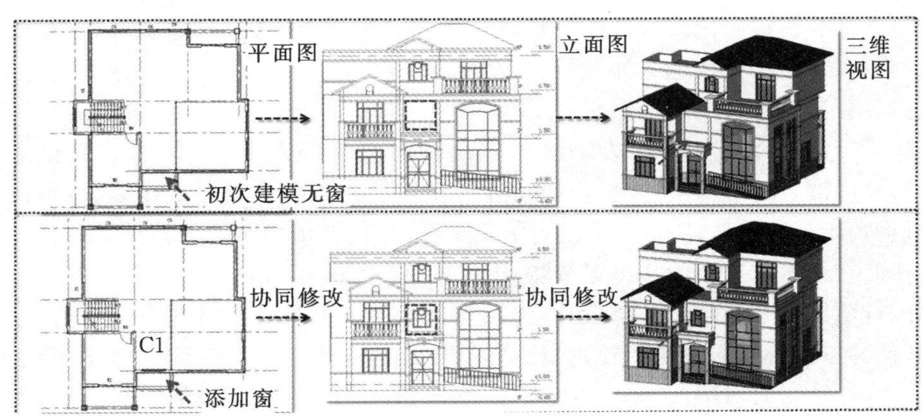

图1-3　一处修改处处更新(关联修正)

3.施工阶段BIM应用

施工阶段是项目由虚到实的过程，在此阶段施工单位关注的是在满足项目质量的前提下，运用高效的施工管理手段，对项目目标进行精确的把控，确保工程按时保质保量完成。而BIM在进度控制与管理、工程量的精确统计等方面均能发挥巨大的作用。

(1)BIM为进度管理与控制提供可视化解决方法。施工计划的编制是一个动态且复杂的过程，通过将BIM模型与施工进度计划相关联，可以形成BIM 4D模型，通过在4D模型中输入实际进度，则可实现进度实际值与计划值的比较，提前预警可能出现的进度拖延情况，实现真正意义上的施工进度动态管理。不仅如此，在资源管理方面，以工期为媒介，可快速查看施工期间劳动力、材料的供应情况、机械运转负荷情况，提早预防资源用量高峰和资源滞留的情况发生，做到及时把控，及时调整，及时预案，从而防止出现进度拖延。

(2)BIM为施工质量控制和管理提供技术支持。工程项目施工中对复杂节点和关键工序的控制是保证施工质量的关键，4D模拟不但可以模拟整个项目的施工进度，还可以对复杂技术方案的施工过程和关键工艺及工序进行模拟，实现施工方案可视化交底，避免由语言文字和二维图纸交底引起的理解分歧和信息错漏等问题，提高建筑信息的交流层次并且使各参与方之间沟通方便，为施工过程各环节的质量控制提供新的技术支持；另外，通过BIM与物联网技术可以实现对整个施工现场的动态跟踪和数据采集，在施工过程中对物料进行全过程的跟踪管理，记录构件与设备施工的实时状态与质量检测情况，管理人员及时对质量情况进行分析和处理，BIM为大型建设项目的质量管理开创新途径和新方法提供了有力的支持。

(3)BIM为施工成本控制提供有效数据。对施工单位而言,具体工程实量、具体材料用量是工程预算、材料采购、下料控制、计量支付和工程结算的依据,是涉及项目成本控制的重要数据。BIM模型中构件的信息是可运算的,且每个构件具有独特的编码,通过计算机可自动识别、统计构件数量,再结合实体扣减规则,实现工程实量的计算。在施工过程中结合BIM资源管理软件,从不同时间段、不同楼层、不同分部分项工程,对工程实量进行计算和统计,根据这些数据从材料采购、下料控制、计量支付和工程结算等不同的角度对施工项目的成本进行跟踪把控,使建筑施工的成本得到有效控制。

(4)BIM为协同管理工作提供平台服务。施工过程中,不同参与方、不同专业、不同部门岗位之间需要协同工作,以保证沟通顺畅,信息传达正确,行为协调一致,避免事后扯皮和返工是非常有必要的。利用BIM模型可视化、参数化、关联化等特性,将模型信息集成到同一个软件平台,实现信息共享。施工各参与方均在BIM基础上搭建协同工作平台,以BIM模型为基础进行沟通协调,在图纸会审方面,能在施工前期解决图纸问题;在施工现场管理方面,实时跟踪现场情况;在施工组织协调方面,提高各专业间的配合度,合理组织工作。

4.运维阶段BIM应用

运营阶段是项目投入使用的阶段,在建筑生命周期中持续时间最长。在运营阶段中,设施运营和维护方面耗费的成本不容小觑。BIM能够提供关于建筑项目协调一致和可计算的信息,该信息可以共享和重复使用。通过建立基于BIM的运维管理系统,业主和运营商可大大降低由于缺乏操作性而导致的成本损失。目前BIM在设施维护中的应用主要在设备运行管理和建筑空间管理两方面。

(1)建筑设备智能化管理。利用基于BIM的运维管理系统,能够实现在模型中快速查找设备相关信息,例如:生产厂商、使用期限、责任人联系方式、使用说明等信息,通过对设备周期的预警管理,可以有效防止事故的发生,利用终端设备、二维码和RFID技术,迅速对发生故障设备进行检修,如图1-4所示。

(2)建筑空间智能化管理。对于大型商业地产项目而言,业主可以通过BIM模型直观地查看每个建筑空间上的租户信息,如租户的名称、建筑面积、租金情况,还可以实现租户各种信息的提醒功能。同时还可以根据租户信息的变化,随时进行数据的调整和更新。

5.风景园林中的应用方向

风景园林学是一门古老而年轻的学科。作为人类文明的重要载体,园林、风景与景观已持续存在数千年;作为一门现代学科,风景园林学可追溯至19世纪末、20世纪初,是在古典造园、风景造园基础上通过科学革命方式建立起来的新的学科范式。风景园林学科的发展前景与时代背景和国家命运息息相关。21世纪,可持续发展已经成为全人类的共识,气候变暖、能源紧缺、环境危机是人类面对的共同挑战。现阶段园林工程设计业主和施工方对BIM技术的需求很急切。园林工程行业的特点,尤其动态的植物和生态环境的特征,使得开发BIM技术的难度较大,可以充分借鉴和利用建筑行业BIM技术的成果,按园林工程的行业要求进行应用。在园林工程的成本预算、场地分析、能量分析、能耗分析、规范验证、3D协调、数字化加工、资产管理、灾害计划等方面进行数据和信息的动态管理是园林行业今后发展的一大趋势需要。

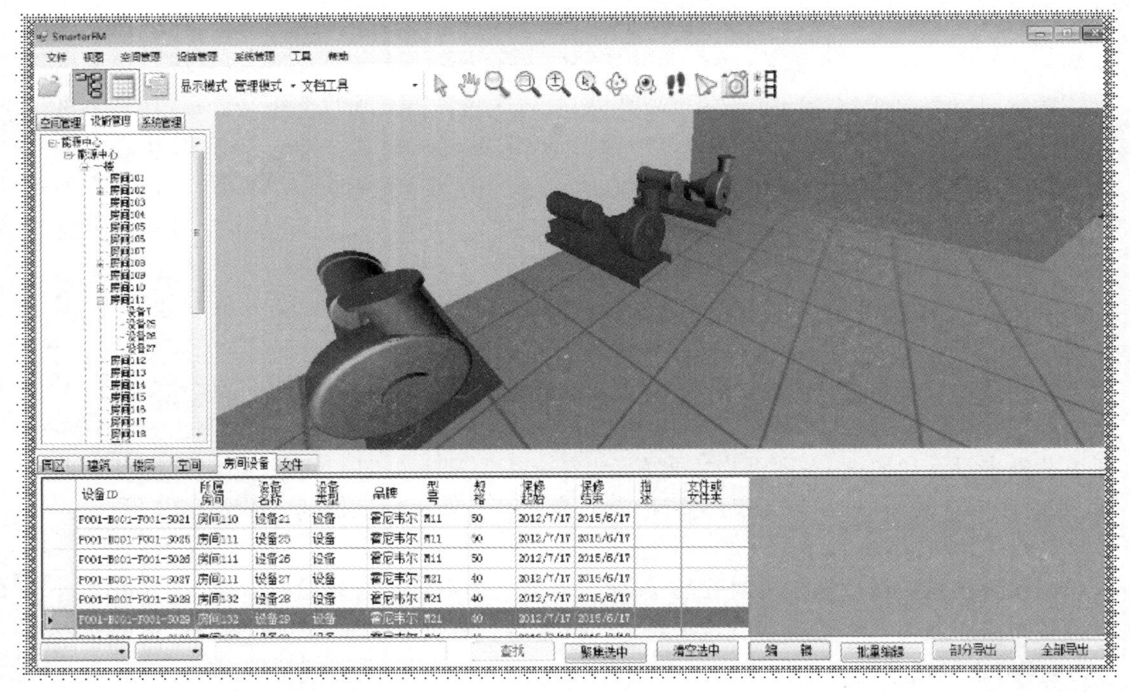

图 1-4　设备运维系统

1.3　BIM 技术相关标准

1.3.1　BIM 标准概述

BIM 作为一个建筑工程领域全新的概念，目前被多数国家采用并推广，而各国政府在 BIM 的采用与推广过程中起到了主导性作用。各国政府先后建立 BIM 研究机构或者与其他公共机构合作，制定符合各国需求的国家 BIM 标准指南，并随着研发进度相继优化更新已出的条款。同时，各国大学与地方政府在中央政府大力支持下，各自研究推广地区 BIM 标准。

1.3.2　国外主要 BIM 标准

1. 美国

截至 2015 年，美国各公共机构前后发布 47 份 BIM 标准与指南，其中 17 份来自政府机构，30 份来自非营利机构。其中大部分标准都包含项目实施计划(Project Execution Plan)、建模方法论(Modeling Methodology)与构件表达方式及数据组织(Component Presentation Style and Data Organization)。而最大的差异来自于细节程度(Level of Details)，大约有一半的标准并未提供模型在各阶段所需要的精度指标。

47 份 BIM 标准与指南中有 24 份是由国家级组织机构主导发布的。

GSA 为了支持 3D-4D-BIM 计划推广，先后发布 8 本 BIM 指南系列。

①第一册：3D-4D-BIM 简介(3D-4D-BIM Overview)。介绍 BIM 技术，尤其是 GSA 的 3D-4D-BIM 如何运用在建筑工程项目中，主要对象是 BIM 入门用户。

②第二册：检验空间规划（Spatial Program Validation）。介绍 BIM 如何用于设计并检验复核 GSA 要求的空间规划。

③第三册：三维激光扫描（3D Laser Scanning）。为三维成像与评价标准提供指南。

④第四册：四维工程计划（4D Phasing）。定义四维工程计划范围，并提供技术指南。

⑤第五册：能源效率（Energy Performance）。介绍项目各阶段能耗模拟重要性及模拟流程。

⑥第六册：人流与保安验证（Circulation and Security Validation）。介绍 BIM 如何用于设计决策，以保障满足相应要求。

⑦第七册：建筑因素（Building Element）。介绍不同构架的建筑信息，并为信息的建立、修改与维护提供指导意见。

⑧第八册：设施管理（Facility Management）。为设施管理提供 BIM 应用指南，并规定 BIM 模型需满足的最低技术要求。

美国建筑科学研究院在 2007 年与 2012 年相继发布美国 BIM 标准（National Building Information Modeling Standard）第一版与第二版，而在 2015 年末，发布此标准第三版。第三版包含从规划到设计、施工及运营的建筑全生命周期中的 BIM 标准。

美国建筑师协会（American Institute of Architects，AIA）在 2008 年发布 E202TM—2008 建筑信息模型展示协议（E202TM-2008 Building Information Modeling Protocol Exhibit），制定五类开发等级（Levels of Development）与相应 BIM 应用要求。

2. 英国

为了实现英国政府 2016 年开始在政府项目中全面使用 BIM 的目标，建设委员会（Construction Industry Council，CIC）与 BIM 任务小组合作推出多项 BIM 标准。在 BIM 任务小组的主导与技术支持下，建设委员会在 2013 年发布两项 BIM 标准，BIM 协议（BIM Protocol V1）与使用 BIM 过程中专业赔偿保险实践指南（Best Practice Guide for Professional Indemnity Insurance When Using BIMs V1）。前者确定项目团队在所有建设合同中所需达到的 BIM 要求，后者对 BIM 项目中所能遇到的专业赔偿保险的主要风险进行了概述。

同时，许多英国本地非营利机构，如英国标准机构（British Standards Institution，BSI）与 AEC-UK 委员会（The AEC-UK Committee），也发布了各自 BIM 标准。英国标准机构 B/555委员会（BSI B/555 Committee）从 2007 年起，为建筑业全生命周期信息的数字化定义与交换出台多项标准。例如，PAS 1192-2：2013 说明信息管理流程以支持交付阶段的二等级 BIM（BIM Level 2）；PAS 1192-3：2014 则将重点放在运营阶段中的资产。AEC-UK 委员会在 2009 年与 2012 年先后发布首版 BIM 标准（BIM Standard）与第二版 BIM 协议（BIM Protocol Version 2.0）。从 2012 年开始，AEC-UK 委员会将 BIM 协议扩展到各软件平台，包括 Autodesk Revit、Bentley AECOsim Building Designer 与 Graphisoft ArchiCAD。

1.3.3 国内 BIM 标准

1. 国家级

中华人民共和国住房和城乡建设部在 2011 年声明“十二五”期间大力发展 BIM，在 2012 年批准了 5 个关于建筑工程的 BIM 国家标准编制。这 5 个标准为：《建筑工程信息模型应用统一标准》《建筑工程信息模型储存标准》《建筑工程信息模型分类和编码标准》《建筑工程设计信息模型交付标准》《建筑工程施工信息模型应用标准》。其中《建筑工程信息模型应用统一标准》(GB/T 51212—2016)正式发布,自 2017 年 7 月 1 日起实施;《建筑工程施工信息模型应用标准》(GB/T 51235—2017)自 2018 年 1 月 1 日起实施。

2. 行业级

为规范建筑工程设计信息模型的表达方式,协调建筑工程各参与方识别建筑工程设计信息,2014 年成立了《建筑工程设计信息模型制图标准》编委会,经历了两年的行业探索与研究,在 2016 年编委会决定将《制图标准》更名为《表达标准》,贴近模型实际,更适用于建筑工程设计和建造过程中建筑工程设计信息模型的建立、传递和使用,各专业之间的协同,工程设计各参与方的协作等过程。建筑装饰行业工程建设标准已制定并颁布:《建筑装饰装修工程 BIM 实施标准》(T/CBDA - 3—2016)自 2016 年 12 月 1 日起实施。

3. 地方级

各直辖市与各省政府及香港特别行政区政府陆续推出地方 BIM 标准供建筑工程单位使用。

(1)北京市:2014 年由北京市质量技术监督局与北京市规划委员会共同发布《民用建筑信息模型设计标准》,此标准涉及 BIM 的资源要求、模型深度要求、交付要求等 BIM 应用过程中所需的基本内容。

(2)上海市:2015 年由上海市城乡建设管理委员会发布《上海市建筑信息模型技术应用指南》。该指南在国家 BIM 标准基础上,针对上海地区建筑工程项目的特点,建立了相应技术标准,并界定各项目参与方权利与义务。上海专项行业标准也在积极制定中。

(3)深圳市:2015 年由深圳市建筑工务署发布《BIM 实施管理标准》。此标准对深圳市新建、改建、扩建项目在应用 BIM 时所需满足的职责、交付、协同等提出要求。

(4)香港特区:香港房屋委员会在 2009 年发布了香港首个 BIM 标准并推广到整个建筑工程行业,此标准包含 BIM 标准(BIM Standard)、用户指南(User Guide)、构件设计指南(Library Component Design Guide)和参考文献(Reference)。2013 年,香港建设部(Construction Industry Council,CIC)建立了一个 BIM 工作小组并指定由该组织开发 BIM 标准,最终在 2015 年初出版。

(5)浙江省:2016 年由浙江省住房和城乡建设厅发布《浙江省建筑信息模型(BIM)技术应用导则》,针对 BIM 实施的组织管理与 BIM 技术应用点提出了相应的要求。

国内外代表性 BIM 标准汇总如表 1 - 1 所示。

表 1 - 1　国内外代表性 BIM 标准汇总

标准类型	标准名称	发布/编制单位	发布时间
国外标准	IFC4. 1 Infrastructure Alignment	国际协同工作联盟 IAI	2017 年 6 月
	National BIM Standard-United States™ Version 3	美国 buildingSMART	2015 年 6 月
	AEC (UK) BIM Protocol for Autodesk Revit and Bentley Building(2. 0 版)	英国 AEC(UK) Initiative	2012 年 11 月
	New Zealand BIM Handbook	新西兰	2014 年 3 月
	Singapore BIM Guide(2. 0 版)	新加坡	2015 年 8 月

续表 1－1

标准类型	标准名称	发布/编制单位	发布时间
国家标准	建筑信息模型应用统一标准 （GB/T 51212—2016）	住建部	2016 年 12 月
	建筑信息模型施工应用标准 （GB/T 51235—2017）		2017 年 5 月
	建筑信息模型存储标准		在编
	建筑信息模型分类和编码标准 （GB/T 51269—2017）		2017 年 10 月
	建筑工程设计信息模型交付标准		已过审
	制造工业工程设计信息模型应用标准		已过审
地方标准	民用建筑信息模型设计标准 （DB11/T 1069—2014）	北京市地方标准	2013 年 12 月
	BIM 实施管理标准	深圳市建筑工务署	2015 年 4 月
	建筑信息模型应用标准 （DG/T J08－2201—2016）	上海市城乡建设和管理委员会	2015 年 12 月
	四川省建筑工程设计信息模型交付标准 （DBJ51/T 047—2015）	四川省住房和城乡建设厅	2015 年 12 月
	浙江省建筑信息模型（BIM）技术应用导则	浙江省住房和城乡建设厅	2016 年 4 月
	河北省建筑信息模型应用统一标准 （DB13(J)/T 213—2016）	河北省住房和城乡建设厅	2016 年 7 月
	成都市民用建筑信息模型设计技术规定 （成建委〔2016〕380 号）	成都市城乡建设委员会	2016 年 9 月
	江苏省民用建筑信息模型设计应用标准 （DGJ32/TJ 210—2016）	江苏省住房和城乡建设厅	2016 年 9 月
	建筑工程建筑信息模型（BIM）施工应用标准 （DBJ/T 45－038—2017）	广西壮族自治区住房和城乡建设厅	2017 年 2 月
	上海市建筑信息模型技术应用指南（2017 版）	上海住建委	2017 年 6 月
	湖南省建筑工程信息模型交付标准 （DBJ43/T 330—2017）	湖南省住房和城乡建设厅	2017 年 6 月
行业标准	建筑装饰装修工程 BIM 实施标准 （T/CBDA－3—2016）	中国建筑装饰协会标准	2014 年 6 月
	中国市政行业 BIM 实施指南	中国勘察设计协会市政工程设计分会	2015 年 8 月

续表 1－1

标准类型	标准名称	发布/编制单位	发布时间
行业标准	城市轨道交通工程建筑信息模型建模指导意见	上海申通地铁集团有限公司	2014 年 9 月
	建筑机电工程 BIM 构件库技术标准（CIAS 11001：2015）	中国安装协会标准工作委员会	2015 年 9 月
	建筑信息模型表达标准	住建部	评审中
企业标准	中建集团 BIM 应用指南	中国建筑股份有限公司	2013 年 9 月
	万达轻资产标准版 C 版设计阶段 BIM 技术标准	万达集团	2015 年 7 月
	中国中铁 BIM 应用实施指南	中国中铁股份有限公司	2016 年 1 月
	住宅 BIM 设计施工一体化实施标准	万科集团	2016 年 3 月
	金融街 BIM 标准	金融街控股地产	2016 年 5 月
	BIM 管理标准	金科集团	2016 年 12 月
	BIM 规划与标准	湖南省建筑设计院	2017 年 5 月
	BIM 模型标准	日宏建筑设计咨询有限公司	2017 年 8 月

第2章　BIM工具与相关技术

教学导入

工欲善其事，必先利其器。想要认识BIM，了解BIM，掌握BIM技术的应用，离不开工具的支持。从设计到施工，从施工到运维管理，都需要建立和使用BIM模型，增强项目参与各方之间的沟通。因此以需求为导向、模型为基础，就需要对BIM工具及相关技术有一定的认识。

本章主要介绍BIM软硬件工具，并分析工具软件的应用方向。同时对BIM与其他相关技术的结合应用进行阐述与展望。

学习要点

- BIM工具
- BIM的相关技术

2.1　BIM工具概述

BIM应用离不开软硬件的支持，在项目的不同阶段或是不同目标单位，需要选择不同软件并予以必要的硬件和设施设备配置。BIM工具有软件、硬件和系统平台三种类别。硬件工具如计算机、三维扫描仪、3D打印机、全站仪机器人、手持设备、网络设施等。系统平台是指由BIM软硬件支持的模型集成、技术应用和信息管理的平台体系。这里主要介绍软件工具。

BIM软件的数量十分庞大，BIM系统并不能靠一个软件实现，或靠一类软件实现，而是需要不同类型的软件，而且每类软件也可选择不同的产品。这里通过对目前在全球具有一定市场影响或占有率，并且在国内市场具有一定认识和应用的BIM软件(包括能发挥BIM价值的软件)进行梳理和分类，希望对BIM软件有个总体了解。

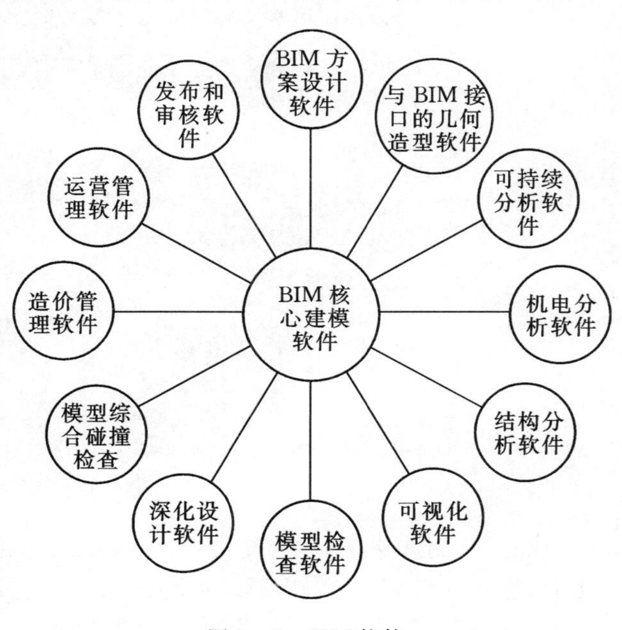

图2-1　BIM软件

先对BIM软件的各个类型做一个归纳，如图2-1所示，BIM软件分核心建模软件和用模软件。图中央为核心建模软件，围绕其周围的均为用模软件。

接下来分别对属于这些类型软

件的主要产品情况做一个简单介绍。

2.1.1 BIM核心建模软件

这类软件英文通常叫“BIM Authoring Software”，是BIM的基础，换句话说，正是因为有了这些软件才有了BIM，也是从事BIM的同行要碰到的第一类BIM软件。因此我们称它们为“BIM核心建模软件”，简称“BIM建模软件”。BIM核心建模软件分类详见图2-2。

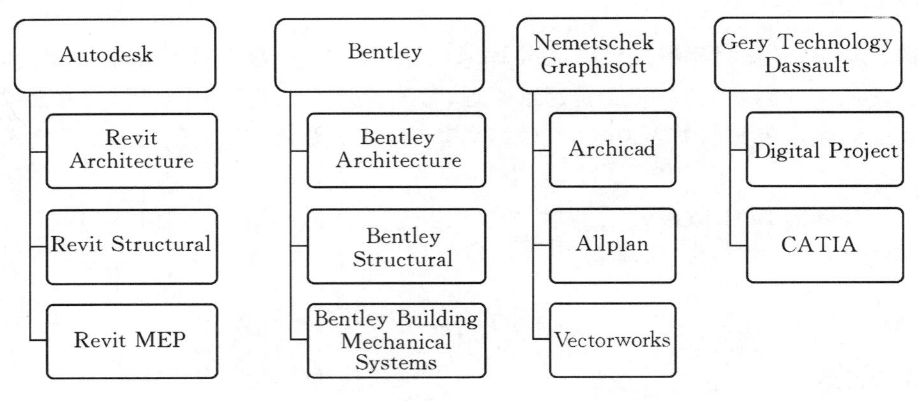

图2-2 BIM核心建模软件

从图2-2中可以了解到，BIM核心建模软件主要有以下4个方向：

(1)Autodesk公司的综合性最强，包含Revit建筑、结构和机电系列，在民用建筑市场借助AutoCAD已有的优势，有相当不错的市场表现。Revit平台的核心是Revit参数化更改引擎，它可以自动协调在任何位置(例如在模型视图或图纸、明细表、剖面、平面图中)所做的更改，针对特定专业的建筑设计和文档系统，支持所有阶段的设计和施工图纸，多视口建模如图2-3所示。

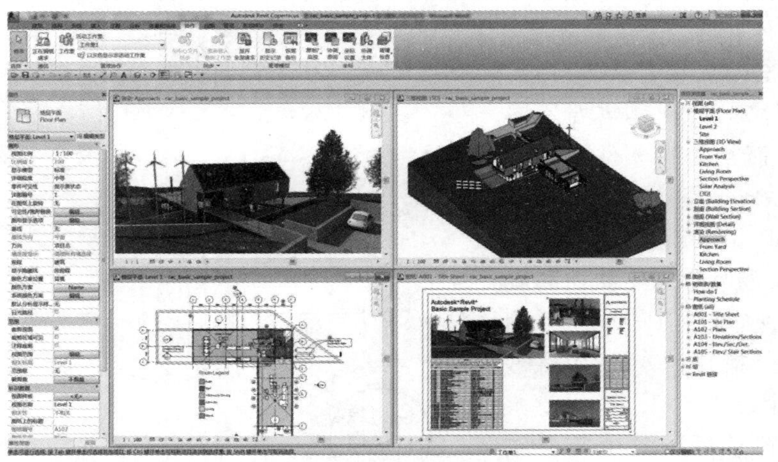

图2-3 Revit建模工作界面

(2)Bentley侧重专业领域市场耕耘，其建筑、结构和设备系列，Bentley产品在工厂设计(石油、化工、电力、医药等)和基础设施(道路、桥梁、市政、水利等)领域有无可争辩的优势。开发出MicroStation TriForma这一专业的3D建筑模型制作软件(由所建模型可以自动生成平面图、剖面图、立面图、透视图及各式的量化报告，如数量计算、规格与成本估计)，如图2－4所示。

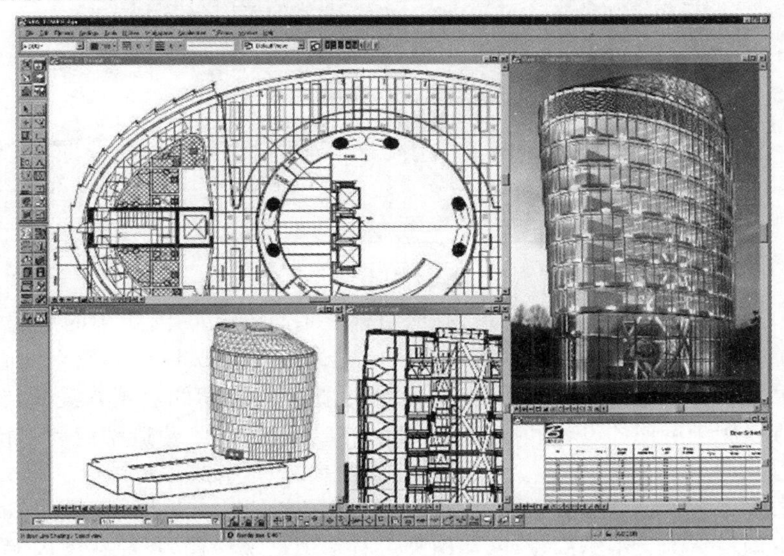

图 2－4　Bentley 建模工作界面

(3)ArchiCAD 最早普及了 BIM 的概念，自从 2007 年 Nemetschek 收购 Graphisoft 以后，ArchiCAD、Allplan、Vectorworks 三个产品就被归到同一个系列里面了，其中国内同行最熟悉的是 ArchiCAD(见图 2－5)，属于一个面向全球市场的产品，应该可以说是最早的一个具有市场影响力的 BIM 核心建模软件，但是在中国由于其专业配套的功能(仅限于建筑专业)与多专业一体的设计院体制不匹配，很难实现业务突破。Nemetschek 的另外 2 个产品，Allplan 主要市场在德语区，Vectorworks 则是其在美国市场使用的产品名称。

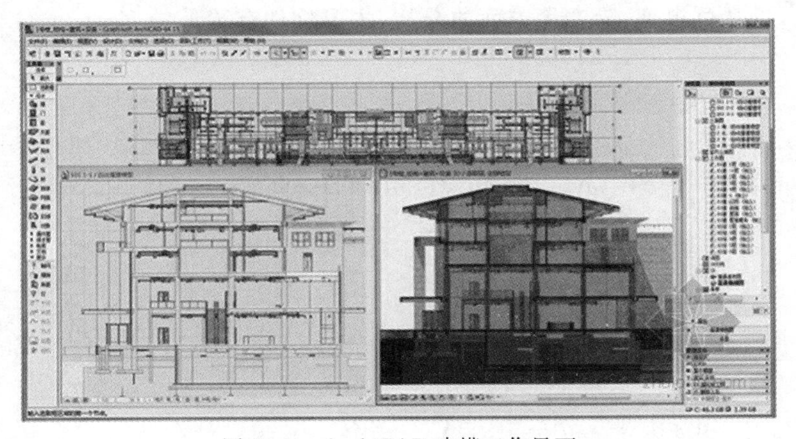

图 2－5　ArchiCAD 建模工作界面

(4)Dassault 公司的 CATIA 是全球最高端的机械设计制造软件，如图 2－6 所示，在航空、航天、汽车等领域具有接近垄断的市场地位，应用到工程建设行业无论是对复杂形体还是超大规模建筑，其建模能力、表现能力和信息管理能力都比传统的建筑类软件有明显优势，而与工程建设行业的项目特点和人员特点的对接问题则是其不足之处。Digital Project 是 Gery Technology 公司在 CATIA 基础上开发的一个面向工程建设行业的应用软件(二次开发软件)，其本质还是 CATIA，就跟天正的本质是 AutoCAD 一样。

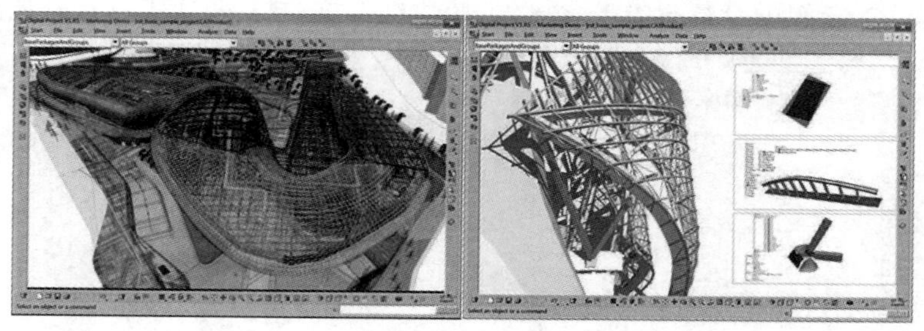

图 2-6　CATIA 建模工作界面

BIM 的核心建模软件除了这四大系列外，目前还有四个被广泛应用的后起之秀，他们是 Google 公司的草图大师 SkechUp、Robert McNeel 的犀牛 Rhino、FormZ 及 Tekla，SkechUp 和 Rhino 的市场更大。SkechUp 最简单易用，建模极快，最适合前期的建筑方案推敲，因为建立的为形体模型，难以用于后期的设计和施工图；Rhino 广泛应用于工业造型设计，简单快速，不受约束的自由造型 3D 和高阶曲面建模工具，在建筑曲面建模方面可大展身手；Formz 类似 Autodesk 的 Max，也是国外 3D 绘图的常用设计工具；来自芬兰 Tekla 公司的 Tekla Structure (Xsteel)用于不同材料的大型结构设计，在国外占有很大市场份额，目前在国内发展迅速，但比较复杂不易掌握，对异形结构支持弱。

因此，对于一个项目或企业 BIM 核心建模软件技术路线的确定，可以考虑如下基本原则：民用建筑用 Autodesk Revit；工厂设计和基础设施用 Bentley；单专业建筑事务所选择 ArchiCAD、Revit、Bentley 都有可能成功；项目完全异形、预算比较充裕的可以选择 Digital Project 或 CATIA。

2.1.2　BIM 可持续(绿色)分析软件

可持续或者绿色分析软件如图 2-7 所示，可以使用 BIM 模型的信息对项目进行日照、风环境、热工、景观可视度、噪音等方面的分析，主要软件有国外的 Ecotect、Green Building Studio、IES 以及国内的 PKPM 等。

2.1.3　BIM 机电分析软件

水暖电等设备和电气分析软件，如图 2-8 所示。国内产品有鸿业、博超等，国外产品有 Design Master、IES Virtual Environment、Trane Trace 等。

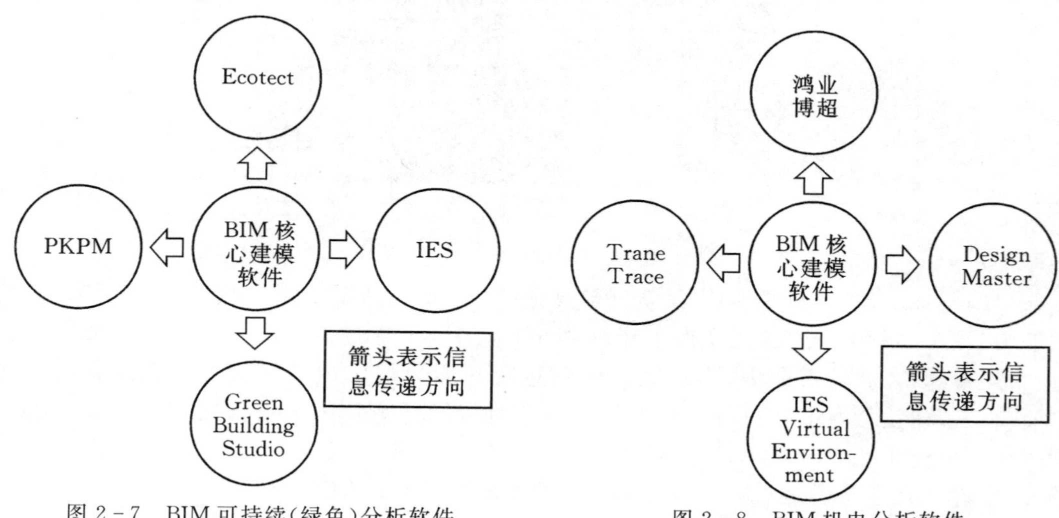

图 2-7　BIM 可持续(绿色)分析软件

图 2-8　BIM 机电分析软件

2.1.4 BIM结构分析软件

结构分析软件是目前和BIM核心建模软件集成度比较高的产品，基本上两者之间可以实现双向信息交换，即结构分析软件可以使用BIM核心建模软件的信息进行结构分析，分析结果对结构的调整又可以反馈到BIM核心建模软件中去，自动更新BIM模型。

ETABS、STAAD、Robot等国外软件以及PKPM等国内软件都可以跟BIM核心建模软件配合使用，如图2-9所示。

2.1.5 BIM可视化软件

有了BIM模型以后，对可视化软件的使用至少有如下好处：

(1)可视化建模的工作量减少了；

(2)模型的精度和与设计(实物)的吻合度提高了；

(3)可以在项目的不同阶段以及各种变化情况下快速产生可视化效果。

常用的可视化软件包括3ds Max、Artlantis、AccuRender和Lightscape等，如图2-10所示。

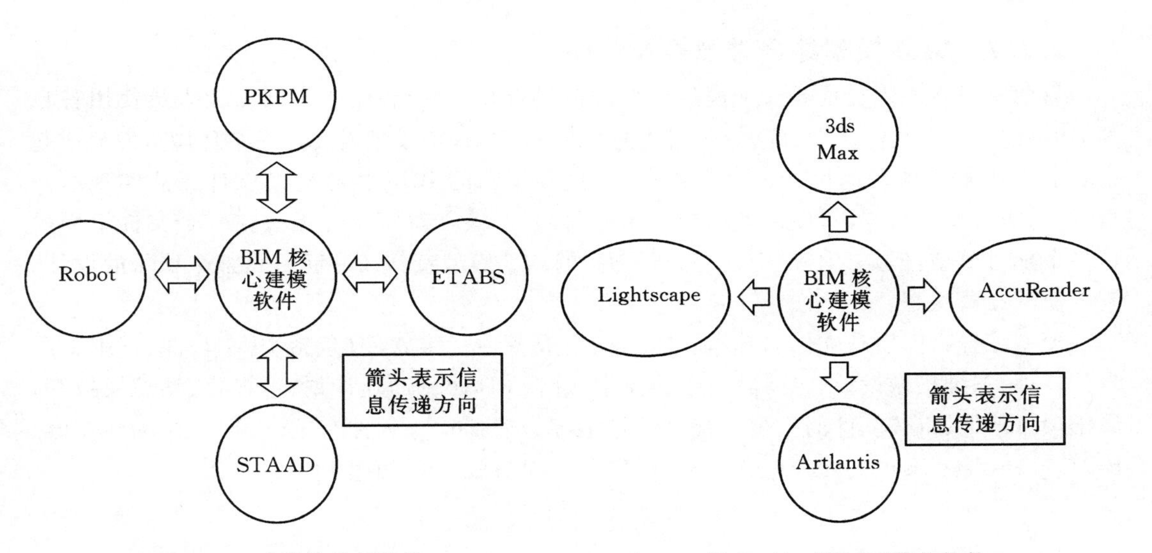

图2-9 BIM结构分析软件

图2-10 BIM可视化软件

2.1.6 BIM深化设计软件

Xsteel是目前最有影响的基于BIM技术的钢结构深化设计软件，该软件可以使用BIM核心建模软件的数据，对钢结构进行面向加工、安装的详细设计，生成钢结构施工图(加工图、深化图、详图)、材料表、数控机床加工代码等。图2-11是Xsteel设计的一个例子(由宝钢钢构提供)。

图 2-11 Xsteel设计实例

2.1.7 BIM模型综合碰撞检查软件

有两个根本原因直接导致了模型综合碰撞检查软件的出现:①不同专业人员使用各自的BIM核心建模软件建立自己专业相关的BIM模型,这些模型需要在一个环境里面集成起来才能完成整个项目的设计、分析、模拟,而这些不同的BIM核心建模软件无法实现这一点;②对于大型项目来说,硬件条件的限制使得BIM核心建模软件无法在一个文件里面操作整个项目模型,但是又必须把这些分开创建的局部模型整合在一起研究整个项目的设计、施工及其运营状态。

模型综合碰撞检查软件的基本功能包括集成各种三维软件(包括BIM软件、三维工厂设计软件、三维机械设计软件等)创建的模型,进行3D协调、4D计划、可视化、动态模拟等,属于项目评估、审核软件的一种。常见的模型综合碰撞检查软件有Autodesk Navisworks、Bentley Projectwise Navigator和Solibri Model Checker等,如图2-12所示。

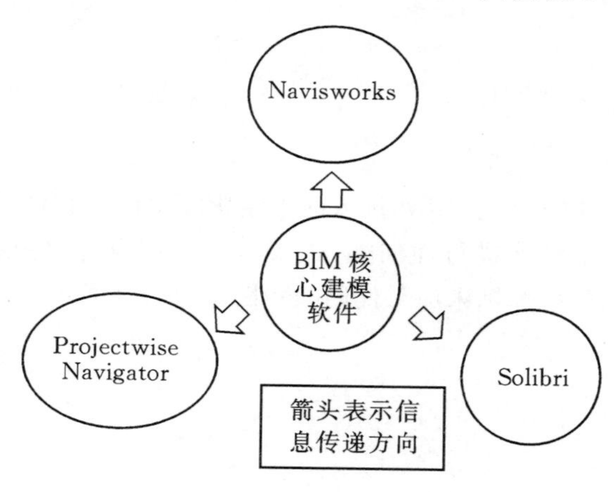

图 2-12 常见的BIM模型综合碰撞检查软件

2.1.8 BIM造价管理软件

造价管理软件利用BIM模型提供的信息进行工程量统计和造价分析，由于BIM模型结构化数据的支持，基于BIM技术的造价管理软件可以根据工程施工计划动态提供造价管理需要的数据，这就是所谓BIM技术的5D应用。

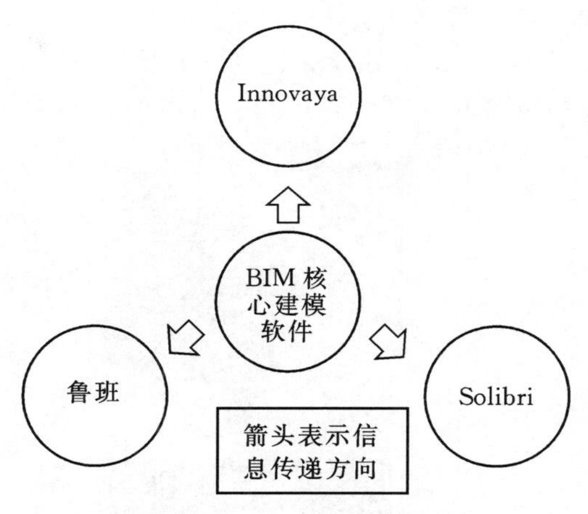

图2-13 BIM造价管理软件

国外的BIM造价管理有Innovaya和Solibri、RIB iTWO，鲁班是国内BIM造价管理软件的代表，如图2-13所示。

鲁班对以项目或业主为中心的基于BIM的造价管理解决方案应用给出了如下整体框架，如图2-14所示，这无疑会对BIM信息在造价管理上的应用水平提升起到积极作用，同时也是全面实现和提升BIM对工程建设行业整体价值的有效实践，因此我们知道，能够使用BIM模型信息的参与方和工作类型越多，BIM对项目能够发挥的价值就越大。

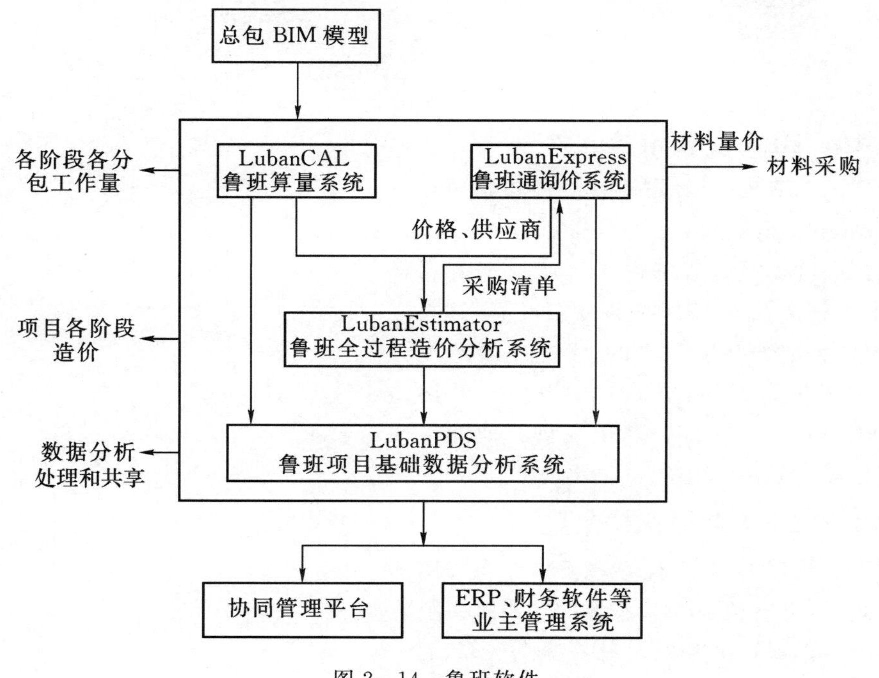

图2-14 鲁班软件

2.1.9 BIM运营管理软件

可以把BIM形象地比喻为建设项目的DNA。根据美国国家BIM标准委员会的资料，一个建筑物生命周期75%的成本发生在运营阶段（使用阶段），而建设阶段（设计、施工）的成本只占项目生命周期成本的25%。

BIM 模型为建筑物的运营管理阶段服务是 BIM 应用重要的推动力和工作目标，在这方面美国运营管理软件 ArchiBUS 是最有市场影响的软件之一。

图 2－15 是由 FacilityONE 提供的基于 BIM 的运营管理整体框架，对同行认识和了解 BIM 技术的运营管理应用有所帮助。

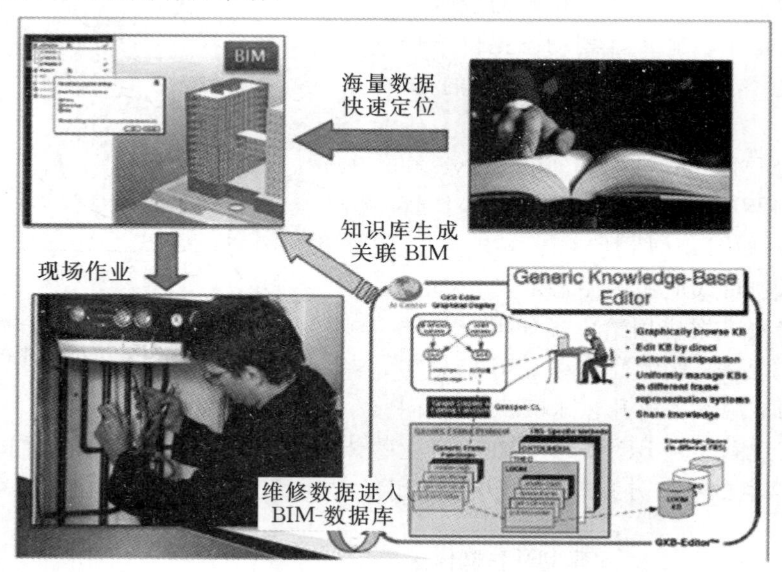

图 2－15　基于 BIM 的运营管理整体框架

2.1.10　BIM 发布审核软件

最常用的 BIM 成果发布审核软件包括 Autodesk Design Review、Adobe PDF 和 Adobe 3D PDF，正如这类软件本身的名称所描述的那样，发布审核软件把 BIM 的成果发布成静态的、轻型的、包含大部分智能信息的、不能编辑修改但可以标注审核意见的、更多人可以访问的格式，如 DWF、PDF、3D PDF 等，供项目其他参与方进行审核或者利用，如图 2－16 所示。

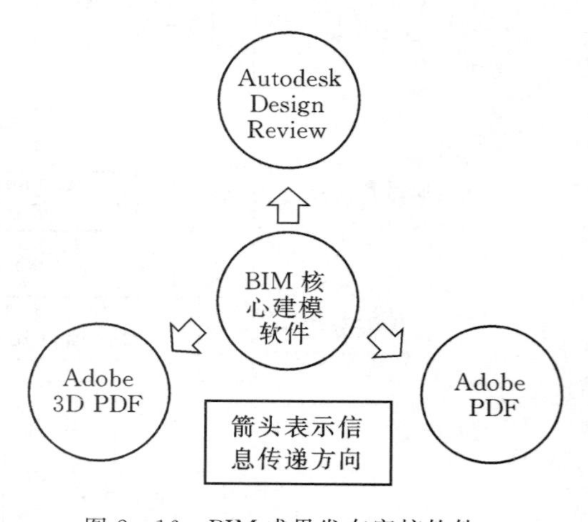

图 2－16　BIM 成果发布审核软件

2.1.11　BIM 常用软件汇总

基于上文所述的 BIM 核心建模软件与应用软件的阐述，可见有关 BIM 的软件很多，体系很庞大，而且现在每个软件公司都在开发更多的功能，一个软件可能以项目周期中一个环节为主兼顾其他几个环节，因而下面我们通过用一张图表来帮助理清软件分类，图表中软件的排序依据是按照大多数建筑类高校师生使用的频率，并结合 BIM 生命周期从概念、设计、分析、量算和施工的顺序排列，同时又按地域性差异做出分类，如表 2－1 所示。

表 2-1 BIM 常用软件一览表

BIM 软件及所属公司				特点
1	概念设计软件	Google 草图大师(美国)	SkechUp	简单易用,建模快,适合前期方案推敲
2		Autodesk(美国)	3ds Max	集 3D 建模、效果图和动画展示于一体,适用于方案后期效果展示
3	设计建模软件	Autodesk(美国)	Revit	集 3D 建模展示、方案和施工图于一体,集成建筑、结构和机电专业,市场应用较广,但对中国标准规范的支持不足
4		Graphisoft(匈牙利)	ArchiCAD	世界上最早的 BIM 软件,集 3D 建模展示、方案和施工图于一体,但对中国标准规范的支持不足
5		Bentley(美国)	Architecture 系列	基于 MicroStation 平台,集 3D 建模展示、方案和施工图于一体
6		Robert McNeel(美国)	犀牛 Rhino	不受约束的自由造型 3D 和高阶曲面建模工具,应用于工业造型设计,简单快速,在建筑曲面建模方面可大展身手
7		Dassault(法国)	CATIA	起源于飞机设计,最强大的三维 CAD 软件,独一无二的曲面建模能力,应用于复杂异型的三维建筑设计
8		Tekla Corp(芬兰)	Tekla/Xsteel	应用于不同材料的大型结构设计,但对异形结构支持不足
9		CSI(美国)	SAP2000	集成建筑结构分析与设计,SAP2000 适合多模型计算,拓展性和开放性更强,设置更灵活,趋向于"通用"的有限元分析;ETABS 结合中国规范比较好
10			ETABS	
11		建研科技股份有限公司/建研构力(中国)	PKPM 系列	集建筑、结构、设备与节能为一体的建筑工程综合 CAD 系统,符合本地化标准
12		天正公司(中国)	天正系列	基于 AutoCAD 平台,遵循国标和设计师习惯,可完成各个设计阶段的任务,为建筑、结构与电气等专业设计提供了全面的解决方案
13		北京理正(中国)	理正系列	基于 AutoCAD 平台,遵循国标和设计师习惯,可在建筑、结构、水电、勘察与岩土系列进行施工图绘制
14		鸿业科技(中国)	鸿业系列	提供了基于 Revit 平台的建筑与机电专业的协同建模和基于 AutoCAD 平台的施工图设计与出图

续表 2-1

BIM 软件及所属公司				特点
15	环境能源分析	美国能源部与劳伦斯伯克利国家实验室共同开发(美国)	EnergyPlus	用于对建筑中的热环境、光环境、日照、能量分析等方面的因素进行精确的模拟和分析
16		Autodesk(美国)	Ecotect Analysis	
17	施工造价管理	广联达股份有限公司(中国)	广联达系列	基于自主3D图形平台研发的系列算量软件,适合全国各省市计算规则与清单、定额库,可快速进行算量建模。其 BIM 5D 平台通过模型与成本关联,以此对项目商务应用进行管控
18		上海鲁班软件(中国)	鲁班系列	基于 AutoCAD 平台开发的土建、钢筋、安装等专业算量软件,其 Luban PDS 系统以算量模型或 BIM 模型以及造价数据为基础,将数据与 ERP 系统对接,形成数据共享,从而对项目进行施工管理
19		深圳斯维尔(中国)	斯维尔系列	基于 AutoCAD 平台进行开发,有设计、节能设计、算量与造价分析等功能,应用于进行编制工程概预、结算与招标投标报价
20	施工管理	Autodesk(美国)	Navisworks	可导入 Autodesk Autocad 与 Revit 等软件创建的设计数据,从而可实现动态 4D 模拟、冲突管理、动态漫游等
21		RIB Software(德国)	iTWO	通过整合 CAD 与企业资源管理系统(ERP)的信息及其应用,依据建筑流程,实时获取施工过程的材料、设备信息
22		Vico Software(美国)	Vico Office Suite	5D 虚拟建造软件,包含多个模块,可进行工序模拟、成本估计、体量计算、详图生成、碰撞检查、施工问题检查等应用
23		Aconex(美国)	Oracle	Aconex 是被广泛采用的在线协作平台,应用于建筑、基础设施以及能源和资源项目。从设计、可行性研究到施竣工的移交,所有项目参与者通过一个易于使用的平台管理信息和流程
24		PMSbim(中国)	品茗	通过统一数据接口,覆盖投标建模、施工策划、工程进度、成本管控等全生命周期,产品轻模型、重应用,切实解决岗位实操人员的 BIM 应用困境

目前,BIM 软件众多,可选择范围广,如何正确选择合适的 BIM 软件,并能学以致用,发挥 BIM 价值是摆在 BIM 应用单位和个人面前必须决策的问题。面对中国巨大的市场需求,期待有更多更好的适合中国应用实际的 BIM 软件问世。

2.1.12 软件互操作性

目前，在我国市场上具有影响力的BIM软件有几十种，这些软件主要集中在设计阶段和工程量计算阶段，施工管理和运营维护的软件相对较少。而较有影响力的供应商主要包括Autodesk（美国）、Bentley（美国）、Progman（芬兰）、Graphisoft（匈牙利）以及中国的鸿业、理正、广联达、鲁班、斯维尔等。

根据实验以及应用可以得出这样一个结论：这些BIM软件间的信息交互性是存在的，但是在项目运营阶段BIM技术并未得到充分应用，使得运营阶段在建设项目的全寿命周期内处于“孤立”状态。然而，在建设项目全寿命周期管理中是以运营为导向实现建设项目价值最大化。如何使得BIM技术最大限度符合全寿命周期管理理念，提升我国建设行业生产力水平，值得深入研究。进一步分析，就某一个阶段BIM技术而言，应用价值也未达到充分的实现，比如设计阶段中“绿色设计”“规范检查”“造价管理”三个环节仍出现了“孤岛现象”。当前，如何统筹管理，实现BIM在各阶段、各专业间的协同应用，软件互操作性是研究解决的关键。

这里需要指出：BIM是30%的技术问题加上70%的社会、经济和文化问题。而目前已有研究中80%以上是技术问题，这一现象说明，BIM技术的实现问题并非技术问题，而更多的是专业和管理问题。值得欣喜的是，中国BIM发展联盟理事长、黄强研究员在此方面进行探索性研究，他在论述IFC-BIM与P-BIM的区别与前景的理论中提出：“中国BIM应该建立属于自己的实施模式，即P-BIM模式。根据不同的建筑领域建立不同的BIM实施模式，对各领域项目进行不同的项目分解，针对不同领域项目、子项目的任务制定专门的信息创建与交换标准，为各个专业承包商与从业者开发帮助他们完成工作业务的专业软件与协调软件，创建符合每个工作任务需要的子模型，并将虚拟模型与现场实建实体模型进行对比分析，指导现场。”P-BIM模式可以从以下六方面进行解读。

（1）Project-BIM领域项目分析。建筑业包含了多个领域（例如铁路工程、公路工程及电力工程等），不同领域的建筑项目拥有不同的专业技术特点、管理模式与发展阶段，中国BIM将为各个领域制定专门的BIM标准体系，正如现在建筑业的房屋与铁路分别拥有自己的设计施工专业标准。

（2）Professional-BIM领域专业分析。将领域项目内所有工作以信息弱相关和强相关为依据分解为地基工程、结构工程、机电工程（按施工顺序）、室内工程、外装工程及室外工程（按作业面）等六个子项目。每个子项目工作由多个任务组成。子项目间为弱相关信息，子项目任务间为强相关信息。

（3）Practice-BIM领域子项目内实践（业务）分析。重点解决领域工程的软件复用技术，根据每项工作的目标、信息需求、信息标准、管理流程等进行软件需求分析，满足业务要求，应用灵活且能满足传统实施方式的领域信息工程技术开发BIM软件。

（4）Proprietary-BIM专门信息标准。按照项目参与者的信息需求，编制专门的信息交换标准，把现在及今后开发的所有软件功能区分专业功能和BIM功能。

（5）Play-well用好模型。尽管我们一直宣称用BIM技术可以在施工前在电脑里把房子虚拟地造一遍，所见即所得。但我们在电脑里看到的绝非我们最终所建造的房子。实际施工受环境、工艺、设备以及管理等影响，不可避免地会有这样那样的误差与调整，实际所建的房子不可能与设计模型完全一致。要想用好模型就必须用各种手段把现场实现施工的结果建到模型中去，与设计模型对比分析，发现问题并及时纠偏。

(6)Public-BIM。P-BIM很重要的一条是大众用户路线，施工人员用手机建模，利用互联网及时传递信息。建设行业各领域实施P-BIM，管理任务模型开发刚刚开始，门槛低，有无限商机，是创办小微企业的业务机遇。

所有的软件围绕BIM做工作，用P-BIM使所有人员都能参与，体现了大众创业、万众创新的精神，开发适合自己的应用软件，实现技术指导。

2.1.13 园林景观专业软件

佳园软件(Garland)是中国建筑科学研究院建研科技股份有限公司设计软件事业部开发的三维园林景观设计软件。它采用完全自主知识产权的三维CAD平台，包括了三维园林景观设计、二维施工图绘制、植物数据库、三维真实感渲染、二维着色表现与图像处理五大基本模块，具有三维场地设计及分析、建筑造型、种植设计、景观设计、地形数据及植物数据分析等功能。在开发Garland园林设计软件的过程中，设计人员参考国内外各种三维建模、建筑绘图及园林设计软件相关功能，并听取了多位园林专业设计人员的意见和建议，尽力编制出一个专门为园林设计服务的、专业性更强的软件产品。

Garland软件提供的实景漫游功能，可使设计场景以任意方位真实地展现在眼前，让设计人员身临其境地感受设计方案。无论是树木、道路、花坛、栏杆，还是亭台、石头、建筑、雕塑，都能真实地表现出三维效果。特别是专门设计的植物表现手法，可将树木的实景渲染效果自动随视点转动，保证在各种视角都可体验三维实景的真实感觉。更为高级的功能是，用户还可以随时走到任何位置，动态浏览三维实景，并可以随时点取任意一个图形进行实时修改。

简便实用的施工图绘制模块，提供了丰富的绘图和编辑菜单，以及专业的标注功能，可以满足设计人员的各种绘图要求。通用的CAD平台包含各种常用的二维绘图和编辑功能，还可完成标注尺寸、中文说明、填充图案、插入图块、打印出图等工作。专业功能则可自动标注植物、面积、地形高程和等高线等，可方便地绘制林缘线、花带、草点填充、道路铺装等，并可插入设计好的苗木表。

Garland软件自带的渲染和动画功能，可即时将设计结果渲染成精美、逼真的三维真实感效果图(见图2-17和图2-18)。它包含调整相机、布置光源、修改材质、纹理贴图等多项功能，操作直观简便，渲染速度快、质量高。动画制作功能可由用户设置任意路径，即时预览动画效果，并可录制成反复播放的动画片。软件还提供了可在二维施工图上着色、贴图的二维渲染程序，可完成园林规划设计、方案表现、功能分析等平面渲染图。

图2-17 佳园软件输出效果1

Garland 软件中还包含内容丰富的三维模型库、植物平面图示库、植物彩色图片库和二维施工图符号库，以便于广大设计人员选择使用。软件根据国内外最新动态和用户的需求，不断投入力量进行软件的维护和更新，使版本日新月异，并以完善的售后服务，满足用户更深层次的使用需要，使 Garland 软件成为广大园林规划设计人员的得力助手。

图 2－18　佳园软件输出效果 2

2.2　BIM 相关技术

近些年随着 BIM 应用的发展，相关技术很多，本书在以下方面做简要介绍，如图 2－19 所示。

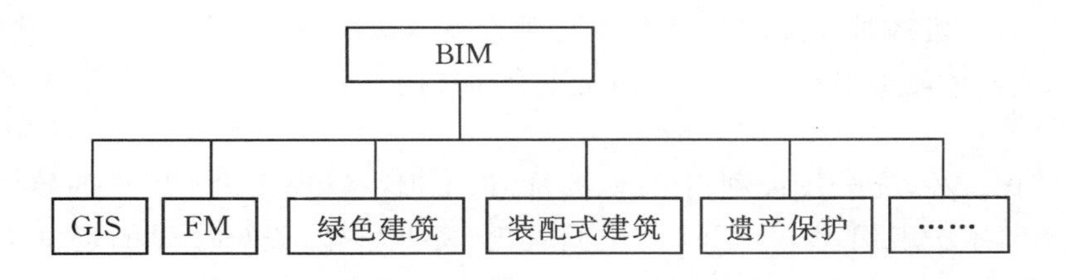

图 2－19　BIM 相关技术

2.2.1　BIM 和地理信息系统

地理信息系统(GIS)是在计算机软、硬件支持下，对地理空间数据进行采集、输入、存储、操作、分析、建模、查询、显示和管理，以提供对资源、环境及各种区域性研究、规范、管理决策所需信息的人机模型，从而能够解决问题：某个地方有什么，符合那些条件的实体在哪里，实体在地理位置上发生了哪些变化，某个地方如果具备某种条件会发生什么问题等。它对于城市规划这样的宏观领域是一项重要的技术。它可以在城市规划的各个阶段发挥重要的作用，包括专题制图(图框、图例、风玫瑰)、空间叠加技术分析(现状容积率统计、城市用地适宜性评价)、三维分析技术(三维场景模拟、地形分析和构建、景观视域分析)、交通网络分析技术(交通网络构建、设施服务区分析、设施优化布局分析、交通可达性分析)、空间研究分析(空间句法、空间格局分析)、规划信息管理技术(规划管理信息系统、规划信息资源库)等,可以方便制作各类专题图和三维模拟,而且软件模块丰富,可以嵌套编程,方便灵活嵌入其他系统中。

其缺点主要是:优点即是缺点,正因为ESRI定位大视角巨系统,所以系统比较庞大,前期数据整理比较费精力,所以上手比较慢。而且此软件在规划领域应用广泛,在建筑设计领域的具体视角体现较少,故主要用于环境分析,此外对硬件要求也比较高,价格昂贵。

BIM与GIS的契合性主要体现在技术方面,首先二者的专业基础技术相似,包括数据库管理和图形图像处理等技术,这为BIM和GIS的可视化功能提供了较好的基础;其次二者的数字化信息处理方式相同,二者的数据可以转换为统一标准下的数字化数据,因此可将BIM中的数据导入GIS中,同时也将GIS中的数据应用于BIM中,互为对方的数据源,用来确定施工场地的合理化布置和物料运输路线的最佳选择。BIM技术可以将施工阶段和设计阶段的物料属性信息(形状、大小、所占空间)进行相互比较,而GIS技术是对与建设项目相关的环境、现有建筑的分布和建设项目外形的客观描述,是一个具备查询和分析功能的平台。

2.2.2 BIM和设施管理系统

BIM技术的价值并不仅仅局限于建筑的设计与施工阶段,在运营维护阶段,BIM同样能产生极其巨大的价值,在运维阶段重要的一门技术就是设施管理系统(FM),BIM模型中包含的丰富信息可以为FM的决策和实施提供有力的信息支撑。

现代设施管理的业务范围已超越了物业维修和保养的工作范畴,覆盖设施的全生命周期,其职能范围包括维护运营、行政服务、空间管理、建筑工程设计和工程服务、不动产管理、设施规划、财务规划、能源管理、健康安全等。它从建筑物业主、管理者和使用者的利益出发,对业务运营涉及的所有设施与环境进行全生命周期的规划、管理,对可预见性风险进行规避和控制。设施管理注重并坚持与新技术应用同步发展,在降低成本、提高效率的同时,保证了管理与技术数据分析处理的准确,促进科学决策,为核心业务的发展提供服务和支撑。

据某国外研究机构对办公建筑全生命周期的成本费用分析,设计和建造成本只占到了整个建筑生命周期费用的20%左右,而运营维护的费用占到了全生命周期费用的67%以上。

在运营维护阶段,充分发挥利用BIM的价值,不但可以提高运营维护的效率和质量,而且可以降低运营维护费用,基于BIM的空间管理、资产管理、设施故障的定位排除、能源管理、安全管理等功能实现,在可视化、智能化、数据精确性和一致性方面都大大优于传统的运维软件。大数据、传感器、定位系统、移动互联、社交媒体、BIM建筑等新技术的集成应用,也是智慧化运维的必然趋势。

国外FM管理系统软件主要有IBM TRIRIGA＋Maximo、Archibus。TRIRIGA是IBM公司2011年收购的软件,基于WEB开发,与IBM Maximo资产管理软件结合为用户提供投资项目管理、空间管理、资产组合规划、能源管理等全面的设施和房地产管理解决方案。Archibus是全球知名的设施管理系统软件,可以管理所有不动产及设施,Archibus包含“不动产及租赁管理”“工作场所管理”“设备资产管理”“大厦运维管理”“可持续管理”等主要模块。它可以集中资产信息、控制支出和执行规范、优化设施使用、有效执行流程。目前国外的设施管理软件也已开始对BIM模型提供支持,并尝试向云平台服务模式转化。

虽然在国外FM管理体系已经比较成熟,但FM在国内还处在发展期,比如上海现代建筑设计集团率先通过申都大厦的运维管理平台实践。整体还缺少与BIM及物联网相结合的、适合国内FM运维管理需求的系统化管理云平台，这个云平台远期将以BIM和网络为基础，共用操作界面环节，将完美融合建筑的后期应用：物业及设施管理(PM＋FM)、建筑设备管理(BMS)、综合安全管理(SMS)、信息设施管理(ITSI)，从而实现智慧化各应用系统之间信息资源的共享与管理、各应用系统的交互操作和快速响应与联动控制，以达到自动化监视与控制的目的。基于云计算和BIM的建筑管理信息平台如图2-20所示。

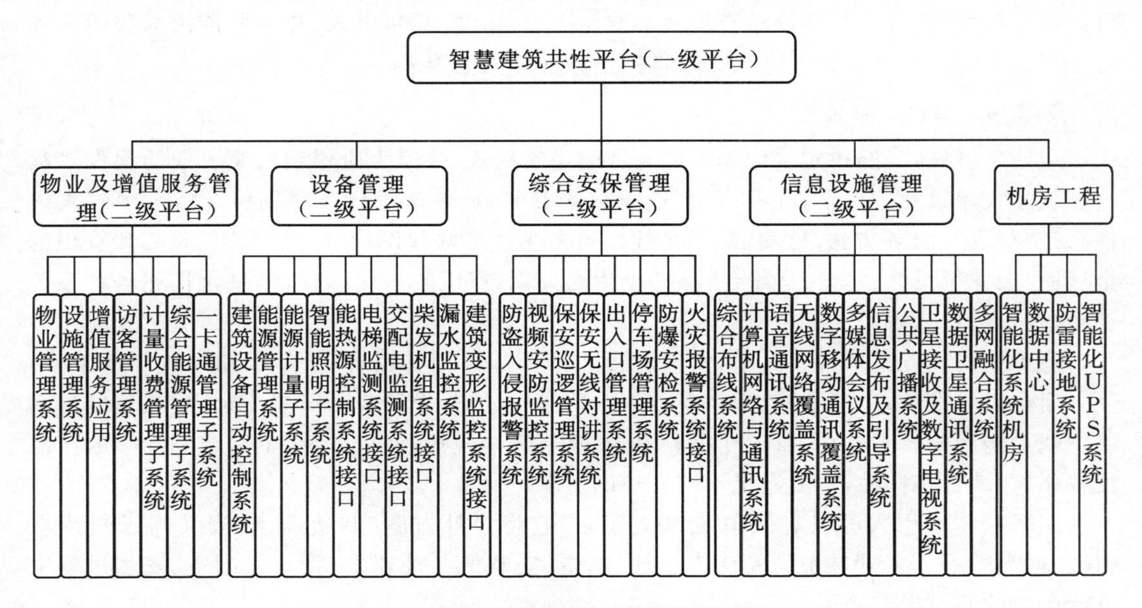

图2-20 基于云计算和BIM的建筑管理信息平台

2.2.3 BIM和绿色建筑

绿色建筑理念吹遍全球，国内近些年因为建筑污染、能源危机进而推行建筑节能设计，就是以绿色建筑为发展目标。绿色建筑的含义在于：高效利用周边的自然环境、气候条件等，减少建筑污染的排放，与生态环境良好共生，做到可持续发展。

随着BIM概念的普及，越来越多的项目开始尝试应用BIM技术融入绿色建筑的各个环节。就建筑生命周期而言，以规划设计阶段分析最重要，以建造施工阶段的整合部分最复杂，否则就会出现大量耗能设计并造成大量后期工序冲突。

1. 在规划设计方面

实现绿色设计、可持续设计方面BIM的优势是很明显的：BIM方法可用于分析采光、热能、电能、噪声、气流、不同建材等绿建建筑性能的方方面面，去分析实现最低能耗的建筑设计，还可在项目大环境规划中完成群体间的日照时间、模拟风环境、热岛检测、景观模拟、排水模拟等，为规划设计的"绿色探索"注入高科技力量。

2. 在施工运维阶段

在施工过程中，借助BIM的冲突检测、施工模拟、工程量计算、人员物资调配，可以进一步达到避免浪费、节约资源的绿色建筑目的。运维阶段：绿建的设备运营管理、废弃物管理、物业管理强调高效管理，以达到回收利用等目标，BIM模型的众多数据可以直接被物业管理的FM系统调用，从而提高管理效率，减少人力和物资的消耗。

我国绿色建筑设计处于起步阶段，缺少系统分析工具，绿色建筑规划设计软件存在以下问题：①国内绿建软件发展滞后，核心功能计算依赖于国外软件，还不能成体系的独立。②各绿建筑软件相互独立，数据共享性差。③绿建需要多专业多软件配合，软件都无法集成，所以绿建筑评价标准的准确性和一致性有很大问题。

所以以前不少BIM应用单位都还是浅尝辄止，仅仅是起到辅助设计的作用或者作为项目招投标阶段的"噱头"，并没有真正地形成生产力，但2016年以来，在一些前沿大公司大项目的带动下，基于BIM绿色建筑应用趋势正势不可挡地袭来。

2.2.4 BIM和装配式建筑

在施工领域，装配式建筑作为一种先进的建筑模式，被广为应用到建筑行业的建设过程中。装配式建筑模式是设计→工厂制造→现场安装，相较于设计→现场传统施工模式来说核心是"集成"，BIM方法是"集成"的主线。这条主线串联起设计、生产、施工、装修和管理的全过程，服务于设计、建设、运维、拆除的全生命周期，可以数字化虚拟，信息化描述各种系统要素，实现信息化协同。

这种模式优点是节约了时间，但这种模式推广起来仍有困难，从技术和管理层面来看，一方面是因为设计、工厂制造、现场安装三个阶段相分离，设计成果可能不合理，在安装过程才发现不能用或者不经济，造成变更和浪费，甚至影响质量；另一方面，工厂统一加工的产品比较死板，缺乏多样性，不能满足不同客户的需求。

BIM技术的引入可以有效解决以上问题，它将设计方案、制造需求、安装需求集成在BIM模型中，在实际建造前统筹考虑设计、制造、安装的各种要求，把实际制造、安装过程中可能产生的问题提前消灭。

在装配式建筑BIM应用中，模拟工厂加工的方式，以"预制构件模型"的方式来进行系统集成和表达，这就需要建立装配式建筑的BIM构件库。通过装配式建筑BIM构件库的建立，可以不断增加BIM虚拟构件的数量、种类和规格，逐步构建标准化预制构件库。在深化设计、构件生产、构件吊装等阶段，都将采用BIM进行构件的模拟、碰撞检验与三维施工图纸的绘制。BIM的运用使得预制装配式技术更趋完善合理。

2.2.5 BIM和历史街区与历史建筑保护

BIM模型核心是将现实建筑的参数录入到计算机中，建立一个与现实完全相同的虚拟模型，这个模型本质是一个数字化的、信息完备的、与实际情况完全一致的建筑信息库。这个信息库应当包含建筑所有的数据信息，包括建筑构件的几何形体、物理特性、状态属性等。同时还应包括非构件对象的信息，如构件所围合的空间、处于对象内的人的行为、发生火灾时火势的蔓延等。这种高度集成的信息模型不但可以运用到建筑设计阶段，同样对已建成建筑的保护与研究有很大的帮助。因此能够通过BIM模型模拟历史街区及建筑在现实世界的状态以及在遇到突发问题时发生的变化，对研究古建筑的现状、变化规律以及发展趋势有很大帮助。

2.2.6 BIM和VR

VR(Virtual Reality，即虚拟现实技术)是一种可以创建和体验虚拟世界的计算机仿真系统，它利用计算机生成一种交互式的三维动态视景和实体行为的虚拟环境，从而使用户沉浸到其中。

BIM 是利用计算机与互联网技术将建筑平面图纸转成可视化的多维度数据模型，虽然 BIM 模型可以达到模拟的效果，但与 VR 相比在视觉效果上还是有很大差距，VR 能弥补视觉表现真实度的短板。目前 VR 的发展主要在硬件设备的研究上，缺乏丰富的内容资源使得 VR 难以表现虚拟现实的真正价值，VR 内容的模型建立与内容调整上更需投入大量成本，新技术存在落地难的困境。而 BIM 本身就具有的模型与数据信息，为 VR 提供极好的内容与落地应用的真实场景。

BIM 已在建造方式上改变了传统的施工方法，VR 的诞生给人们带来了不一样的感知交互体验，因而 BIM 与 VR 的结合，可在虚拟建筑表现效果上进行更为深度的优化与应用。从而为项目设计方案的决策制定、施工方案的选择优化、虚拟交底、工程教育质量的提升等方面提供强有力的技术支撑。

当前样板房、虚拟交底等应用只是 VR 与 BIM 相融合的开始，未来利用 BIM 与 VR 系统平台打造虚拟城市，为城市创造更多的新空间，推动超大型城市的形成与改变，才是其发展的长远道路。在此过程中，无论是在设备硬件研究上，还是在内容填充上，BIM 与 VR 都还有很长的道路需要走。当 BIM 与 VR 真正相互融合，带给我们的将不只是简单的虚拟建筑场景，而是一场全方位感知的盛宴，是一场建筑技术的新革命！

2.2.7 BIM 和三维激光扫描技术

BIM 具有可视化、协调性、模拟性、优化性和可出图性的特点；而三维激光扫描仪则具有数据真实性、准确性特点。通过三维激光扫描施工现场得到真实、准确性的数据；通过对比检测得知施工现场是否在施工质量控制范围之内；旧的建筑物因为图纸不齐全或长年累月的位移导致在对其改造时因无法获取准确的数据信息，也就无法正确地实施改造，通过三维激光扫描改造现场，建立 BIM 体系模型，通过 BIM 体系模型建立整套的 BIM 改造方案。目前参与的项目应用点：①三维激光扫描仪结合 BIM 施工环节；②检测控制施工质量；③根据现有的施工情况进行合理的二次设计；④三维激光扫描仪结合 BIM 翻新环节；⑤图纸不足造成改造方案不准确问题。图 2-21 为经三维扫描后拼接而成的 Revit 模型。

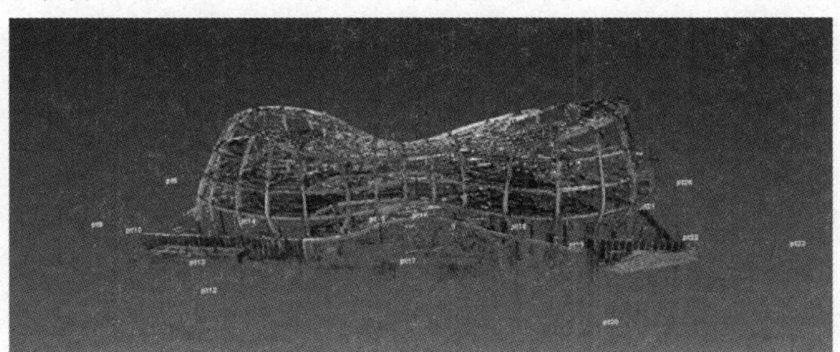

图 2-21　经三维扫描后拼接而成的 Revit 模型

但是三维扫描的物体是大量的点云，一个小房子可能达到数以亿级的点数，对计算机的硬件要求会更高，后期处理的工作量也会增大，随着硬件和软件技术的进步，激光扫描技术将会成为 BIM 的数据测量利器。

2.2.8 BIM 与 3D 打印技术

3D 打印机（3D Printers）是一位名为恩里科·迪尼（Enrico Dini）的发明家设计的一种神

奇的打印机。1995 年，麻省理工创造了“三维打印”一词，当时的毕业生 Jim Bredt 和 Tim Anderson 修改了喷墨打印机方案，把墨水挤压在纸张上的方案变为把约束溶剂挤压到粉末床的解决方案。

三维打印机被用来制造样品，节约了设计样品到产品生产时间，打印的原料可以是有机或者无机的材料，通过 3D 打印机打印出更实用的物品。3D 打印机广泛应用于政府、航天和国防、医疗设备、高科技、教育业以及制造业。

3D 打印技术的前景广阔，3D 打印的前提是有三维模型，BIM（建筑信息模型）技术与 3D 打印机技术相结合，扩展应用范围，如虎添翼，可以想象，在未来的工业 4.0 精细定制领域，大型的 3D 打印设备将会极大改变目前的建筑业态面貌。

第3章　园林工程中的BIM与软件基础

教学导入

了解园林工程中BIM的现状及运用情况，通过三维园林景观设计软件“佳园”(Garland)的学习，不断深入理解BIM的理念。

学习要点

- 园林工程BIM模型
- 佳园软件

3.1　园林工程BIM现状

随着BIM技术在建筑等工程行业的应用与发展，园林景观也在对BIM相关技术进行探索。但与其他工程行业相比，园林行业BIM的发展相对迟缓，主要是因为来自业主、施工方等方面的需求不足，规划设计中缺乏分析与评价体系，行业规模限制，以及技术难度等因素的制约。但是园林规划设计及施工阶段对BIM技术的需求也很急切。园林工程独有的特色使得开发BIM技术的难度较大，需要充分利用相关行业BIM技术的成果，按园林工程的要求进行改造和扩展。园林工程中对植物、地形等方面的BIM技术与方法的研究与发展还有巨大的空间。

3.2　园林工程BIM技术的需求

与建筑工程不同，园林工程的生命周期可划分为规划、设计、施工、养护、更新等阶段。这个过程与建筑工程相比简单一些，虽然时间跨度可能更长久，但各阶段之间的关系却相对离散。园林工程建成交付之后，便进入养护管理的阶段。因此必须更多考虑BIM技术在园林项目交付之后的需求，当然园林工程设计与施工阶段的BIM技术应用与养护更新阶段的BIM需求同样重要。

园林工程BIM相较于传统CAD出图而言，可自动生成各立面、各角度剖面视图，精确迅速完成之后即可进行标注，在获得业主认可后，实时出具施工图与工程量清单和整体出图。通过模型导入Lumion软件中，可轻松快速制作园区展示视频。因Lumion中自带植物库，更为逼真，展示效果更佳。故项目乔木部分模型单独导入软件中，根据设计树种在库中进行选择替换。园区景观设计可随时根据模型提出工程量清单进行工程套价，及时把握调整园林的经济指标。

目前，园林工程普遍要求进行限额设计，一般都是根据经验进行粗略估算，经常要在设计完成之后，做出详细概算，然后才能返回来对设计进行增减。但是有了园林工程BIM，就能快速、准确生成工程量清单，全过程精确把握工程成本。通过平台整合更好地提高整个生产过程的生产效率，在艺术创新的同时，降低整个社会生产营造成本。通过可视化手段，降低业主方与设计者在沟通上的成本与认知偏差，直观展示设计成果，使设计充分满足业主需求，同时在协同化工作的支持下，提高设计、预算等部门间的工作效率。

园林工程佳园软件完成信息化的建模，这是第一阶段的内容。有了信息化的三维模型就可以进行三维化的展示；更重要的是能够进行数据的交互，这才是采用BIM技术的核心所在。采用信息化虚拟建造展示，在项目施工前期确定最优方案，既能满足大家对园林景观审美的要求，又能满足施工需求，避免施工过程中的反复修改，节省人力、物力。随着BIM技术的发展，充分利用其他行业成果，根据园林工程的行业特点对BIM技术进行针对的扩展应用，是当前我国园林工程BIM信息化的应用途径。

3.3 园林工程BIM模型与数据架构

园林工程BIM模型是设施所有信息的数字化表达，是一个可以作为设施内容虚拟替代物的信息化电子模型，是共享信息的资源。人们常以为BIM模型是一个单一的模型，但到了实际操作层面，由于项目所处的阶段不同、专业分工不同、实现目标不同等多种原因，项目的不同参与方还必须拥有各自的模型，例如场地模型、植物模型、小品模型、道路模型等。这些模型是从属于项目总体模型的子模型，但规模比项目的总体模型要小。

所有的子模型都是在同一个基础模型上生成的，这个基础模型包括了景观工程中物体最基本的构架：场地地形的地理坐标与数值、植物和小品空间等，而专业的子模型就是在基础模型的上面添加各自的构件形成的，这里专业子模型与基础模型的关系就相当一个引用与被引用的关系，基础模型的所有信息被各个子模型共享。

园林工程BIM模型应用是与计算机和网络系统密切相关的，如何从软硬件的角度搭建起模型应用系统的框架，是模型应用的必要条件，但是无论从纵向的全生命周期来说，还是横向的各行各业的项目参与方来说，应用的广泛性都给系统应用框架的搭建提出了很高的要求，必须保证在设施全生命周期中的信息交换。目前建筑业的信息表达与交换的国际标准技术是IFC标准，如何在系统中直接传递、交换园林工程BIM模型IFC数据，那就需要设置一个服务器，服务器与知识库一起组成一个以IFC格式为网络的数据集成与应用平台。

用户进行相关应用时可通过园林工程服务器提取所需的信息，同时也可以对模型中的信息进行扩展，然后将扩展的模型信息重新提交给服务器，这样就实现了园林工程数据的存储、管理、交换和应用。再进一步，如果服务器实现以集成为基础，就可以实现对象级别的数据管理以及权限配置，能支持多用户协作和同步修改。

采用园林工程BIM技术，不仅可以实现设计阶段的协同设计，施工阶段的建造全过程一体化和运营阶段对园林工程的智能化维护和设施管理，同时还能打破从业主到设计、施工运营之间的隔阂和界限，实现对园林工程的全寿命周期管理。

在运营维护阶段采用园林工程BIM技术可以有如下这些方面的应用：竣工模型交付；维护计划；建筑系统分析；资产管理；空间管理与分析；防灾计划与灾害应急模拟。

在今后的智慧园林景观建设中，还可将苗木、设备、施工信息等平台化，如：业主通过苗木信息平台进行网络采购，可以比建设周期提前3～5年，在设计之初即可发布苗木需求，由各大苗圃提前备苗，以控制成本；可以为苗木建立可追溯的移植档案，了解其原产地，以提高种植成活率；为苗木生产建立工厂化模式，进行精细管理，确保订单按质按量完成，打造工业化的园林景观。

3.4 园林 BIM 工程软件

目前，园林 BIM 工程软件除了 Revit 和 Lumion 软件等国外软件之外，Garland 是国内采用完全自主知识产权的三维 CAD 平台。它包括了三维园林景观设计、二维施工图绘制、植物数据库、三维真实感渲染、二维着色表现与图像处理五大基本模块，具有三维场地设计及分析、建筑造型、种植设计、景观设计、地形数据及植物数据分析等功能。

软件建立在纯中文三维图形平台之上，不仅结合了国内外通用图形平台的优点，还结合园林设计的特点进行精炼简化，尽量做到操作步骤简单，易学易用。实现了二维施工图设计与实时三维效果同步显示。可兼容多种其他软件的文件格式，包括 AutoCAD 的 dwg 文件、3ds Max 的 3ds 文件等。

Garland 软件在景观设计部分为用户提供了各种园林规划设计常用的功能，可完成任何复杂的三维建筑造型、地块、道路和园林小品的设计，并提供了丰富的三维实景图库；自造建筑功能可帮助用户快速建造建筑楼体，并为其添加门窗、女儿墙或坡屋顶等构件；室外造景功能提供了建造水体、花池、台阶、围栏和山路等功能，使用户在园林规划设计过程中更加得心应手。

专业实践篇

第 4 章　园林工程 BIM 模型信息与流程

教学导入

本章主要介绍 BIM 模型信息的生成和交换以及佳园软件对创建基本模型的地形设计、种植设计、数据统计到效果表现等主要流程。

学习要点

- BIM 模型信息内容与交换
- 佳园软件的设计流程

4.1　模型信息的生成

在园林工程中采用不同 BIM 软件以三维设计为基础的理念，直接采用园林工程熟悉的场地地形、道路、小品、植物绿化等作为命令对象，快速创建出项目的三维虚拟 BIM 景观信息模型，而且在创建三维建筑模型的同时自动生成所有的平面、立面、剖面、统计表等视图，从而节省了大量的绘制与处理图纸的时间，让设计师的精力能真正放在设计上而不是绘图上。通过建立的 BIM 建筑信息模型利用参数化实体造型技术使计算机可以表达真实建筑所具有的信息，突破了长期以来用抽象的视觉符号来表达设计的固有模式；同时，工程信息模型不仅在设计阶段能够有效地提升设计质量与效率，其信息数据的传递在能源分析、工程量统计、可视化的施工管理与景观工程后期养护、管理等方面都将发挥出传统二维设计所不具备的巨大优势。园林工程信息模型具有以下几个特点：

(1)构件组合。即信息模型应由无数虚拟构件拼装而成，通过调节构件(或族)的参数(如长、宽、高、位置、材料等)，就可导致构件形体发生改变，满足设计。这样会使我们同时对构件进行相关统计和计算，同时景观构件不仅仅只是模拟几何形状，其他的诸如：植物的树干大小、叶面形状、花的形态和质感。所以说，构件组合是建筑信息模型的一个最根本的特征。

(2)构件关联。构件关联是构件组合的衍生。实际应用中，设计师在修改了某个构件时，譬如植物的高度或者标高的数值，那么地面、覆土和与小品的位置都要有相应的变化，做出相应的更新，因为这些构件的参数和标高是相关联的，因此构件关联以同步改变也是信息模型的一个特征。关联性设计不仅提高了设计师的工作效率，而且解决了长期以来图纸之间的错、漏、缺问题，其意义是显而易见的。

(3)数据库组织共享。信息模型的设计信息都以数字形式保存在数据库中，便于更新和共享；通过数据库中的数据及构件之间的关联关系，可以很容易地虚拟出一个信息模型。整个信息模型的设计实际上是一个通过参数化的界面对数据库的操作的过程。对同一个数据库的应用，可以更好地起到协作设计的作用。例如，结构工程师改变其柱子的尺寸时，景观工程模型中的柱子也会立即更新，而且建筑信息模型还为不同的生产部门，甚至管理部门提供了一个良好的协作平台。例如施工企业可以在信息模型基础上添加时间参数进行施工虚拟，控制施工进度；政务部门可以进行电子审图；等等。这不仅改变了景观工程师、建筑师、结构工程师、设备工程师传统的工作协调模式，而且业主、政府政务部门、制造商、施工企业都可以基于同一个带有三维参数的建筑模型协同工作。

4.2 模型信息交换

为了景观工程中BIM软件之间数据交换问题，不同软件开发了互通格式(如IFC)和不同的数据格式，对于项目级一般有以下几种模型交换：

(1)模型提交要求：提交软件原始格式模型；提交Revit格式的链接模型；提交Navisworks绑定的浏览模型。

(2)模型整合要求：不同模型整合基于Revit/CATIA平台进行。

(3)所有的BIM模型数据可以被Navisworks读取，并能在Navisworks中浏览。

(4)最终浏览模型基于Navisworks平台，集成多种数据格式。

(5)最终可编辑模型基于Revit平台，集成多种数据格式。

(6)对于项目参与方的其他BIM数据格式，经甲方同意，可提供原始的BIM模型文档，并提供Navisworks模型。

国内外合格的交付方式短期内又不太可能出现，在这种情形下，建议在选择软件产品和制定应用流程的过程中应该尽量避免信息交换或者减少信息交换的次数和频率。

4.3 设计流程

4.3.1 地形设计

佳园软件高效自动的地形分析模块，具有多种导入地形点(高程点)方式，可根据现状数据快速生成三维地形。在此基础上可进行坡度分析、高程分析、朝向分析、水流分析及日照分析，分析结果可用直观的三维彩色图形表现，也可用数据表格表现。地形改造功能可在原有地形上进行挖、填操作，并能自动统计出土方量。

地形设计包括生成TIN地形、地形分析和地形改造三部分。生成TIN地形，其原始数据可以是现状地形点和等高线；生成TIN地形后，可完成坡度分析、朝向分析、水流分析和高程分析；在原始TIN地形上，通过划定改造地形范围的边界线、绘制改造地形的设计等高线或设计高程点完成地形改造，并可计算土方量。

4.3.2 种植设计

佳园的种植设计模块是专为园林设计人员开发的种植功能，以丰富全面的植物数据库为基础，涵盖了各类常见的种植方式，包括孤植、中心列植、对植列植、单侧列植、矩形片植、品字形片植、随机片植和组合混植方式，用户可根据需要选择本地植物、平面图例或示意图片，程序将自动从数据库中提取相应信息。种植后的植物还可以随时查询、修改、调整轮廓边界等参数。

功能强大的植物数据库管理模块，提供完整的全国植物数据库，包含数千种植物的生长特性、观赏特性、生态适应性、环境条件和用途等属性信息，为用户提供了查看、添加、修改、删除、查找、归类、输出等选项，并能将查找结果生成子数据库，适合不同城市和地区的需要。

主要体现在以下方面：

①选择植物。按植物类型选择植物，植物类型分为常绿乔木、常绿灌木、落叶乔木、落叶灌木和花卉藤本。

②查找植物。输入关键字，查找此类型下的植物。

③平面表现。列植、片植、群植的方式，可用植物平面图例，也可用种植点和轮廓线表现。

4.3.3 数据统计

佳园软件可即时生成苗木统计表，自动统计种植结果，达到高效准确，节省设计人员大量精力和时间。开放式的苗木表生成器，可由用户根据需要自由设计包括单位名称、项目名称、列表项、植物输出顺序等项目的苗木表格式。对完成的表格也可以像 Excel 表一样进行编辑。

软件的数据统计具体内容主要有苗木表、预算表、总指标、总工程量表。统计结果可保存为 Excel 文件格式、放在图中或直接打印输出。

4.3.4 由材质场景到渲染图及动画

首先分别给道路、绿地、广场、水面等赋材质，并编辑修改现有材质，设置场景、生成渲染图和动画。要生成渲染图，应设置视角，即设置相机。并根据相机的视角，设置光源。

软件提供两种制作动画的方法：①路径动画；②关键帧动画。

选择相机作为关键帧物体，分别设置相机视图位置并在该处设置帧数，作为关键帧。

第 5 章　园林工程 BIM 标准与建模

教学导入

本章根据园林工程的特点，对 BIM 模型建立所需的项目标准、流程及操作过程进行系统的介绍。

学习要点

- 园林工程项目建模标准
- 园林工程 BIM 建模的具体操作

5.1　园林项目标准

5.1.1　分类预编码

园林工程中各种场地、小品、景观建筑、植物绿化模型的命名/编码规范，对 BIM 模型从设计、施工到运维全过程的数据检索与传递带来极大的便利，是 BIM 模型信息能够得到全过程高度重用的必要条件。采用分类编码的方式，定制多个关键字段，以便后续的查询和统计。例如，植物的命名规则中可包括类型名称、胸径、高度、分枝尺寸等字段，还可包括种植、管护、更新等字段。模型在建立过程中，建模者应该随时对项目族类型名称记录进行更新，将新建的族类型添加入记录中，避免重复新建。对于未提及的族类目，或者族类目已经提及，但实例形态较特殊无法严格命名的，建模者可先采用临时名称命名，并记录在案，根据实际情况提出修改或补充建议。

根据园林工程中项目包含的各种分部、分项工程进行类目，将构件/族分类及对应类目编码，如表 5－1 所示。

表 5－1　分类及对应类目编码总表

族分类		族类目编码	说明/备注
场地地形		CD	
小品		XP	
道路	车行路	CX	
	人行路	RX	
种植	乔木	QM	
	灌木	GM	
	地被	DB	

续表 5-1

族分类		族类目编码	说明/备注
标识	导向标识	DX	
	说明标识	SM	
	警告标识	JG	
景观建筑	外墙	WQ	
	其他隔墙	GQ	
	柱	Z	
	楼面	LM	
	地面	DM	

注：本表为示意，实际按园林工程中场地、小品、景观建筑、植物绿化模型进行命名/编码。

5.1.2 构件颜色

构件/族颜色分类如表 5-2 所示。

表 5-2 构件/族颜色分类

族颜色分类		色相 RGB 值	说明/备注
场地地形		255,150,12	
小品		15,120,230	
道路	车行路	230,80,15	
	人行路	220,190,150	
种植	乔木	40,160,90	
	灌木	110,190,55	
	地被	210,230,210	
标识	导向标识	200,70,210	
	说明标识	170,35,240	
	警告标识	240,35,190	

续表 5 - 2

族颜色分类		色相 RGB 值	说明/备注
景观建筑	外墙	210,80,40	
	其他隔墙	230,160,130	
	柱	220,36,36	
	楼面	230,150,100	
	地面	150,100,77	

注：本表色相 RGB 值为示意，实际按园林工程进行设置。

5.1.3 族与族库

在 Revit Architecture 中进行设计时，基本的图形单位被称为图元，例如，在项目中建立的植物、景观小品、文字、标注等都被称为图元，这些图元都是使用“族”来创建的。

在 Revit Architecture 中，项目中所用到的族是随项目文件一同储存的，可以通过“项目浏览器”中的族类别，查看项目中所有使用的族。族可以保存为独立的后缀为 rfa 格式的文件，方便与其他项目共享使用，如一些简单的“植物”“景观照明灯”等构件，这类族称为“可载入族”。Revit Architecture 提供了族编辑器，可以根据设计要求自由创建、修改所需要的族文件。族的分类如下：

①系统族：没有办法载入及编辑修改的族。

②内建族：在项目中建立，不可以反复使用。

③载入族：从族库中载入，可重复多次应用。

5.1.4 模型拆分与整合

园林工程中大家使用的 BIM 软件众多，各单位在应用 BIM 技术时使用的平台种类繁多，有用图形工作站的，也有使用云平台的。不管使用什么 BIM 软件和平台，使用 BIM 都离不开协同。由于在实际项目中 BIM 模型很大，实现协同就需要将模型按一定的规则进行拆分，再分别进行模型的建立。

协同设计通常有两种工作模式：“工作集”和“模型链接”，或者两种方式混合。这两种方式各有优缺点，但最根本的区别是：“工作集”可以多个人在同一个中心文件平台上工作，互相都可以看到对方的设计模型；而“模型链接”是独享模型，在设计的过程中不能在同一个平台上进行项目的交流。虽然“工作集”是理想的设计方式，但由于“工作集”方式在软件实现上比较复杂，而“模型链接”相对成熟、性能稳定，尤其是对于大型模型在协同工作时，性能表现优异，特别是在软件的操作响应上。协同建模通常有两种工作模式：“工作共享”和“模型链接”，或者两种方式混合。这两种方式各有优缺点，但最根本的区别是：“工作共享”允许多人同时编辑相同模型，而“模型链接”是独享模型，当某个模型被打开编辑时，其他人只能

“读”而不能“改”。BIM 模型整合软件选用 Autodesk 公司的 Navisworks 软件。表 5－3 是“工作共享”和“模型链接”两种协同工作方法的比较。

表 5－3 “工作共享”和“模型链接”的比较

	工作共享	模型链接
项目文件	同一中心文件，不同本地文件	不同文件：主文件和链接文件
更新	双向、同步更新	单向更新
编辑其他成员构件	通过借用后编辑	不可以
工作模板文件	同一模板	可采用不同模板
性能	大模型时速度慢	大模型时速度相比工作共享快
稳定性	目前版本不是太稳定	稳定
权限管理	不方便	简单
适用于	同专业协同，单体内部协同	专业之间协同，各单体之间协同

5.1.5 信息交换

为了更方便有效地解决 BIM 软件之间数据交换问题，需开发一个所有软件都支持的数据标准格式，使软件之间的数据交换皆由该数据标准交换来完成，因此国际组织 IAI（Industry Alliance for Interoperability）提出了一套建筑数据整合标准 IFC（Industry Fundation Classes），对于一般 BIM 用户而言，只需要知道 IFC 是 BIM 信息交换标准格式就可以了。IFC 是一种开放性数据格式，作为信息的交换以及共享、使用于整个营建管理上，借由该标准定义地面、门、窗、墙、灯具等实质对象，以及空间、结构等一些抽象概念，以对象数据库的方式来处理数据内容，让所有参与方在各阶段使用不同软件产生出的数据，能够相互流通、应用与整合。

中国工程建设标准化协会与国家建筑信息模型（BIM）产业技术创新战略联盟（中国 BIM 发展联盟）联合批准发布《规划和报建 P-BIM 软件功能与信息交换标准》等 13 项协会标准。P-BIM 系列标准的研制对探索建立我国 BIM 应用标准体系、实现 BIM 软件国产化和 BIM 应用落地具有重要意义。P-BIM 系列标准为 2017 年 7 月 1 日起实施的国家标准《建筑信息模型应用统一标准》（GB/T 51212—2016）中提出的 P-BIM 实施方式提供技术支撑。

表 5－4 列出了各种 BIM 成果交付方式的优点及存在的问题。从文件交换格式和文件交付格式统计可以得出全球标准指南文件交换主要靠 IFC，文件交付主要靠原始文件即 Native，这两种方式均有利弊。

表 5－4 BIM 成果交付方式比较

BIM 成果交付方式	优点	存在问题
BIM 软件原始格式	信息完整	其他软件无法直接使用
IFC 等公开格式	支持软件多	信息不完整、效率低
视频、PDF、图像等	使用方便	信息不完整、无法修改
二维图纸如 DWG、DGN 等	使用方便	信息不完整、无关联
数据库、PDM 系统等	信息集成度高	信息完整性有问题、使用不方便、支持软件少

5.2 建模准备

5.2.1 硬件设备与软件

1. 硬件设备

BIM 应用在 Revit 软件中能够正常查看模型，建议电脑配置规格如下：

(1)台式机规格要求。

①处理器：最低 Intel 酷睿 i7 4770K(建议 Intel 酷睿 i7 6700K)。

②内存：最低 16G(建议 32G)。

③显卡：最低独立显卡 GTX980(建议独立显卡 GTX1060 或使用专业图形显卡)。

④硬盘：固态硬盘 250G＋机械硬盘 2TB。

(2)笔记本规格要求。

①处理器：最低酷睿第五代 i7(建议酷睿第六代 i7)。

②内存：最低 8G(建议 16G)。

③显卡：最低独立显卡 GTX980(建议 GTX10 系列独立显卡)。

④硬盘：固态硬盘＋机械硬盘。

2. 软件

目前市场上存在多种 BIM 建模和应用软件，每种 BIM 软件都有各自的特点和适用范围。建筑项目所有参与方在选择 BIM 软件时，应根据工程特点和实际需求选择一种或多种 BIM 软件。应注意，当选择使用多种 BIM 软件时，建议充分考虑软件的易用性、适用性以及不同软件之间的信息共享和交换的能力。在技术层面上，建议考虑使用协同软件或平台，以保证项目协同管理，有效实现 BIM 应用的价值。

①建模软件选用 Autodesk Revit 系列软件。

②动画漫游软件：Fuzor 是革命性的 BIM 软件，是 BIM VR 的先行者，它不仅仅提供实时的虚拟现实场景，还可让 BIM 模型数据在瞬间变成和游戏场景一样的亲和度极高的模型，最重要的它保留了完整的 BIM 信息，做到了“用玩游戏的体验做 BIM”，并成为第一个实现 BIM VR 理念的平台。

③模型整合软件：BIM 模型整合软件选用 Autodesk 公司的 Navisworks 软件。

④其他 BIM 软件要求：各专业参建单位如采用其他软件建模的，在提交模型时，必须将其他软件构建的模型转换格式以 *. rvt 格式提交，补充构件信息至完整并保证该模型能够被 Revit 系列及 Navisworks 软件正确读取。

以上软件均为 Autodesk 公司产品，Autodesk Revit 和 Navisworks 软件都使用 2012 版。

5.2.2 项目模板生成

在 Revit Architecture 中新建项目时，Revit Architecture 会自动以一个后缀为“. rte”的文件作为项目初始条件，这个“. rte”格式的文件称为“样板文件”。Revit Architecture 的样板文件功能相当于 AutoCAD 的“. dwt”文件。样板文件中定义了新建项目中默认的初始参数，如：默认的度量单位、显示设置等。Revit Architecture 可以根据项目来定义自己的样板文件，并保存为新的“. rte”文件。

启动 Revit Architecture，单击左上角的应用菜单，选择菜单中的“新建”→“项目”按钮（见图 5-1），弹出新建项目对话框。

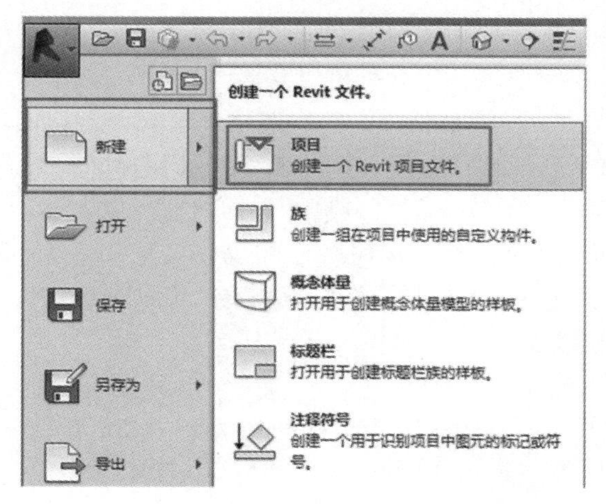

图 5-1　新建项目

在“新建项目”对话框（见图 5-2）中，单击浏览按钮，弹出“选择样板”对话框，浏览找到“BIM 样板文件”，单击打开按钮，返回“新建项目”对话框。

图 5-2　“新建项目”对话框

（1）样板文件基本设置包括：①项目单位；②填充样式；③文字；④线性图案；⑤轴网；⑥尺寸标注；⑦剖面标记及剖面框；⑧视图标题及视图框；⑨封面与图框；⑩图纸目录。

（2）样板文件专业参数设置包括：①线宽；②线样式；③对象样式；④材质；⑤详细注释；⑥详图符号；⑦项目浏览器；⑧视图样板；⑨管道系统分类；⑩图纸目录。

（3）样板文件的管理与维护包括：①样板文件管理维护人员分配；②样板文件个人的维护；③样板文件的更新与维护；④样板文件的注意事项。

5.3　原始场地的创建与分析

5.3.1　地理信息系统（GIS）运用

1. GIS 地形分析介绍

数字高程模型 DEM（Digital Elevation Models）是数字地面模型 DTM（Digital Terrain Models）的一种特例，两者都是描述地面特性的空间分布的有序数值阵列。高程模型又叫地形模型。实际上地形模型不仅包含高程属性，还包含其他的地表形态属性，如坡度、坡向等。

DTM是地形表面形态属性信息的数字表达，是带有空间位置特征和地形属性特征的数字描述。DEM是描述地形的高低起伏、坡度变化的模型，是立体分析的，而DTM是分析地形表面的不同用途和类型等。现在较为常用的DEM是基于2.5维表现形式的规则网格(GRID)和三角网(TIN)。

①GRID。GRID是由一组大小相同的网格描述地形表面，其数据的组织类似于图像栅格数据，只是每个象元的值是高程值，即GRID是一种高程矩阵。其高程数据可直接由解析立体测图仪获取，也可以由规则或不规则的离散数据内插产生。

②TIN。TIN是由分散的地形点按照一定的规则构成的一系列不相交的三角形组成的，三角面的形状和大小取决于不规则分布的观测点的密度和位置。

2.地形分析基本原理和过程

(1)地形分析基本原理。

基于以GRID或TIN为基础的DEM，通过ArcGIS的3D Analyst扩展模块进行操作，把原有的高程数据，例如等高线和高程点，转化并创建GRID或TIN数据，最后在此基础上进行高程、坡度、坡向、山体阴影、等值线、地形剖面、面积和体积的计算分析与应用。

(2)地形分析一般过程。

ArcGIS软件分析地形的一般过程与步骤如下：

①整理原始地形数据。将原始地形数据包括等高线数据和高程点数据整理并改正好，保证之后的地形分析准确性，并且独立出CAD图层，方便下一步转化操作。

②将原始数据转化成Shape数据。运用ArcCatalog把CAD数据转化为Shape数据，并且在转化过程中保留需要的要素，去除不必要的要素，简化数据。

③以Shape数据创建TIN。通过ArcGIS的3D Analyst扩展模块，利用转化后的等高线与高层的Shape数据图层，生成TIN。

④运用DEM模型分析地形。有了DEM模型就可以通过其图层属性进行地形分析。

3.地理信息系统管理及展现城市基础数据

HCity GIS+BIM系统不像传统3D GIS那样仅仅只是管理3D模型+属性，它对于城市元素，面向专业对象，“认识”管理的数据。City BIM将每个城市元素都当作一个BIM模型。具体如图5-3、图5-4和图5-5所示。

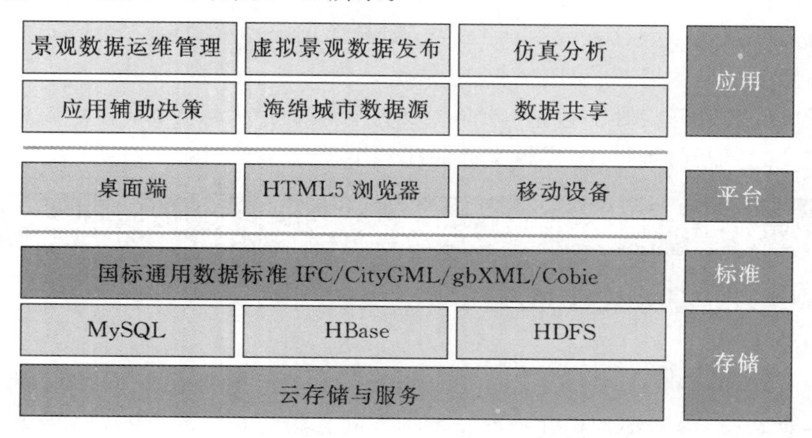

图5-3 HCity GIS+BIM系统架构

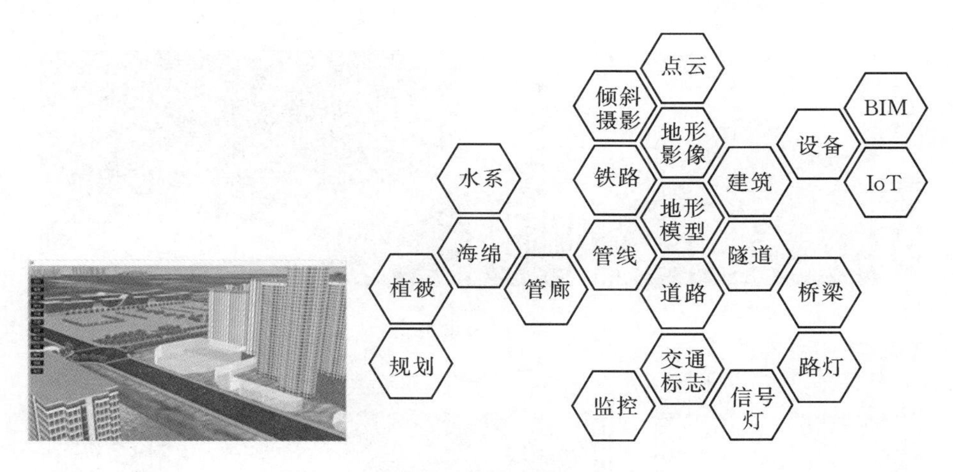

图 5-4 HCity GIS+BIM 管理内容

图 5-5 HCity GIS+BIM 数据——地形

(1)不同尺度不同管理方式。

园区级可采用简单地形高程模型+影像贴图模式,简单易行。城市尺度下,可采用地形LOD 模式,数据量和数据精度不受限制。

(2)支持多数据来源。如 DWG 地形图、ArcGIS、航拍数据、卫星影像、从公众地图网站抓取。

直接浏览倾斜摄影 OSGB LOD 数据(如图 5-6 所示),比人工建模更精确,工作量更小。浏览多种格式的点云数据,将复杂、真实的三维对象合入到场景中,而不必对其进行建模。支持坐标和尺寸校正,体现真实坐标。建筑构物如图 5-7 所示。

图 5－6　倾斜摄影和点云

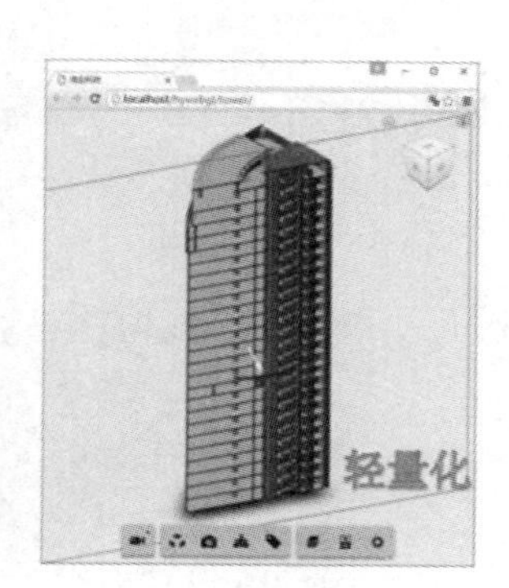

图 5－7　建构筑物(BIM模型)

直接识别道路、桥梁、互通立交、隧道、涵洞等BIM模型(如图 5－8 所示),包括模型和信息。

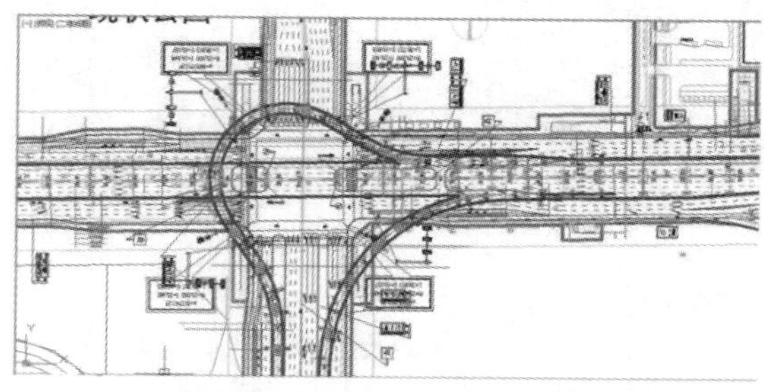

图 5－8　道路和桥隧涵模型

地形自动挖开,无须人工编辑,不遮挡其他模型,如图 5－9 所示。隐藏道路范围内的地形。保留地下工程上方、桥梁下方的原始地形。完美合模,真实数据,真实坐标,无地形遮挡。

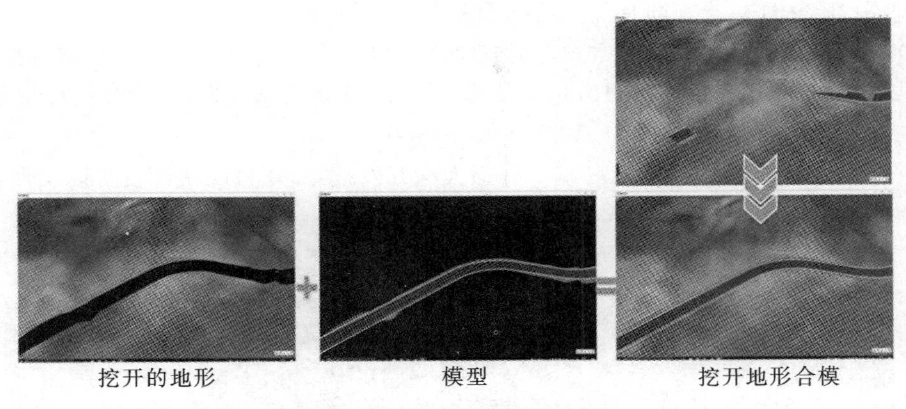

图 5－9　道路和桥隧地形模型

积水分析等结果导入本系统，进行图形化模拟。图 5－10 为模拟运行海绵城市软件设计计算数据。

图 5－10　模拟运行海绵城市软件计算数据

4. WebGIS——国内外基于 WebGL 的应用发展

随着 HTML5/WebGL 技术的成熟，WebGL 以其简单、便捷、平台无关性等显著优点，在三维数据展示与应用领域展现了广泛的应用前景。Web 三维技术彻底改变 GIS 管理世界的模式，架起传统 GIS 通向数字空间的桥梁。WebGL 技术将三维场景带到任何主流的网页浏览器之上。近年来倾斜摄影技术取得了重要的突破，很好地解决了 3DGIS 的数据来源问题，大幅度缩短了三维数据采集到投入应用的周期。基于云服务可以将三维场景发布为服务，通过移动三维 App 可以实现对逼真数字城市场景快速访问。通过移动 3DGIS 应用和基于云服务的互联网络协同，必将推动专业 GIS 功能走向社会大众，为 GIS 及 BIM 的应用开拓无限广阔的前景。

WebGL 具有以下优点：

(1)跨平台：基于 WebGL 与 HTML5 基础，跨平台并且支持几乎所有的浏览器。免插件使用，输入地址立即浏览。

(2)易部署：云端数据一键部署，PC 电脑端、安卓和苹果手机、平板，部分嵌入式设备都可以即时浏览，并且支持查询及部分 GIS 分析功能。

(3)原生支持众多三维数据格式，数据获取成本低，系统建设速度快。目前直接支持：倾斜摄影数据，符合国际 WMS、WFS 标准的影像数据，高程模型数据，支持各类标准的三维数据交换格式，如 IFC、DAE、GLTF、FBX、OBJ、OSGB 等。

(4)WebGL 提供了与桌面 PC 端同样强大的开发接口，通过二次开发可以实现通用 GIS 基础功能，如路径分析、爆管分析、缓冲区分析等。

WebGIS——国内外基于 WebGL 的应用发展，如图 5－11、图 5－12 和图 5－13 所示。

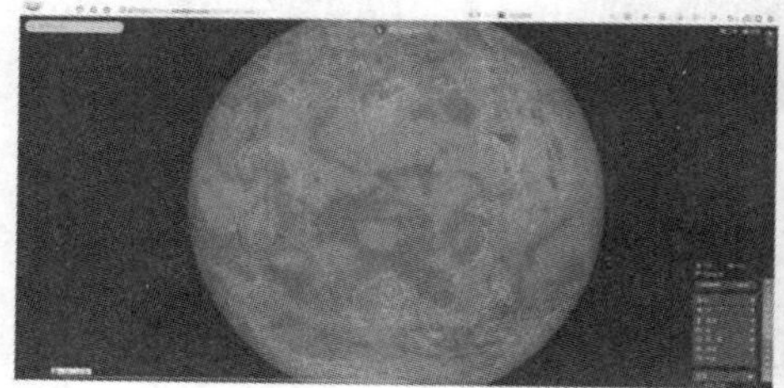

图 5－11　WebGIS——基于 WebGL 的应用发展

图 5－12　城市级地形管理

图 5-13 倾斜摄影数据

5.3.2 场地环境条件分析

1. 坡度分析

打开一个地形图,利用湘源"地形→字转高程"命令(见图 5-14),输入标高最低和高值(地形范围内的高程在最低值和最高值之间即可,见图 5-15),选择是否过滤掉无小数点的数字[否(0)/是(1)]〈1〉,然后会生成离散点,如图层中出现"DX-离散点"表示生成成功,如图 5-16 所示。

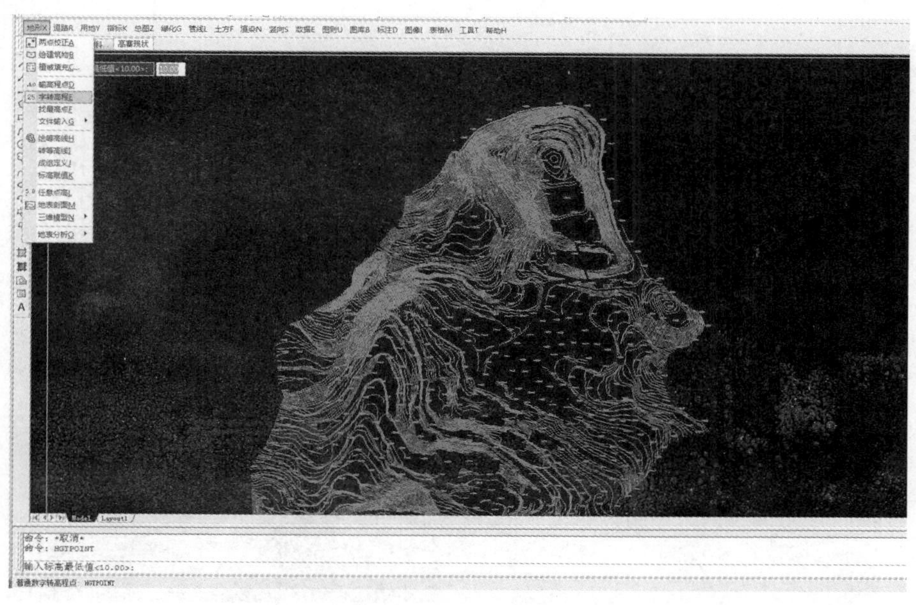

图 5-14 字转高程

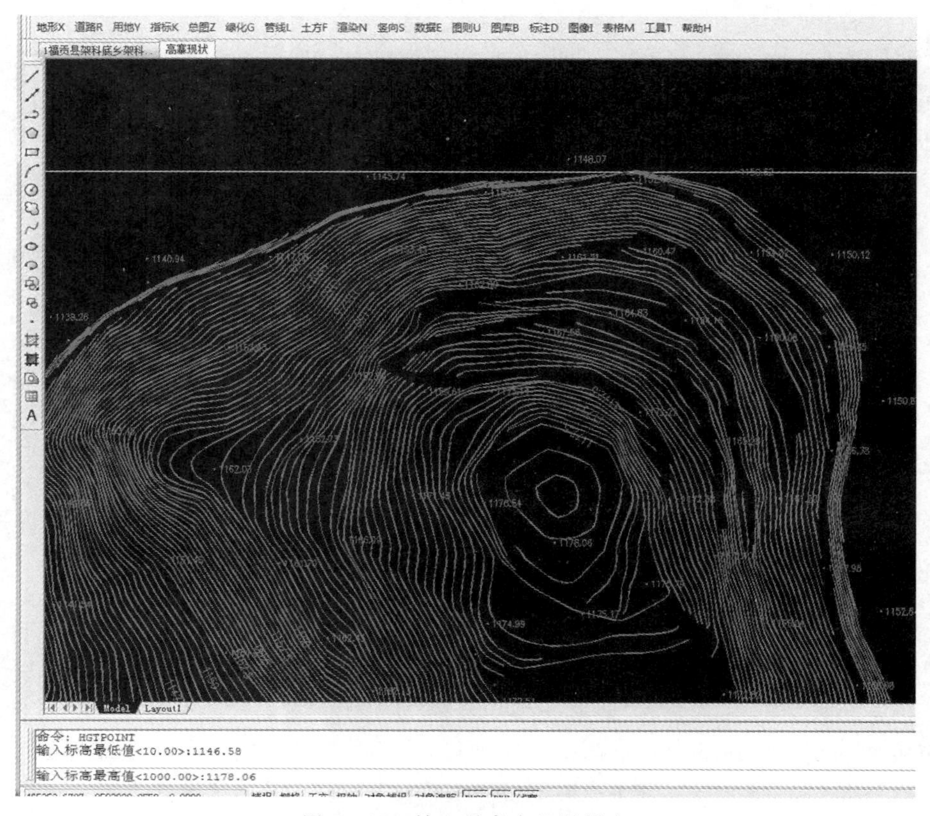

图 5－15 输入最高点和最低点

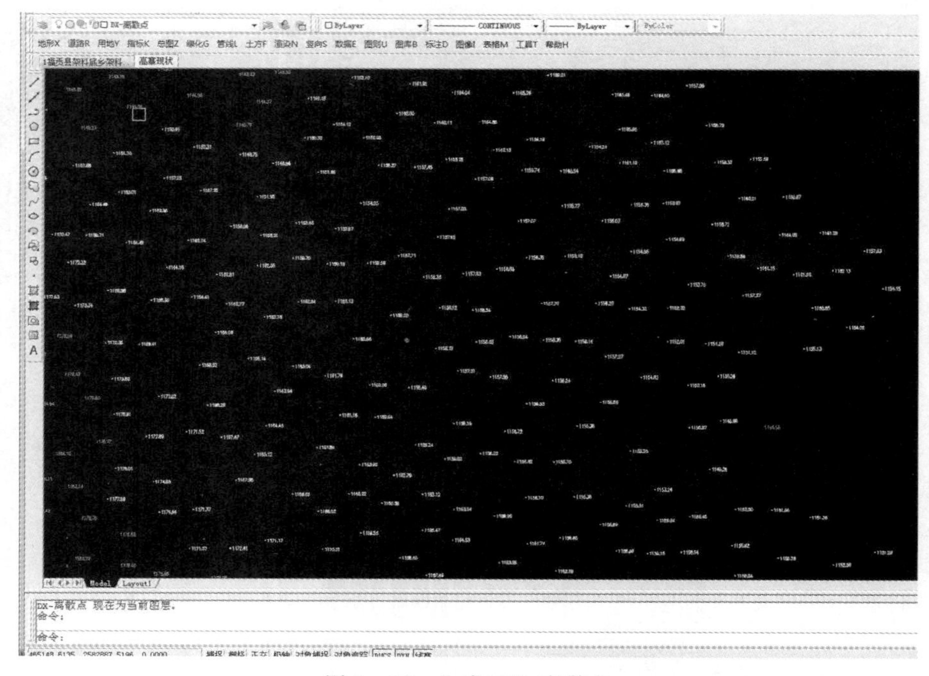

图 5－16 生成 DX－离散点

利用湘源"地形→地标分析→坡度分析"命令(见图 5 - 17),将弹出"设置坡度颜色"对话框,如图 5 - 18 所示。

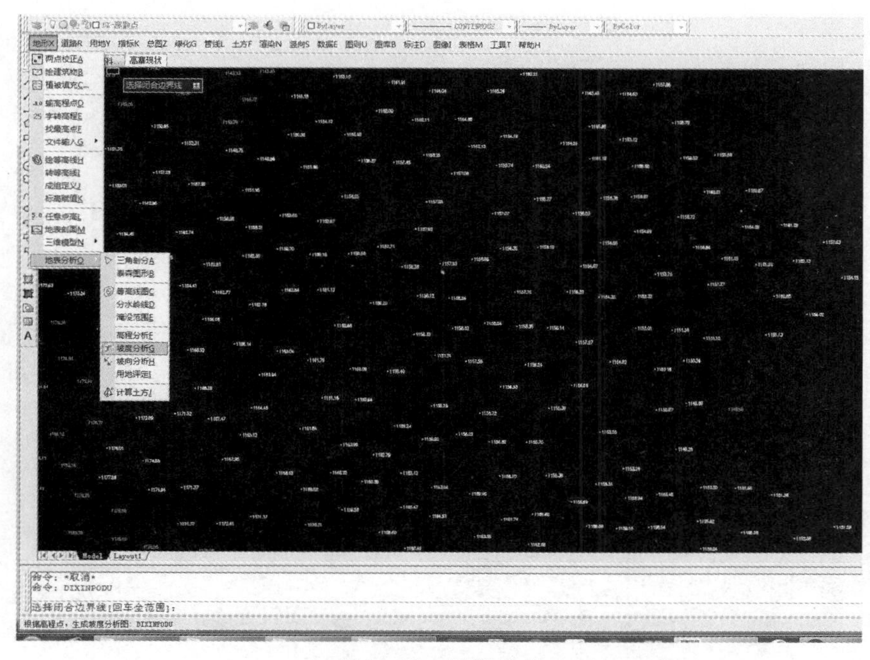

图 5 - 17　坡度分析

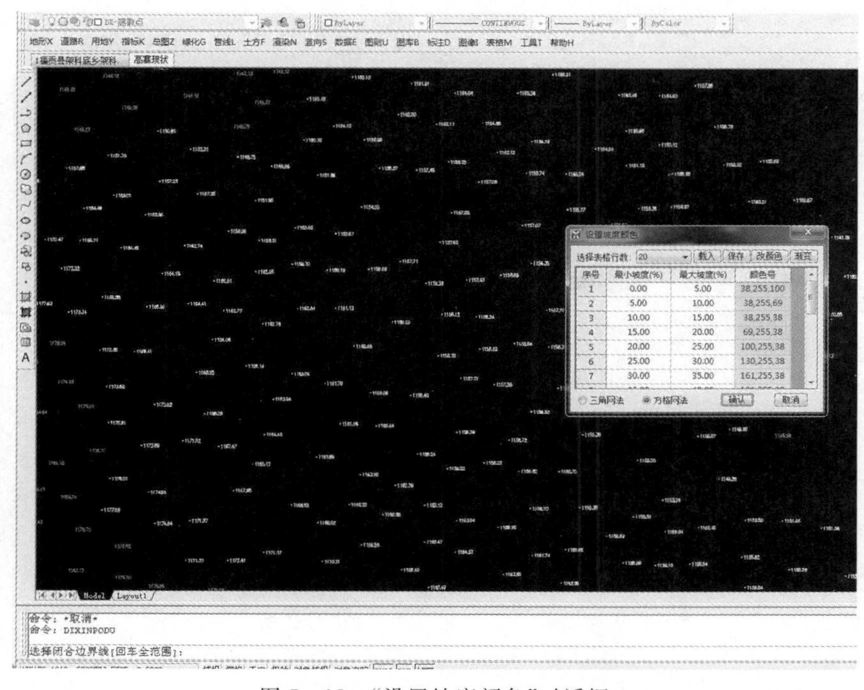

图 5 - 18　"设置坡度颜色"对话框

“坡度颜色修改”对话框内的表格行数、颜色、最小和最大坡度均可按照自己的意图做修改，生成类型分“三角网和方格网”两类，这里采用“三角网法”，点击“确认”命令。生成所需的坡度分析图，其中图例也是自动生成的，如图 5-19 所示。

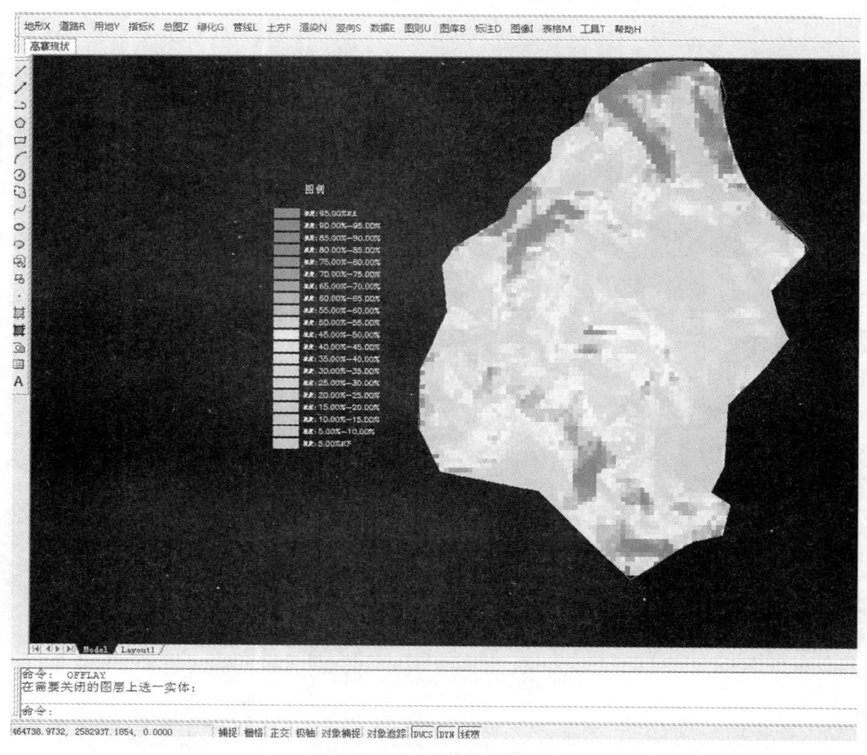

图 5-19 生成坡度分析图

2. 高程分析

运行“地形→地表分析→高程分析”命令，出现如图 5-20 所示对话框。用户可选择表格行数，设置最小高程和最大高程，高程颜色表格支持 Excel 文件导出及导入，软件对生成的结果提供了两种对象，即填充实体和三维面。生成填充实体，主要用于平面图的制作；生成三维面，主要用于三维效果图制作。

设置高程颜色

选择表格行数: 20 载入 保存 改颜色

序号	最小高程(m)	最大高程(m)	颜色号
1	0.00	0.00	38, 255, 1
2	0.00	0.00	38, 255, 6
3	0.00	0.00	38, 255,
4	0.00	0.00	69, 255,
5	0.00	0.00	100, 255,
6	0.00	0.00	130, 255,
7	0.00	0.00	161, 255,
8	0.00	0.00	191, 255,

⊙填充实体 ○三维面 确认 取消

图 5-20 “设置高程颜色”对话框

使用该命令生成的高程分析效果如图 5 - 21 所示。自动生成的高程分析三维图如图 5 - 22所示。

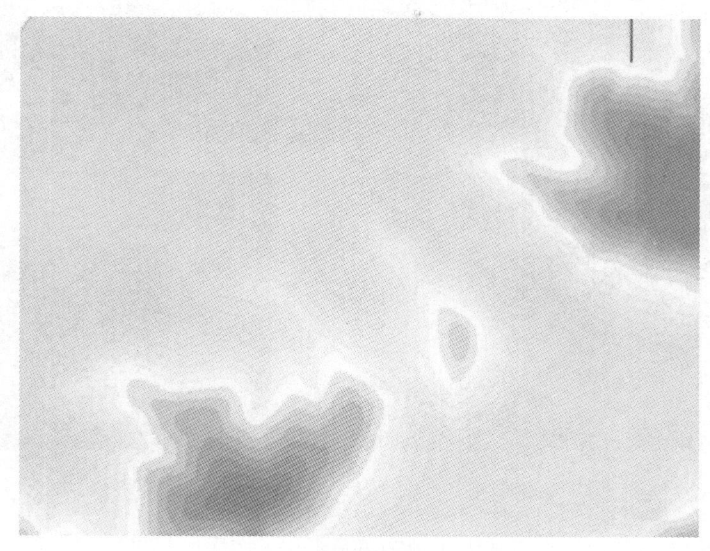

图 5 - 21　生成高程分析效果

图 5 - 22　生成高程分析三维图

5.3.3　Civil 3D 运用

AutoCAD Civil 3D 软件是 Autodesk 公司推出的一款面向基础设施行业的建筑信息模型解决方案的软件。它为基础设施行业的各类技术人员提供了强大的设计、分析以及文档编制功能。AutoCAD Civil 3D 广泛适用于勘察测绘、岩土工程、交通运输、水利水电、市政给排水、城市规划和总图设计等众多领域。

打开 Civil 3D 2016，打开图形样板文件，如图 5－23 所示。

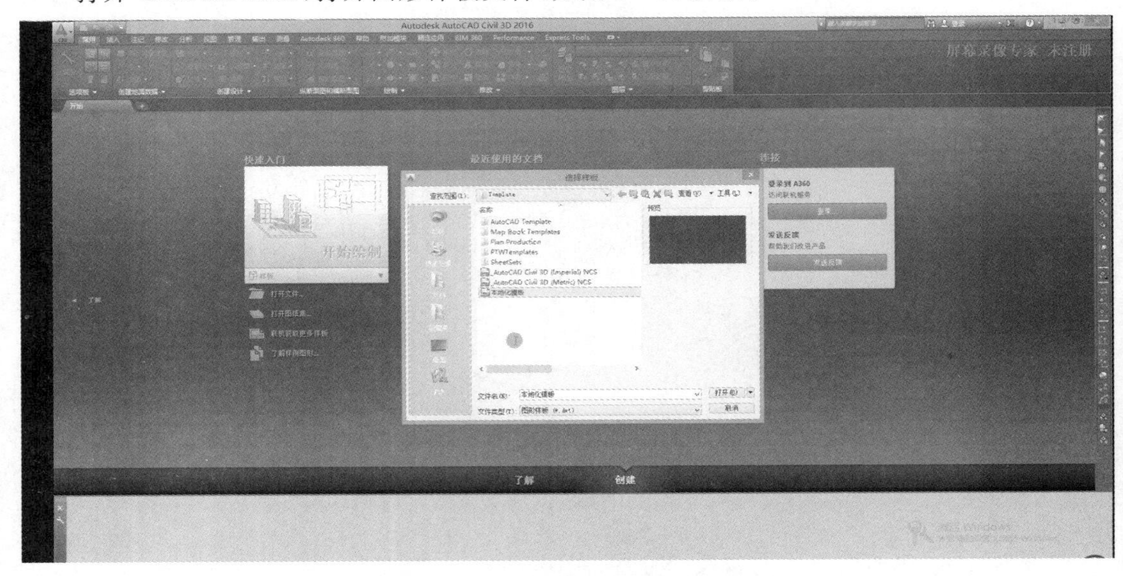

图 5－23　打开图形样板文件

进入工作界面，如图 5－24 所示。

图 5－24　工作界面

下拉菜单中为工具空间介绍，不同空间有不同的功能。如图 5－25 所示。

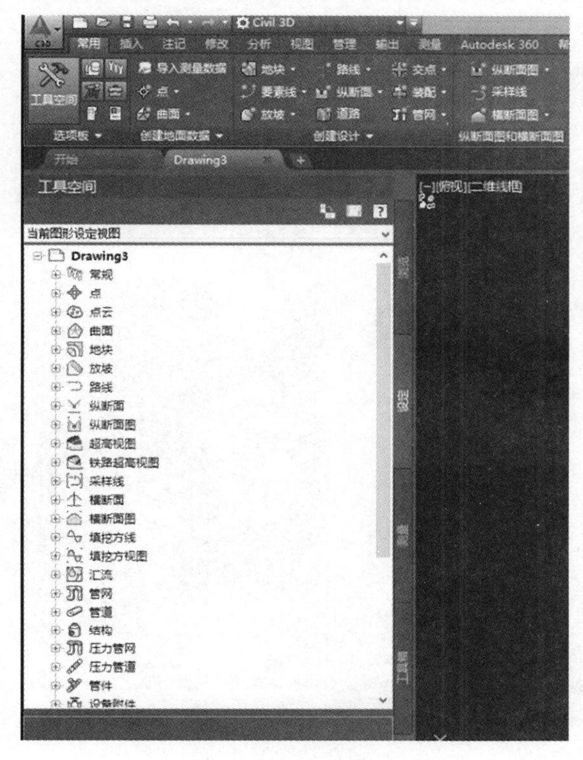

图 5－25　工具空间

(1)创建点。

选择“常用”选项栏中的点工具栏或者选择“工具空间”选项栏下的点工具，如图 5－26 所示。

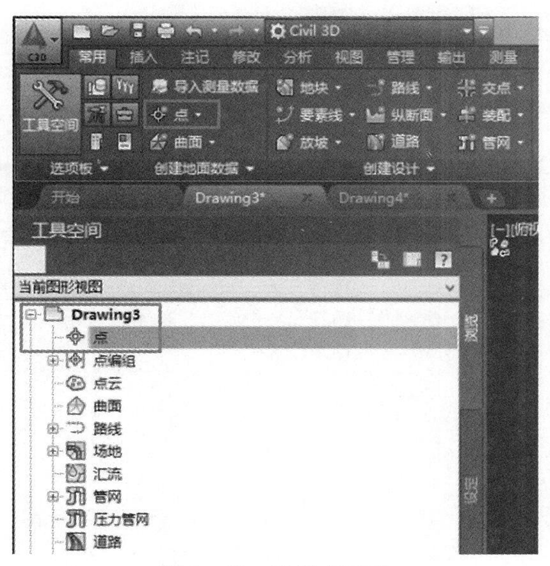

图 5－26　选择点工具

导入点文件，选择格式 PENZ(空格分隔)，将文本 txt 格式点文件导入 Civil 3D 中，如图 5－27 和图 5－28 所示。

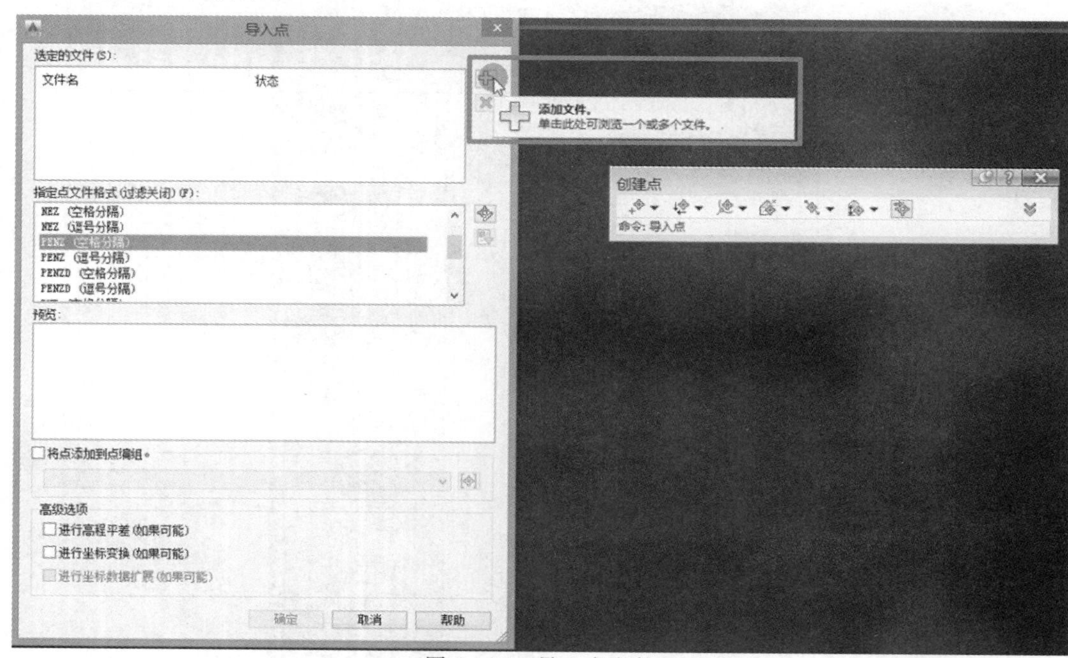

图 5－27　导入点文件

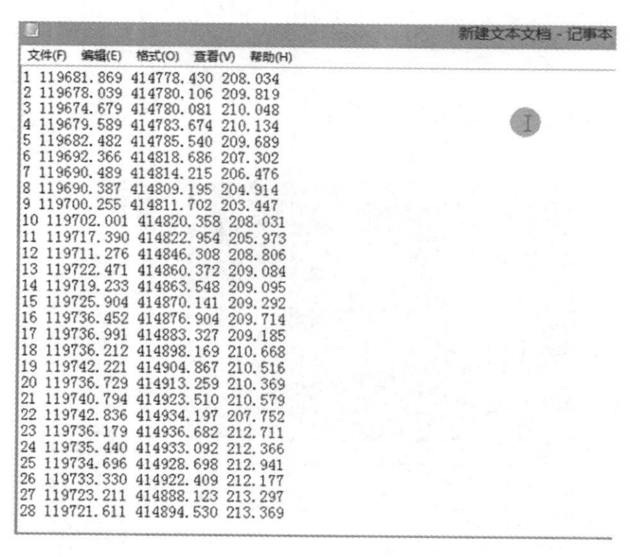
新建文本文档 - 记事本

文件(F) 编辑(E) 格式(O) 查看(V) 帮助(H)

1 119681.869 414778.430 208.034
2 119678.039 414780.106 209.819
3 119674.679 414780.081 210.048
4 119679.589 414783.674 210.134
5 119682.482 414785.540 209.689
6 119692.366 414818.686 207.302
7 119690.489 414814.215 206.476
8 119690.387 414809.195 204.914
9 119700.255 414811.702 203.447
10 119702.001 414820.358 208.031
11 119717.390 414822.954 205.973
12 119711.276 414846.308 208.806
13 119722.471 414860.372 209.084
14 119719.233 414863.548 209.095
15 119725.904 414870.141 209.292
16 119736.452 414876.904 209.714
17 119736.991 414883.327 209.185
18 119736.212 414898.169 210.668
19 119742.221 414904.867 210.516
20 119736.729 414913.259 210.369
21 119740.794 414923.510 210.579
22 119742.836 414934.197 207.752
23 119736.179 414936.682 212.711
24 119735.440 414933.092 212.366
25 119734.696 414928.698 212.941
26 119733.330 414922.409 212.177
27 119723.211 414888.123 213.297
28 119721.611 414894.530 213.369

图 5－28　txt 格式点文件

点击“确定”，在视图中找到我们插入的点文件，如图 5－29 所示。

图 5－29　创建完成的点文件

(2)创建曲面。

选择“工具空间”选项栏下的曲面工具，如图 5－30 所示。

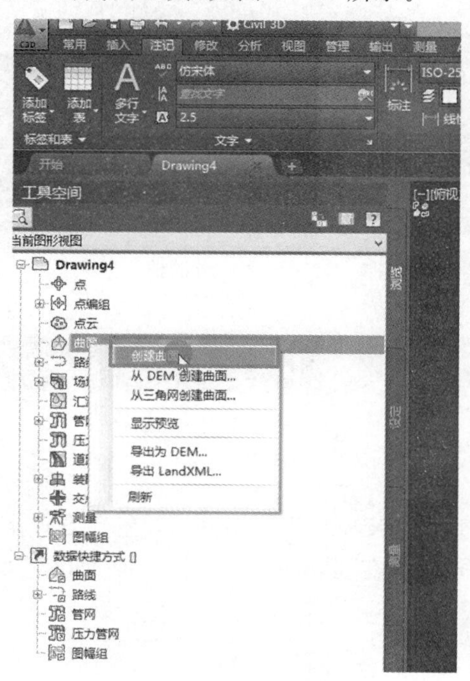

图 5－30　曲面工具

创建曲面，类型选择“三角网曲面”，名称编辑为“地形曲面”，点击“确定”，如图 5－31 所示。

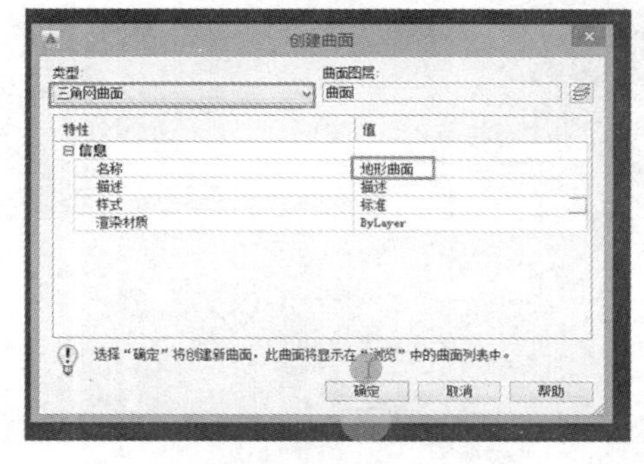

图 5－31 “创建曲面”对话框

创建完曲面之后，效果如图 5－32 所示。

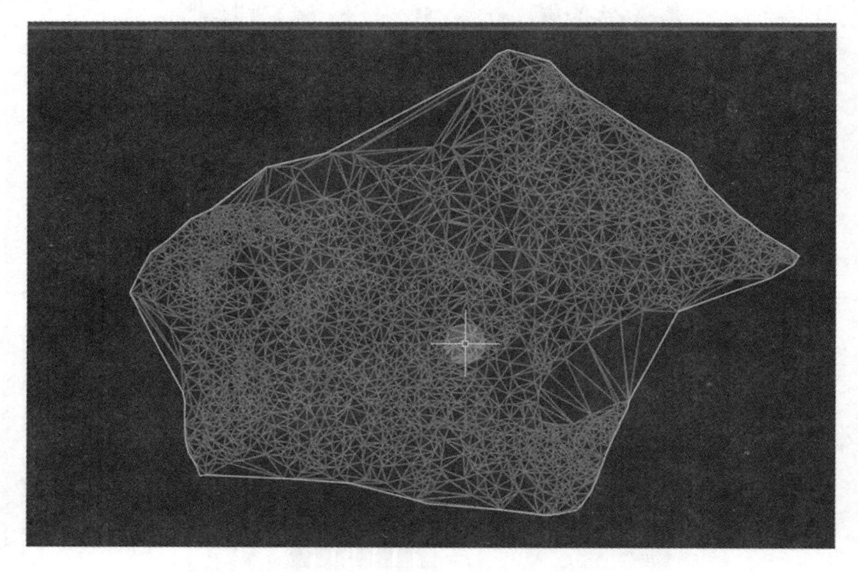

图 5－32 创建完成的曲面效果

5.4 场地环境设计

5.4.1 环境利用与地形改造

地形表面是场地设计的基础，Revit Architecture 提供了两种创建地形表面的方法：放置高程点和导入测量文件。下面以某项目为示例使用放置点方式来创建地形表面模型。

打开“场地”平面图，单击“建筑”选项卡→“工作平面”面板“参照平面”按钮，如图 5－33 所示，之后确定场地平面视图，如图 5－34 所示。

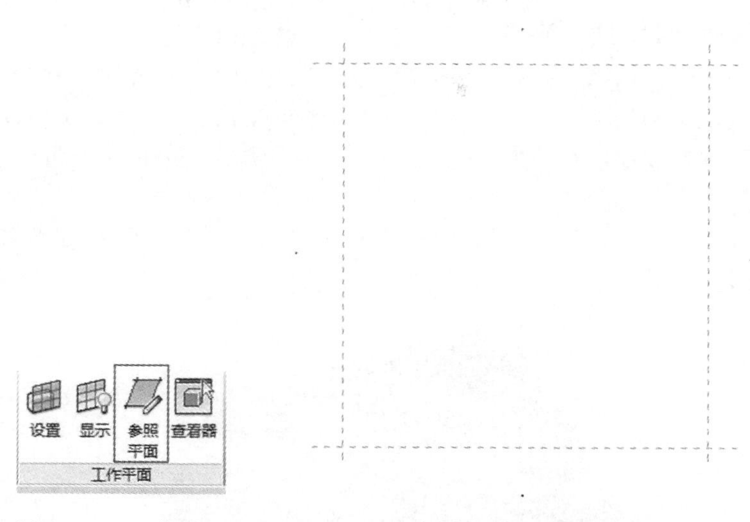

图 5 - 33　工作平面　　　　图 5 - 34　场地平面视图

单击“体量和场地”选项卡→“场地建模”面板→“地形表面”按钮，如图 5 - 35 所示，进入地形表面编辑状态。

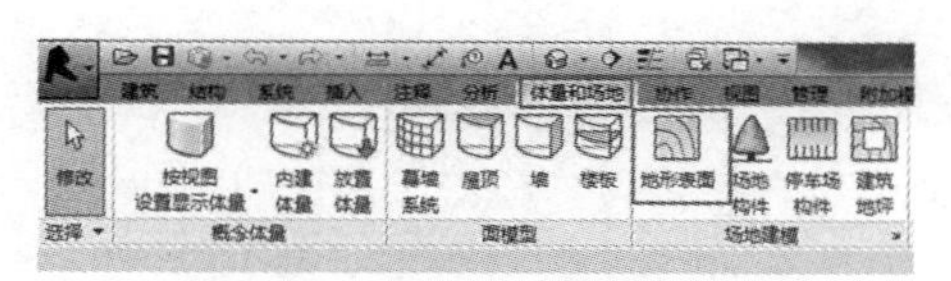

图 5 - 35　打开地形表面

进入“工具”面板→“放置点”按钮，在 Revit 中导入 CAD 高程点图纸并依次输入高程点完成编辑，高程点输入完成后，在左侧地形表面属性对话框中添加材质，选择草坪材质，最后完成编辑。效果如图 5 - 36 所示。

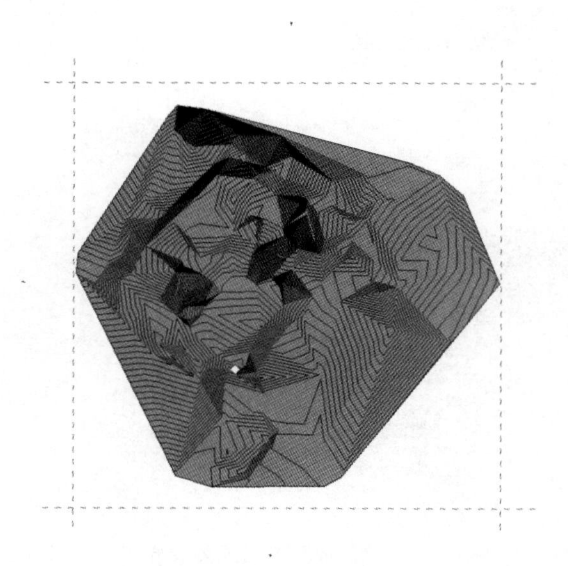

图 5 - 36　效果图

5.4.2 场地竖向设计与调整

在实际工程中，必须将原始的测量地形表面进行开挖、平整后，才可以作为场地使用，并需要根据场地红线范围和场地设计标高计算场地平整产生的方量。Revit 可以在创建地形表面后，绘制红线，并对场地进行平整开挖，通过表格统计开挖带来的土方量。

1. 创建建筑红线

打开场地平面视图，单击“体量和场地”选项卡→“修改场地”面板→“建筑红线”命令，选择“通过绘制来创建”，如图 5－37 所示。

图 5－37　绘制建筑红线

在“视图”选项卡“图形”面板中的“可见性图形替换”进行设置，把建筑红线的线样式改为红色，如图 5－38 所示。

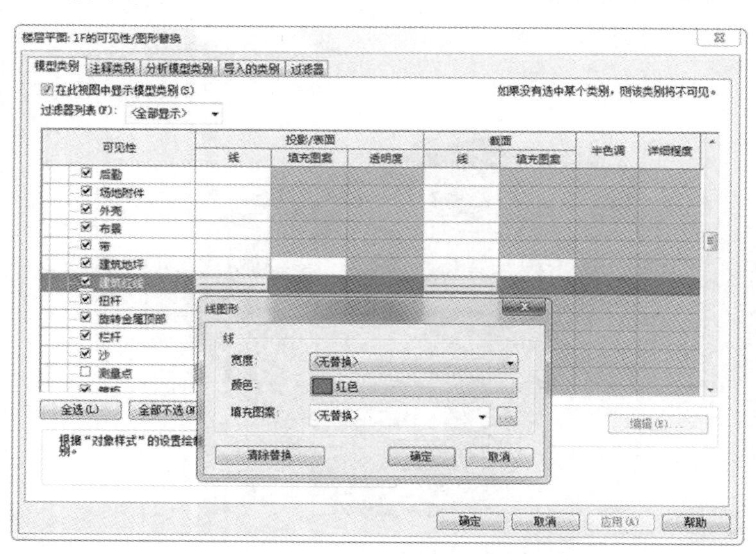

图 5－38　修改建筑红线的线样式

2. Revit 中场地进行填挖方计算

(1)新建项目文件,切换到场地平面图,选择地形表面命令,放置不同的高程点,创建地形,如图 5-39 所示。

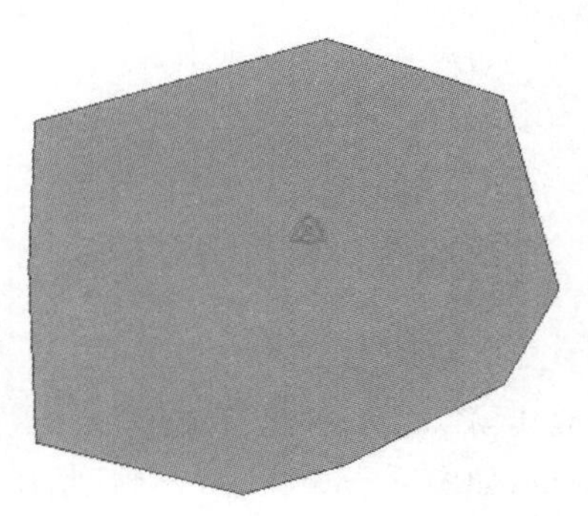

图 5-39 创建地形

(2)选择场地,在“属性”选项板将创建的阶段改为“现有”,如图 5-40 所示。

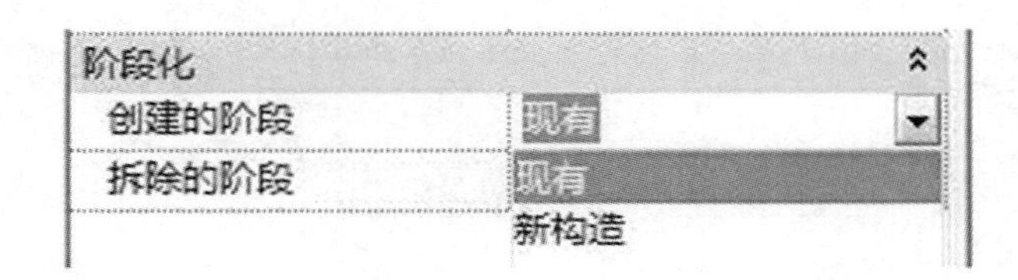

图 5-40 修改创建的阶段

(3)对该地形表面进行场地平整,选择“平整区域”命令,对场地进行平整。选择“创建与现有地形表面完全相同的新地形表面”,如图 5-41 所示。通过改变内部点高程或者自己创建高程点来平整区域。

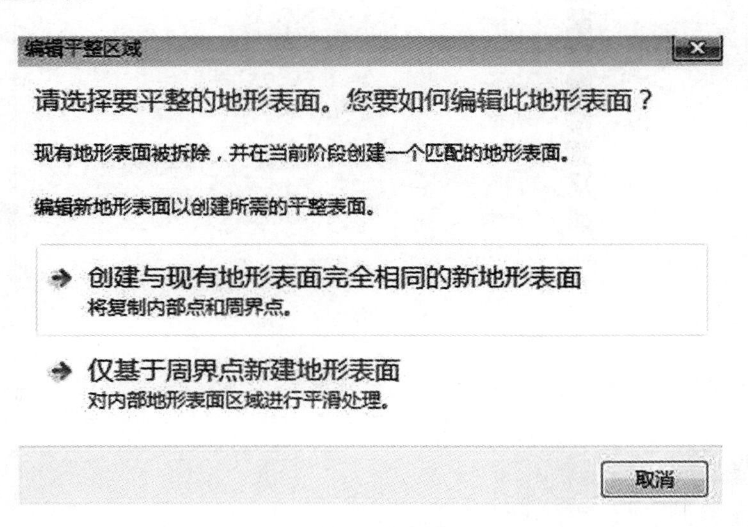

图 5-41 平整场地

(4)选中平整后的场地，查看“属性”选项板，可以看到场地的填挖方量，如图 5－42 所示。

其他	
净剪切/填充	2085343.938
填充	2085343.938
截面	0.000

图 5－42　场地的填挖方量

5.4.3　道路设计

单击“体量”选项卡→“场地建模”面板→“建筑地坪”按钮，可编辑道路材质，选择沥青材质后点击“确定”完成道路的编辑，如图 5－43 和图 5－44 所示。完成后的效果如图 5－45 所示。

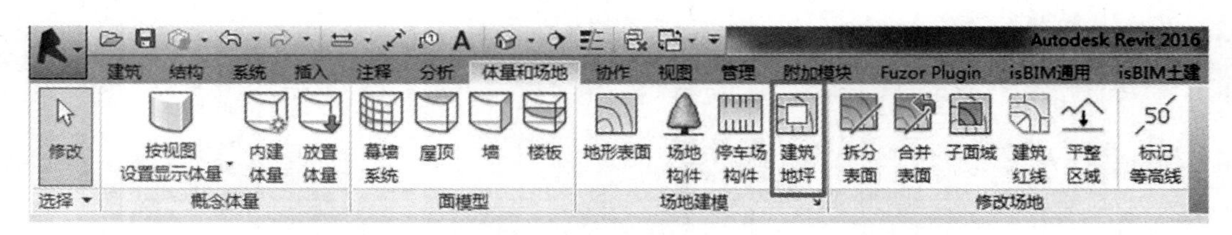

图 5－43　打开建筑地坪

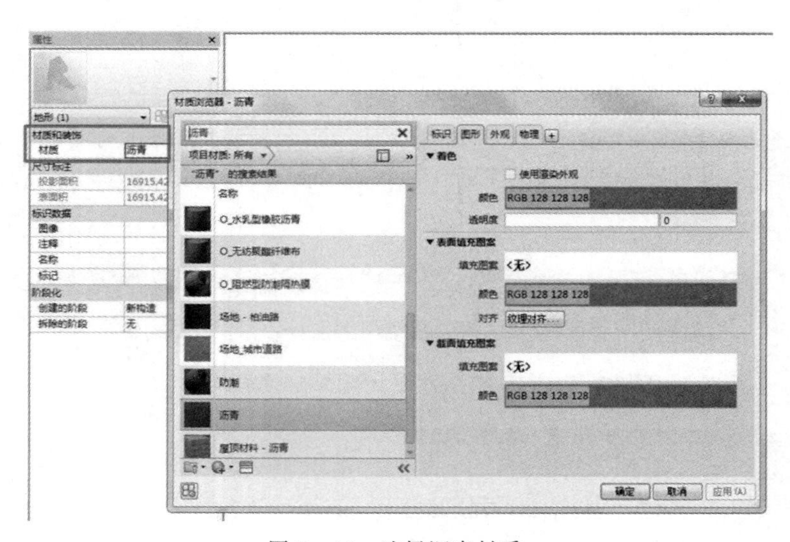

图 5－44　选择沥青材质

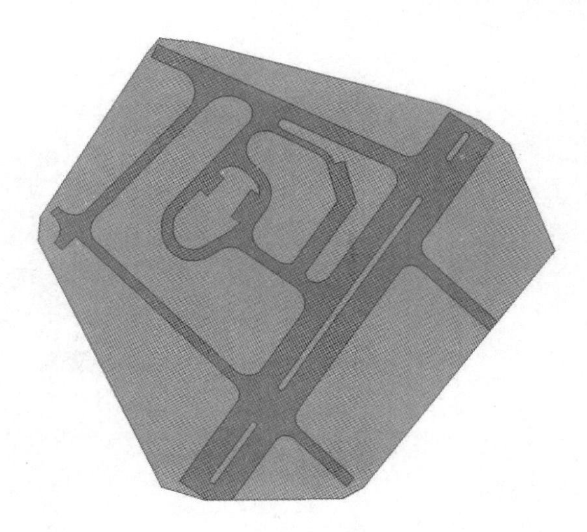

图 5－45　道路设计效果

5.4.4　创建建筑体量

根据现有道路，定位建筑周边辅助表现效果的建筑体量。进入“场地”视图，单击“体量和场地”选项卡→“概念体量”面板→“内建体量”按钮，如图 5－46 所示。

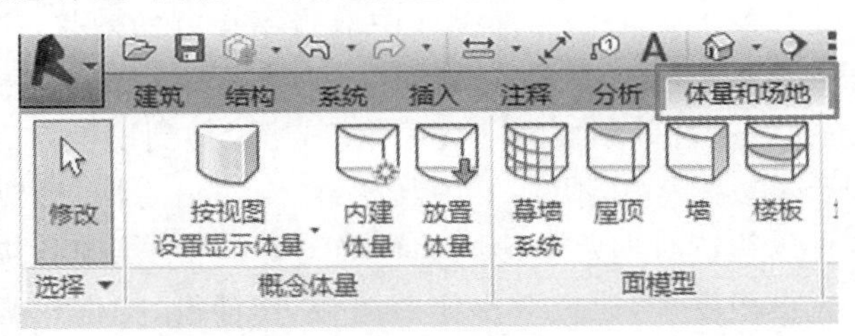

图 5－46　内建体量

用“绘制”面板中的“矩形”创建体量的基地轮廓线，单击“形状”面板→“创建形状”→“实心形状”进行绘制，如图 5－47 所示。体量平面如图 5－48 所示。生成体量后分别选取体量的上表面调整体量的高度，完成体量后进入三维效果，如图 5－49 所示。

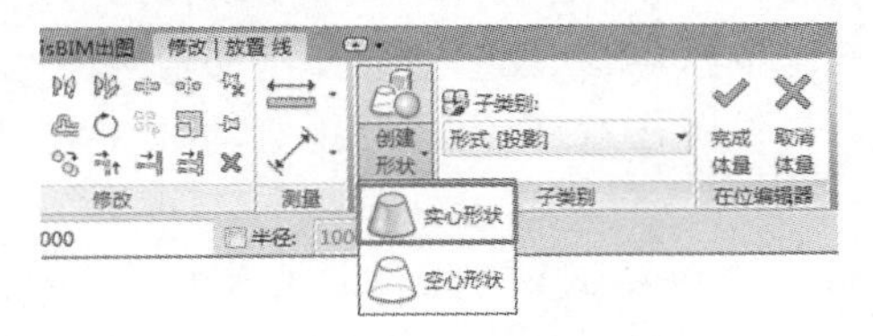

图 5－47　选择实心形状

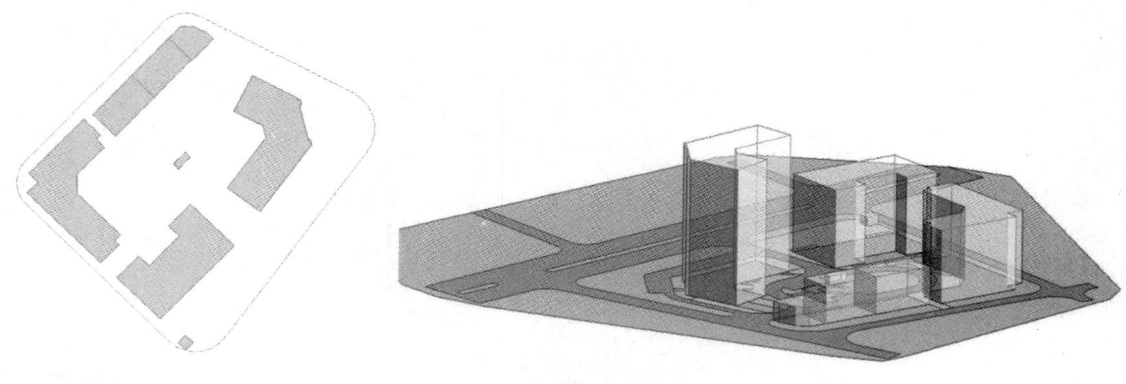

图 5-48　体量平面

图 5-49　三维效果

5.4.5　园林古建设计

我国自主研发的古建软件采用完全自主知识产权的三维 CAD，4.0 版本支持电脑系统 XP、Win7 32 位和 64 位。

软件主要功能：古典建筑快速建模与施工图生成，三维实时渲染；包含大量材质，免去后期处理的麻烦，并可直接生成 PKPM 结构模型进行后续计算。包括了三维建筑造型、二维施工图生成、细致的三维渲染等模块，提供大量的建筑部件图块和丰富的材质库，在对故宫、北京四合院建筑数字化以及大量工程实例设计中取得了良好的效果，极大地提高了设计效率。软件建立在完全自主版权的纯中文三维图形平台之上，结合了国内外通用图形平台的优点，并对各主流建筑模型进行了翔实的参数化分析，尽量做到了操作简单，易学易用。

中国古典建筑经历了数千年的创造、发展与融合，至明清时期，形成了特征明晰而稳定的建筑体系。古建软件以明清时期建筑形式为研究对象，对建筑中各构件进行了归纳总结并进行了构件的参数化模型设计，通过对木作营造、瓦作铺设、构件权衡比例关系等一系列研究，完成了对各种建筑形式的参数化，实现了通过参数选择与输入而准确迅速地生成各种建筑模型。支持的建筑形式主要包括以下几类：殿堂建筑、门式建筑、亭、牌楼、墙、廊、桥和局部构件等。局部构件包括牌楼影壁类屋面、任意栏杆两项。牌楼影壁类屋面有大小式之分，支持了灵活的屋面形式。

软件自带渲染和动画功能，可即时将设计结果渲染成精美、逼真的三维真实感效果图。它包含调整相机、布置光源、修改材质、纹理贴图等多项功能，操作直观简便，渲染速度快、质量高。动画制作功能可由用户设置任意路径，即时预览动画效果，并可录制成反复播放的动画片。

软件兼容多种其他软件的文件格式，包括 AutoCAD 的 dwg 文件、3ds Max 的 3ds 文件、三维建筑设计软件 APM 的 T 文件，以及三维建筑造型大师 3D Model 的 DDD 文件等，提供了本平台 gld 文件导入 3ds Max 的功能。

5.5　种植、设施与小品设计

5.5.1　添加场地构建

场地构建包括植物、环卫设施、照明设施、景观小品、交通工具等。

在项目浏览器中打开“场地”视图，单击“体量场地”面板→“场地构件”命令，然后单击“模式”面板→“载入族”命令，在 Revit 默认族库（场地、配景、植物文件夹）找到项目所需的场地构建，如图 5－50 所示。

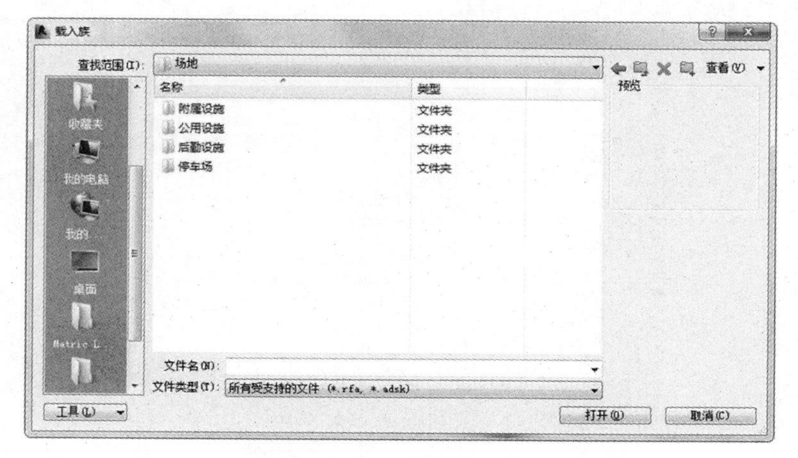

图 5－50　载入族

载入族后，开始在场地中布置构件。在“实例属性”上的“类型选择器”选择所需要的场地构建件。在标高栏内调整构建底部的基准标高，如图 5－51 所示。最后完成所有的场地构件布置，如图 5－52 所示。

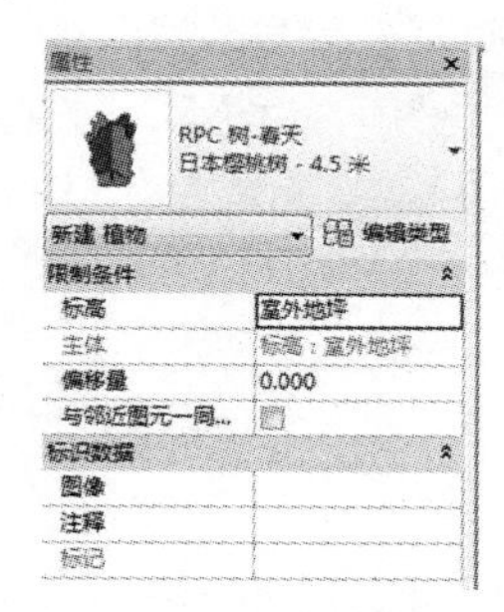

图 5－51　调整构建底部的基准标高

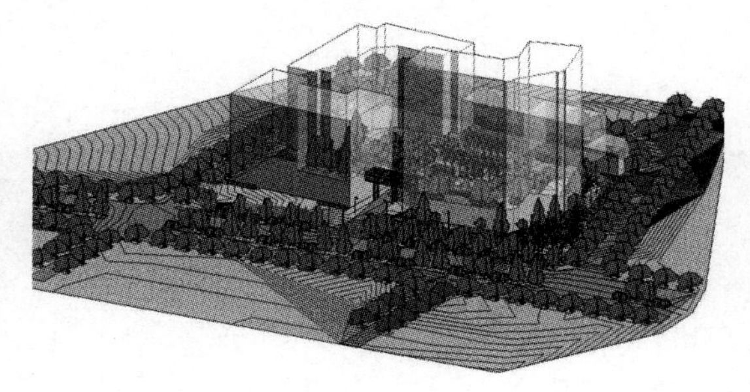

图 5－52　完成场地构建的效果图

5.5.2 场地构建统计

构件统计是通过明细表功能来实现的。通过定制明细表，可以从所创建的 Revit 模型中获取项目应用中所需要的各类项目信息，应用表格的形式直观表达。

单击“视图”→选项卡→“创建”面板→“明细表”下拉列表中的“明细表→数量”命令，如图 5－53 所示。

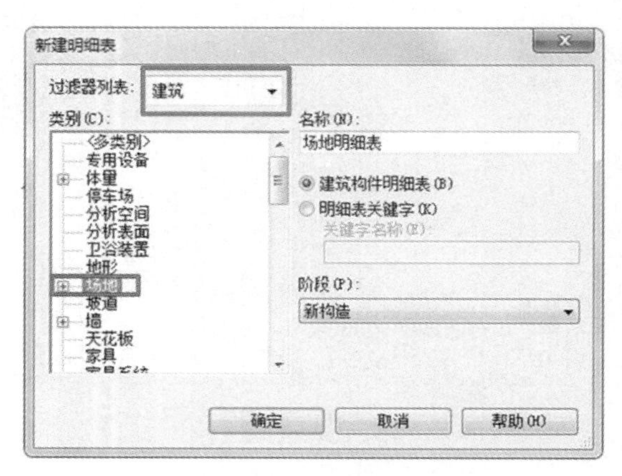

图 5－53 新建明细表

单击“确定”后弹出“明细表属性”对话框，在左侧类别选择器中选择“类型”，然后单击右侧的“添加”，所选的类型会在右侧“明细表字段”中出现，依次为明细表添加“族与类型”“合计”“说明”，可单击上移和下移来排列顺序，如图 5－54 所示。

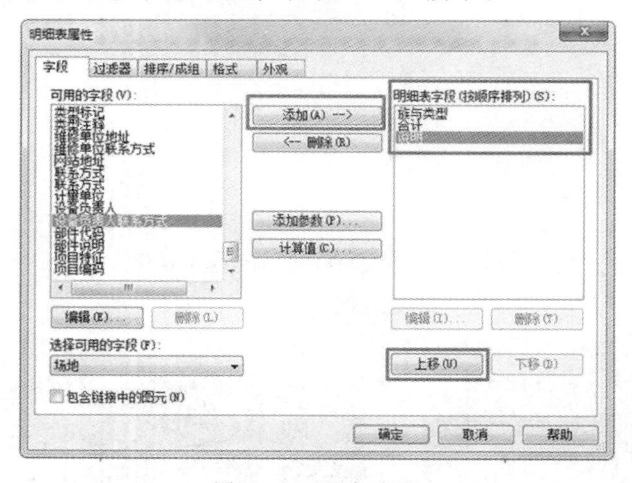

图 5－54 添加字段

单击“明细表属性”对话框上方“排序/成组”按钮，单击“排序方式”选项栏后的小三角图标，从下拉菜单中单击“族与类型”，并在右侧“升序”前单击，接着在对话框左下角“总计”前单击，并在后面的选项栏的下拉菜单选择“标题和总数”，如图 5－55 所示。

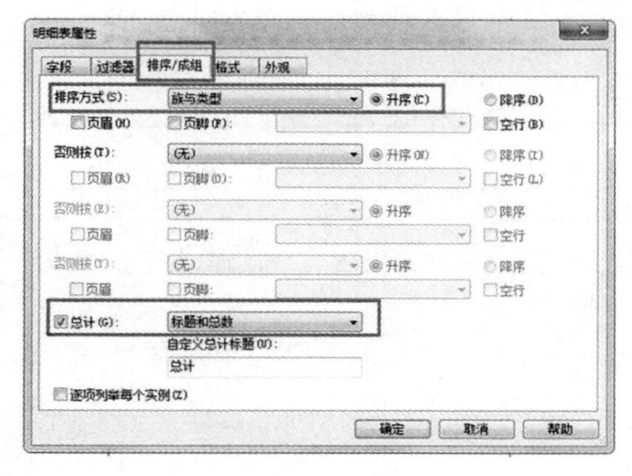

图 5－55　排序

最后选择“明细表属性”对话框上方的“格式”按钮，单击“字段”栏下的“合计”，在右侧“字段格式”上“计算总数”前单击，如图 5－56 所示。在“族与类型”字段下，在“标题”栏输入“种类”，如图 5－57 所示，最后单击“确定”完成编辑。

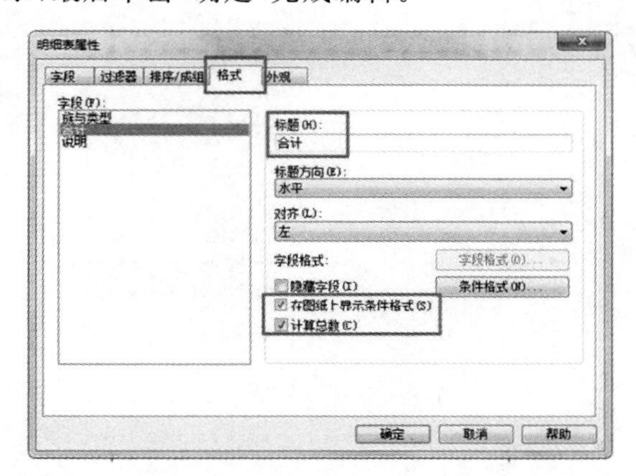

图 5－56　设置“合计”字段格式

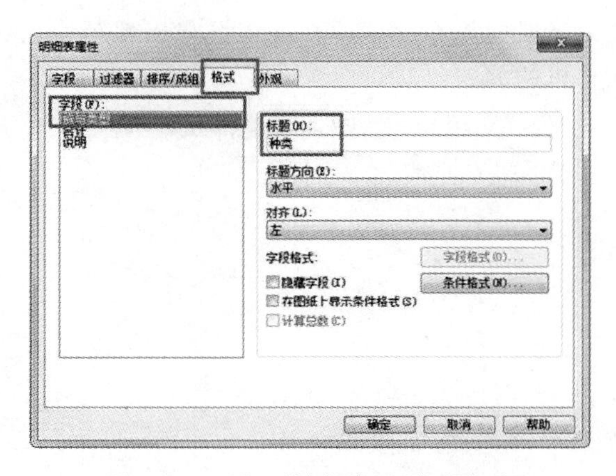

图 5－57　设置“族与类型”字段格式

Revit自动统计项目中所有的场地构件，完成场地构件明细表，如图5-58和图5-59所示。

<场地明细表>		
A	B	C
种类	合计	说明
公园长椅：1800mm	7	
奔驰190：奔驰190	5	
游乐健身器材：游乐健身器材	1	
总计	13	

图5-58　场地明细表

<植物明细表>		
A	B	C
树种	合计	说明
2D垂叶榕626：ZW3030	1	
RPC 树-春天：加拿利海枣9m	26	
RPC 树-春天：山楂 - 7.4 米	20	
RPC 树-春天：日本樱桃树 - 4.5 米	67	
RPC 树-春天：金链花 - 5.5 米	7	
RPC 树-春天：钻天杨 - 12.2 米	16	
RPC 树-春天：雪松13M	26	
RPC 树-春天：香樟6m	1	
RPC 树-春天：香樟7M	129	
RPC 树-春天：黄连木14m	4	
RPC 灌木：杜鹃	65	
RPC 灌木：美人蕉	10	
RPC 灌木：苏铁	60	
RPC 灌木：迷迭属植物 - 2.44 米	82	
总计	514	

图5-59　植物明细表

5.5.3　渲染与漫游

1.创建场地渲染图像：创建相机视图

打开“场地”视图，单击“视图”选项卡→“创建”面板→“三维视图”下拉菜单→“相机”命令，如图5-60所示，之后将鼠标放到视点所在的位置单击鼠标左键，然后拖动鼠标朝向视野，再次单击左键，完成相机的放置，如图5-61所示。

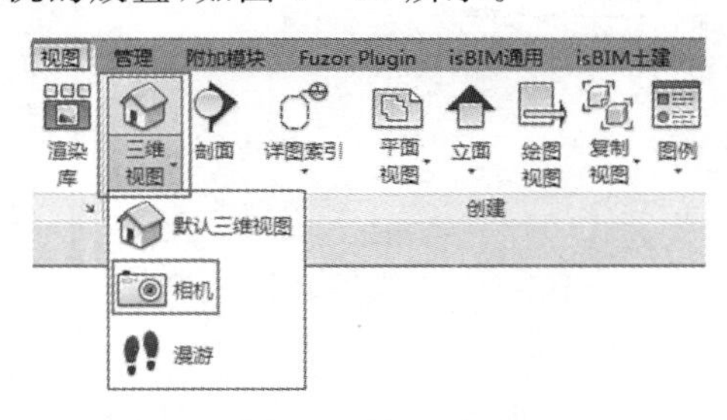

图5-60　打开相机

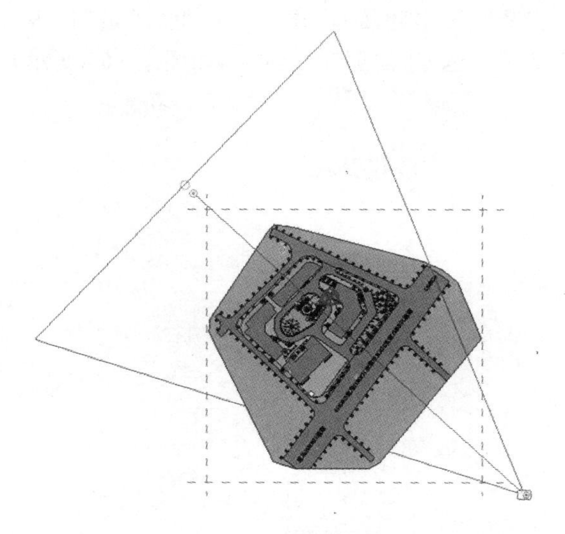

图 5-61　完成相机放置

完成相机效果如图 5-62 所示。

图 5-62　完成相机效果

2. 渲染图像

先进入渲染的相机视图，单击“视图”选项卡→“图形”面板→“渲染”按钮，如图 5-63 所示。

图 5-63　进入渲染

在“渲染”对话框中调节渲染出图质量，单击对话框“质量”栏内“设置”选项栏后的下拉菜单，选择渲染标准，渲染质量越好，需要时间越久，如图 5－64 所示。

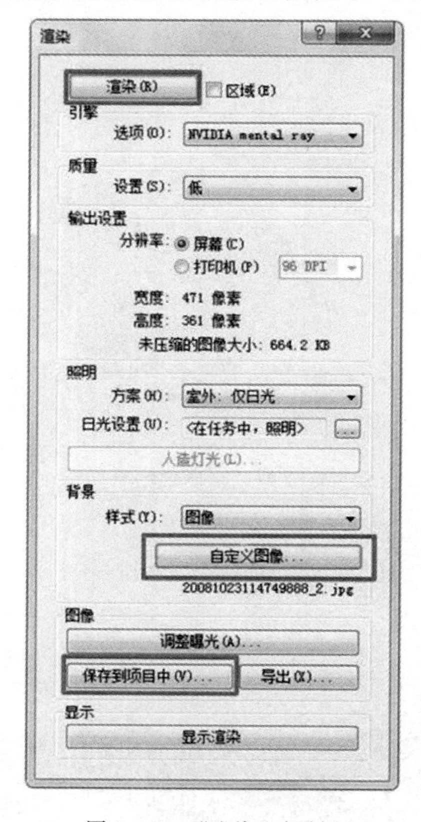

图 5－64　“渲染”对话框

在“背景”设置栏内可设置天空的样式，单击“样式”下拉菜单，选择“图像”，下方出现“自定义图像”按钮，单击进入“背景图像”对话框，再单击右上角“图像”命令，在电脑中选择一张下载好的天空图片，载入到该项目中，如图 5－65 所示。

图 5－65　背景图像

所有参数设置完成后，点击渲染，开始进入渲染，完成渲染效果如图 5－66 所示。

图 5－66　完成渲染效果

5.5.4　小品设计

运行 CAD，画出正、侧、顶平面图（见图 5－67）。导入 SketchUp 界面，如图 5－68 所示。根据单体立面、顶面建出模型（见图 5－69）。

其他小品设计方法同上（见图 5－70）。

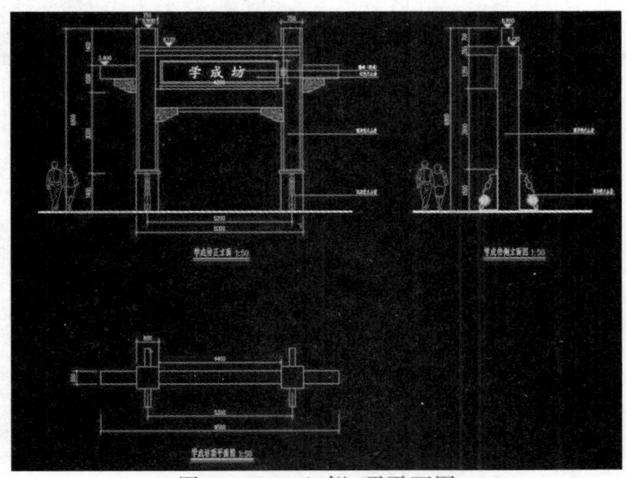

图 5－67　正、侧、顶平面图

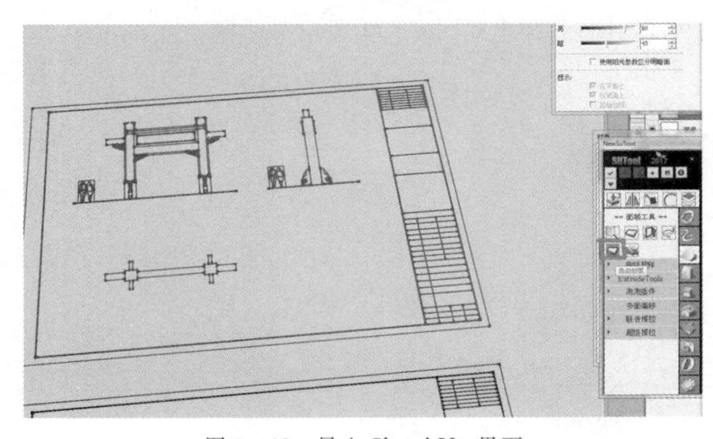

图 5－68　导入 SketchUp 界面

图 5-69 模型呈现(一)

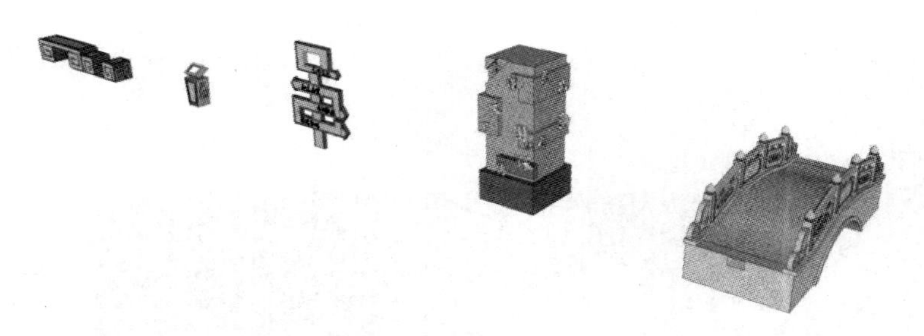

图 5-70 模型呈现(二)

5.6 园林设计综合步骤

本节以一个景观项目为例,利用国产佳园园林设计软件为工具,进行综合步骤和方法讲解。

目的:建立一块 150 米×90 米的地块,分为四个地块,每地块分别进行种植设计、规划设计、园路和水域设计、地形设计。并综合运用各命令,生成渲染图和施工图。

5.6.1 新建工程

(1)选择佳园软件的图标,弹出如图 5-71 所示对话框。

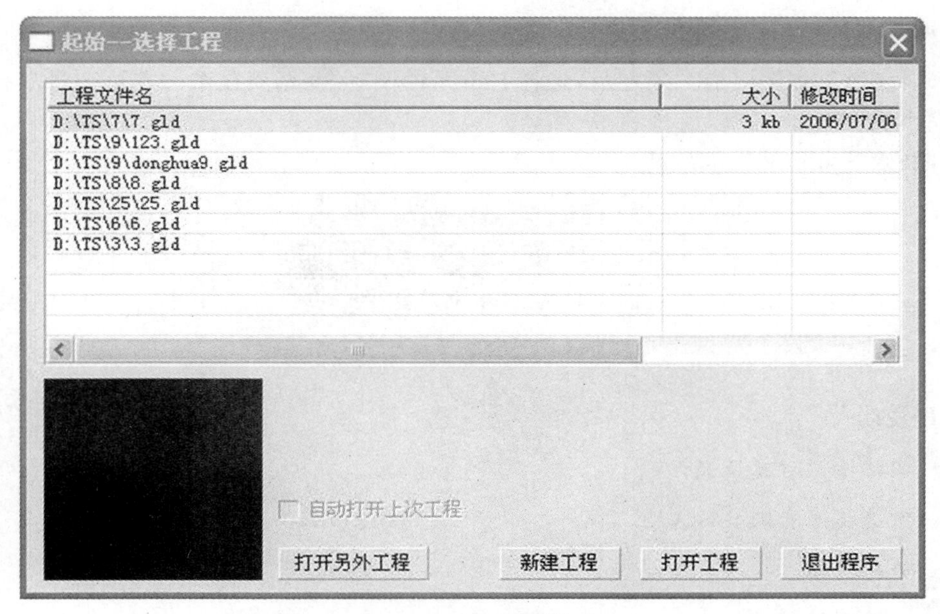

图 5－71　打开佳园软件

(2)选择“新建工程”按钮，弹出如图 5－72 所示对话框。

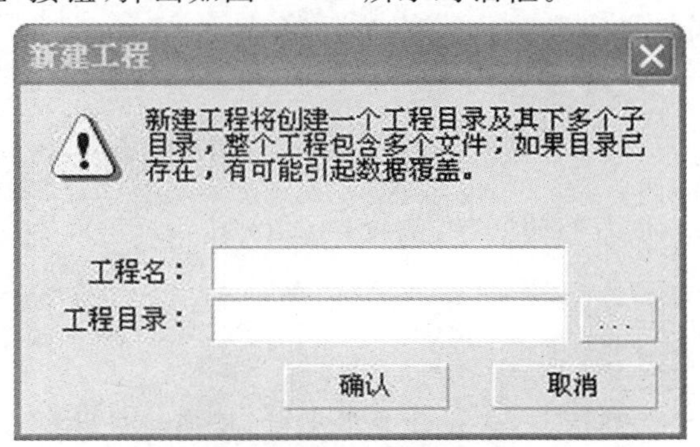

图 5－72　“新建工程”对话框

(3)在“工程名”栏中，键入要建立的工程文件名称，如：3。

(4)在“工程目录”栏中，键入要建立的工程目录的路径；或选择 ... 按钮，选择路径或输入路径，如：输入 D:\ZH。

(5)完成后，选择“确认”按钮，进入工程图。

5.6.2　绘制道路

1. 简绘道路

(1)选择“绘图→矩形”，按命令行提示，在图中点取角点、对角点绘出任意大小的矩形。

(2)选择“视图工具→属性表”(或按 Ctrl＋1)，打开“属性表”对话框。

(3)选择图中画出的矩形，在属性表中显示出基本参数和几何参数两项内容。

(4)确定矩形尺寸。在几何参数栏中修改矩形长度、矩形宽度数值。如：在矩形长度项键入 150000，在矩形宽度项键入 90000。

说明：绘图单位，可认为以毫米 mm 为单位。

(5)要使矩形在图中最大化显示，选择右下角的图标充满显示。并可通过鼠标滚轮放大、缩小视口。

说明：右下角菜单显示如图 5－73 所示。

图 5－73　右下角菜单

功能说明：

：四视图同时充满显示。

：所选视图充满显示。

：旋转视图。

：平移视图。

：视图缩放，向上推进视图放大，向下推进视图缩小；透视状态下，改变相机视角。

：窗口放大，在图中画出要放大的窗口。

：视图放大一倍。

：视图缩小一半。

：线框与 OpenGL 模式间的切换，快捷键 Alt－G。

：单窗口与四窗口间的切换，快捷键 Alt－W。

：选择实体以锁定对象。

：推进时按线框方式显示，当实体数量很大时，提高推进时的显示速度。

：是否按组选择的开关按钮，如：花池，按组构造生成，应用此开关按钮，允许按组选择或解组选择。

(6)选择右下角"对象捕捉"图标，点击右键菜单"设置"，弹出如图 5－74 所示对话框。

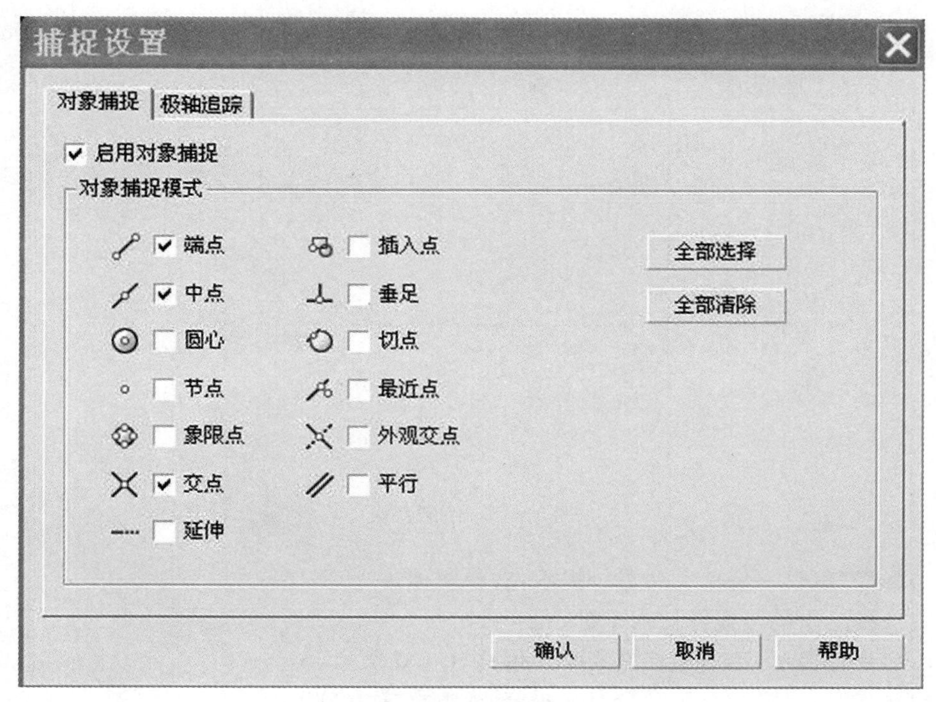

图 5-74 “捕捉设置”对话框

(7)在对话框中选择捕捉模式,如:端点、中点、交点,选择“确认”按钮,返回绘图区。

(8)选择右下角的极轴按钮,启用极轴方式。

说明:

右下角的各按钮有坐标 正交 提示 极轴 对象捕捉 线宽。各按钮功能如下:

坐标:坐标显示开关,显示鼠标所在位置的 XYZ 坐标。

正交:打开“正交”开关,使光标限制在水平或垂直方向上。

提示:绘图过程中在光标的附近显示提示信息,并随着光标的移动而更新。

极轴:光标按水平、垂直方向移动。

对象捕捉:打开端点、中点、交点、圆心等,并可通过“启用对象捕捉”“全部选择”“全部清除”按钮选择。

线宽:线宽显示开关,设置的线宽是否在绘图区显示。

(9)用“直线”命令绘制道路的其他基线。将竖线偏移距离为 50000 的两条线,将水平线偏移距底边 50000 的一条线,作为道路基线。

(10)选择“绘图→直线”,沿矩形边界分别绘出两条直线,如图 5-75 所示。

图 5-75　绘制直线

(11)选择“编辑→偏移”,命令行提示:选择实体。

(12)选择绘出的竖线并按回车键。

(13)命令行提示:选择偏移方式(S—偏移,L—轮廓):〈S〉。

(14)输入 S 后按回车键,命令行提示:输入偏移量〈500〉。

(15)输入 50000 后按回车键,命令行提示:输入偏移个数〈1.00〉。

(16)输入 2,命令行提示:指定偏移侧向。

(17)在线的右侧任取一点,绘出偏移线。

(18)方法同上,绘制出水平线的偏移线。如图 5-76 所示。

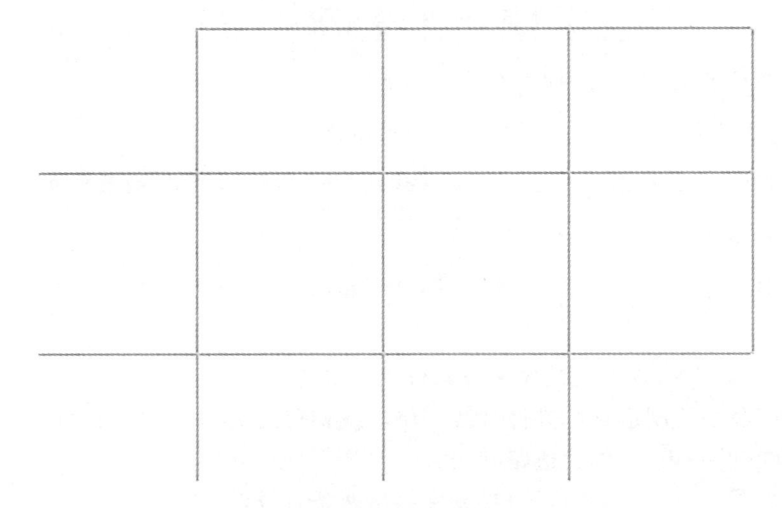

图 5-76　绘制出偏移线

(19)用“修剪”命令和“删除”命令完成道路定位线。

(20)选择“编辑→修剪”,在图中修剪多余线,完成图如图 5-77 所示。

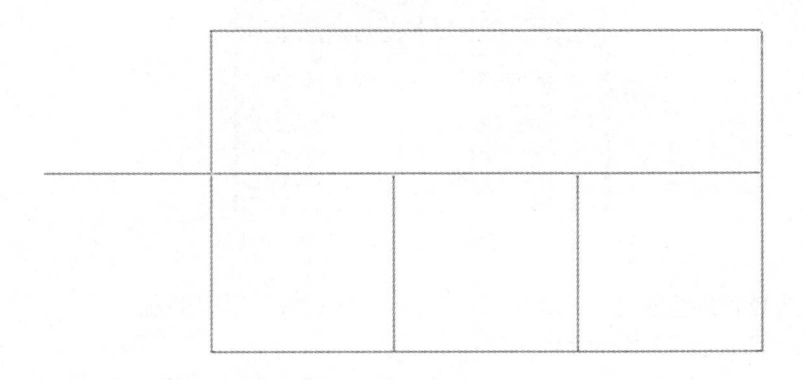

图 5-77 修剪后的图

说明:可用多种方式实现以上步骤。例如:选择"绘图→点→定距等分"命令也可实现如上的操作结果。

(21)图形被分割为四个部分。如图 5-78 所示。

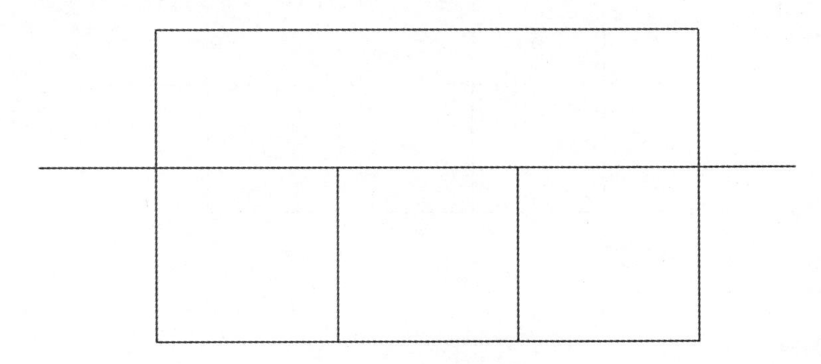

图 5-78 分割图形

(22)选择右下角"对象捕捉"图标,点击右键菜单"设置",在弹出的"捕捉设置"对话框中关闭"最近点"捕捉。

(23)设置矩形为主路,路宽 9000;其他线为支路,路宽为 6000。

(24)选择"规划设计→简绘道路→道路生成",弹出"设置路宽"对话框,如图 5-79 所示。

图 5-79 "设置路宽"对话框

(25)在设置路宽栏输入 9000,完成后按"确定"按钮。

(26)弹出"道路生成—方式选择"对话框,如图 5-80 所示。

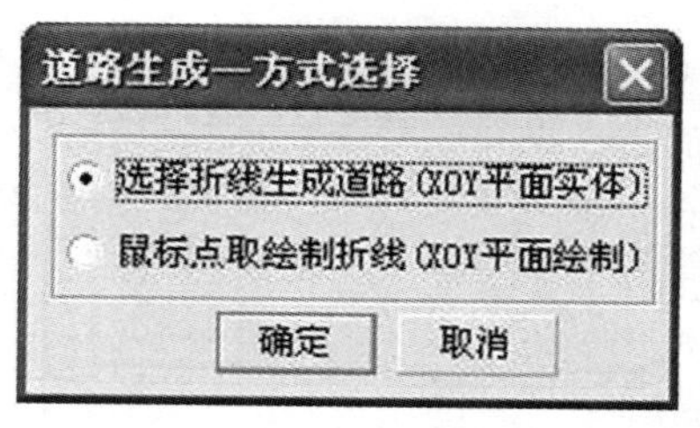

图 5-80 “道路生成—方式选择”对话框

(27)点取选择折线生成道路(XOY 平面实体),然后按“确定”按钮。

(28)命令行提示:请选择要生成道路的折线。

(29)选择矩形,点击右键或按回车键生成主路,返回“设置路宽”对话框。

(30)重复以上步骤,输入路宽 6000,选择其他三条线生成支路。

(31)生成道路并返回“设置路宽”对话框,按“取消”按钮关闭对话框。

(32)完成的图形如图 5-81 所示。

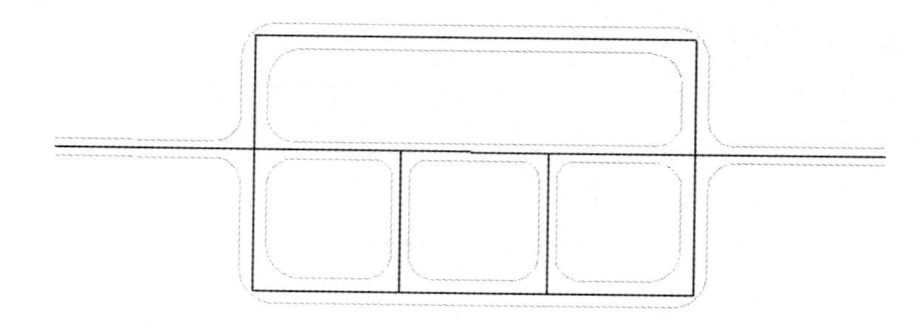

图 5-81 道路图形

2.板块道路

佳园软件 3.0 版新增了板块道路。

(1)选择“规划设计→板块道路→道路设计”,弹出如图 5-82 所示对话框。

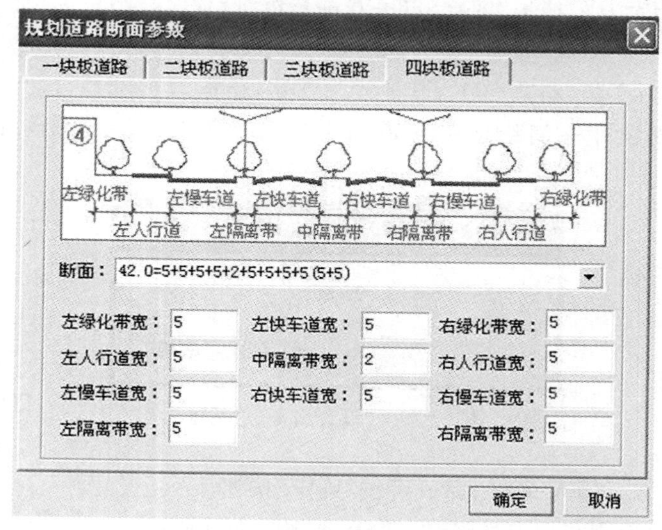

图 5-82 “规划道路断面参数”对话框

(2)确定板块数,比如选择四块板道路。可参考表中提供的参数,也可在对话框内分别输入数值。

(3)在图中选择要生成板块道路的基线,完成如图 5－83 所示。

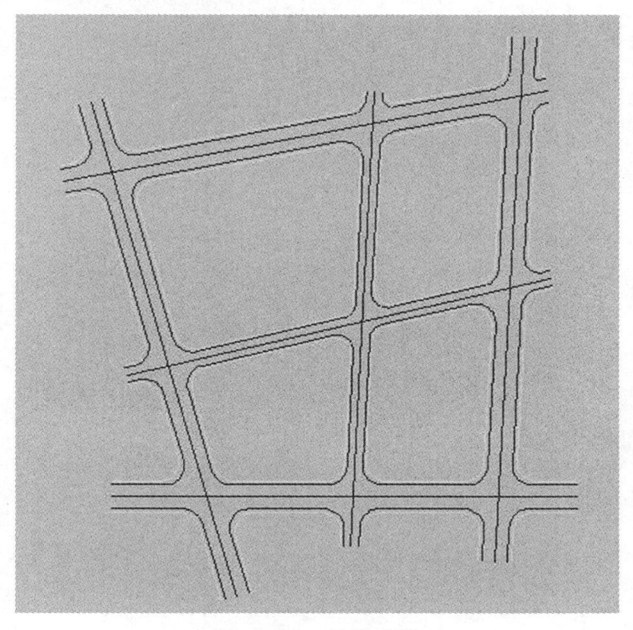

图 5－83　板块道路

(4)选择“规划设计→板块道路→道路绿带”,只需选择道路基线,自动生成绿带,如图5－84 所示。

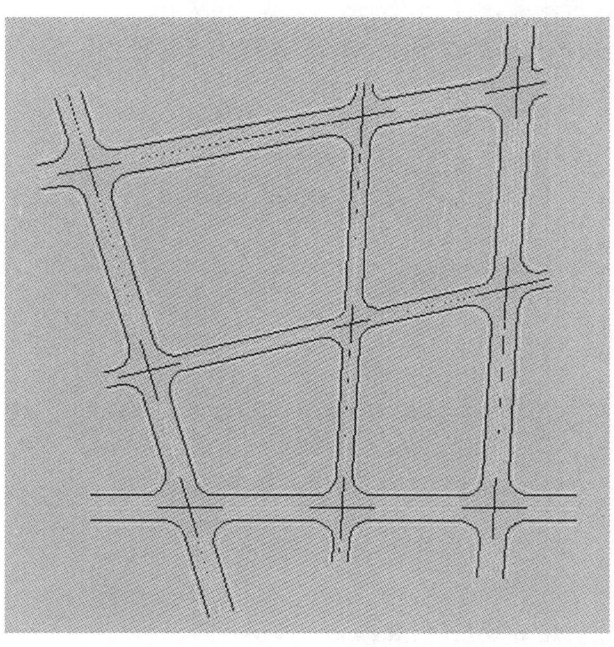

图 5－84　生成绿带

5.6.3 建筑

1.简单方式构造建筑

图中用自造建筑命令生成五层的建筑，并完成贴材质和修改材质。

(1)在图中任意位置绘出一个长 50000、宽 9000 的矩形和两个长 12000、宽 15000 的矩形，如图 5-85 放置。

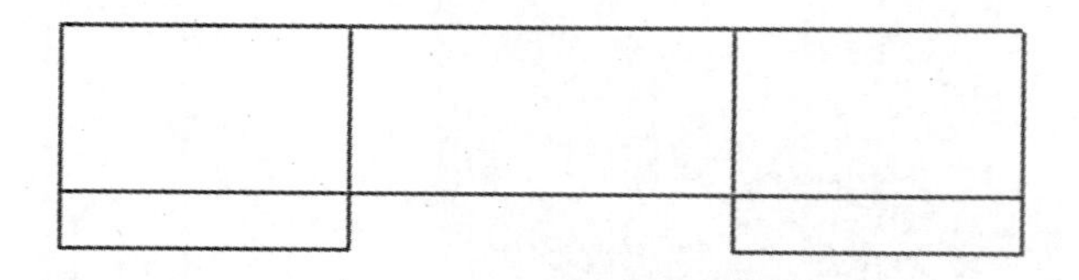

图 5-85 绘制矩形

(2)选择“扩展编辑→区域合并”，命令行提示：请选择平面上要进行合并的闭合地块；选择三个矩形。生成如图 5-86 所示的建筑轮廓线。

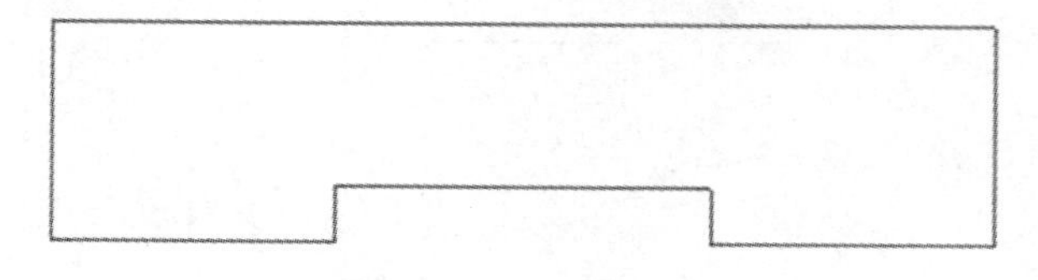

图 5-86 建筑轮廓线

(3)选择“编辑→移动”，命令行提示：选择实体。

(4)选择绘出的建筑轮廓，按回车键；命令行提示：基点。

(5)用中点捕捉，选择建筑轮廓的中点；命令行提示：到点。

(6)点取道路的中心点位置，生成的图形如图 5-87 所示。

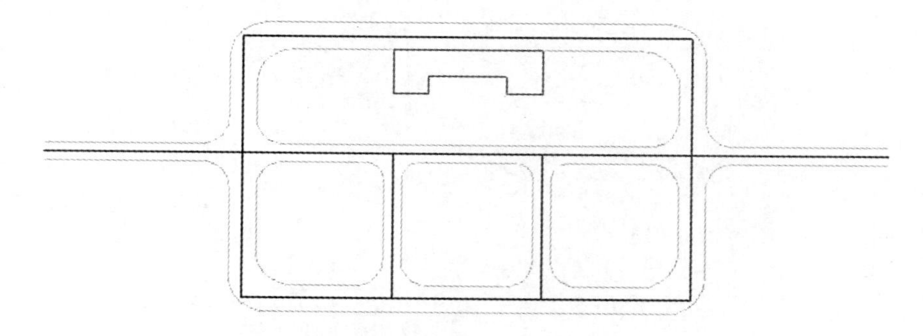

图 5-87 设置完成的建筑轮廓线

(7)选择“规划设计→简单方式构造建筑→建造楼体”，命令行出现如下提示：选择封闭线段 选择单个实体。

(8)在图中选择建筑轮廓线，弹出如图 5-88 所示对话框。

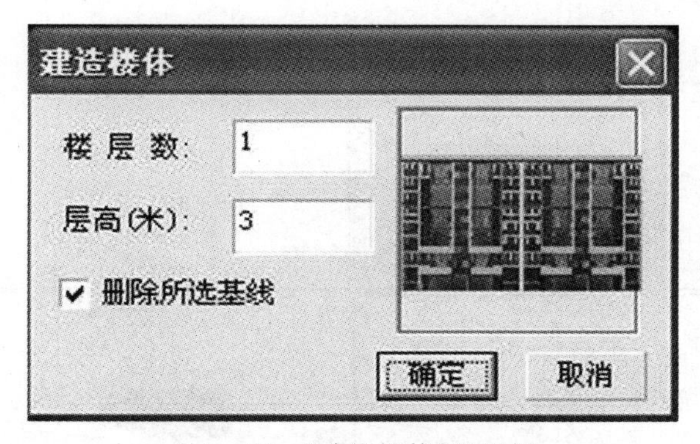

图 5-88 “建造楼体”对话框

(9)分别在“楼层数”栏输入 5,“层高(米)”栏键入 3,不选择“删除所选基线”选项,完成后按“确定”按钮生成楼体。

(10)选择右下角 4 透视窗口,显示如图 5-89 所示。

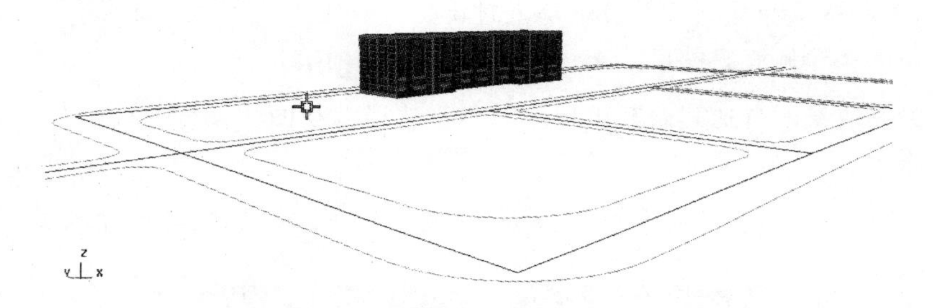

图 5-89 生在楼体

(11)选择右下角视口 1 俯视图,点击显示西南轴侧图。

(12)选择“规划设计→自造建筑→等坡屋顶”,命令行提示:选择屋顶平面,选择实体。

(13)在图中选择屋顶平面所在的线,程序可自动筛选出屋顶平面,点击右键完成。

(14)命令行提示:请输入坡度值〈30〉。

(15)按右键应用缺省值。

(16)命令行提示:请输入屋顶出挑距离〈500〉。

(17)按右键应用缺省值。

(18)在当前 1 视口下选择俯视图按钮,变为俯视图。

(19)选择右下角四视图切换按钮,并选择全部充满按钮,四视图显示如图 5-90 所示。

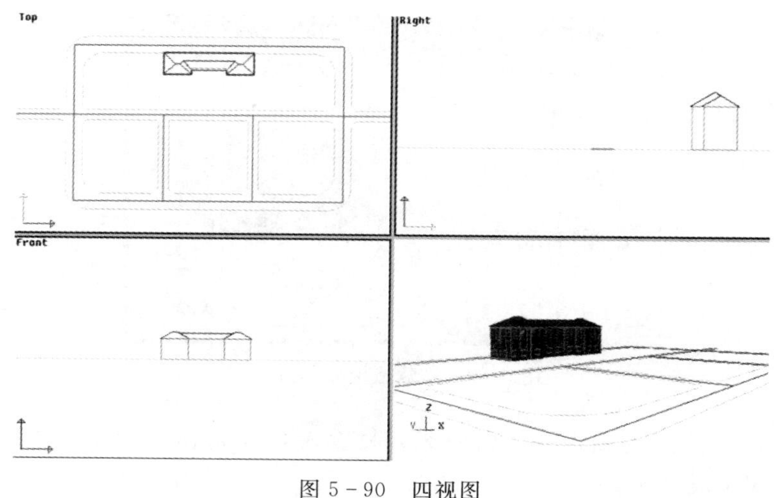

图 5－90　四视图

说明：生成的建筑和屋顶已自动赋缺省材质。

2. 给建筑的各个侧面贴材质

以下步骤完成修改自造建筑和屋顶的贴图。选择四视图切换按钮，在4透视窗口下完成贴图及修改。

①选择“渲染→材质表”，或点击图标，或按Ctrl＋3快捷键，弹出如图5－91所示“材质表”对话框。

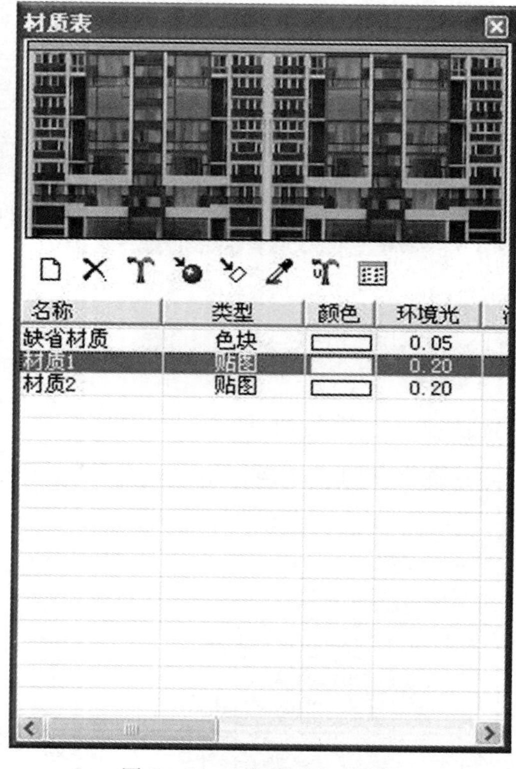

图 5－91　“材质表”对话框

②选择材质1，选择修改按钮。

说明：

材质列表各项说明如下：

新建：新建贴图，选择贴图纹理文件和贴图色块。

删除：删除贴图。

修改：修改贴图，包括修改纹理文件、贴图坐标计算和物理参数。

赋材质：选择实体贴图，完成对整个实体赋材质。

按多边形赋材质：对实体中的面单独赋材质，不改变整个实体的性质。

拾取材质：在已赋材质的实体中，用吸管拾取材质，可拾取实体材质或实体中的面的材质。

拾取贴图坐标：对实体或实体中的面，拾取贴图坐标修改贴图，修改贴图尺寸（按重复个数或按尺寸大小）。

③弹出"贴图材质"对话框，如图5－92所示。

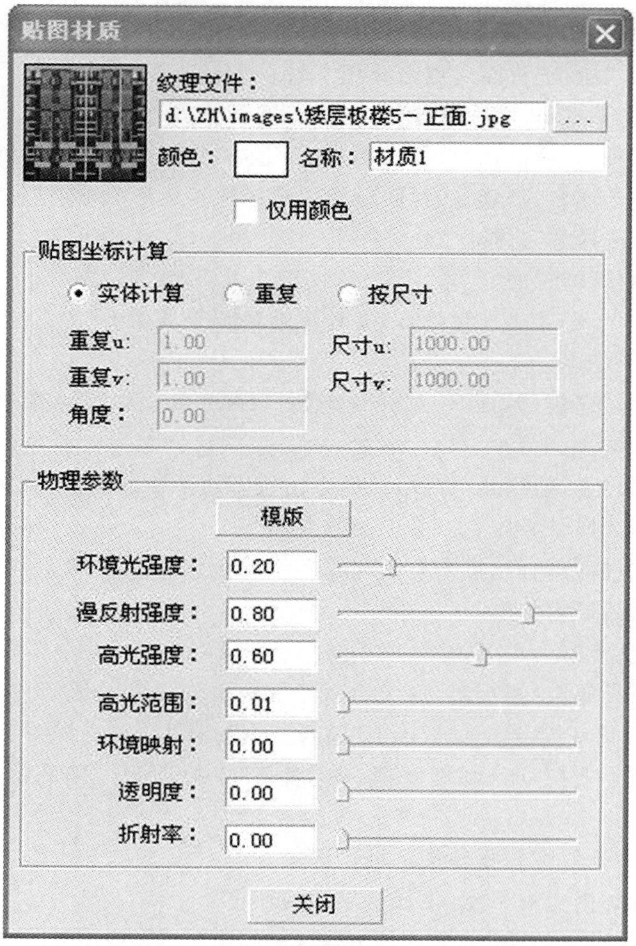

贴图材质
纹理文件：
d:\ZH\images\矮层板楼5－正面.jpg
颜色：　名称：材质1
仅用颜色
贴图坐标计算
实体计算　重复　按尺寸
重复u: 1.00　尺寸u: 1000.00
重复v: 1.00　尺寸v: 1000.00
角度：0.00
物理参数
模版
环境光强度：0.20
漫反射强度：0.80
高光强度：0.60
高光范围：0.01
环境映射：0.00
透明度：0.00
折射率：0.00
关闭

图5－92　"贴图材质"对话框

④在名称栏输入“建筑-正面”，点击纹理文件栏下的缩略图或点击 … 按钮，查找材质路径，选择纹理如下：\Garland\材质库\建筑立面\矮层板楼 5 -正面. jpg。

⑤在贴图坐标计算栏，选择实体计算。

说明：

在贴图坐标计算栏，各项功能如下：

实体计算：取决于构造的实体，如果构造的实体带有贴图坐标，选择实体计算。如自造建筑、屋顶等，在生成时程序已经计算出贴图坐标，可选择实体计算选项。

重复、按尺寸：在不考虑三维对象本身的特性时，采用按贴图图片的重复个数（UV 即 XY 方向）、实际尺寸贴图。

⑥在物理参数栏，根据要贴图的对象，可选择模板样式。点击“模板”按钮，弹出的模板有塑料、玻璃、金属、木材、理石和草地。或设置各项参数。

⑦选择“确定”按钮，完成修改材质，返回“材质表”对话框。

通常建筑的前、后、侧面贴图不同，赋不同的纹理贴图，因此对建筑体完成整体贴图后，要对建筑体的不同面（前面、后面、侧面）分别“按多边形赋材质”，并通过“修改贴图坐标”修改建筑体中的指定面的“贴图尺寸”。

①在“材质表”对话框中，选择新建按钮，选择贴图，弹出“贴图材质”对话框。

②在名称栏输入“建筑-背面”，点击纹理文件栏下的缩略图或点击 … 按钮，选择材质路径，选择纹理如：\Garland\材质库\建筑立面\矮层板楼 5 -背面. jpg。

③返回“贴图材质”对话框，设置物理参数后，选择“确定”按钮返回“材质表”对话框。

④在材质表中，选择名为“建筑-背面”，然后选择按多边形赋材质按钮。

⑤命令行提示：选择子实体。

⑥在图中选择建筑的背面。

说明：在透视图中，也可选择材质后，直接拖动鼠标于实体上。

⑦在 “材质表”中，点击新建按钮。

⑧在名称栏输入“建筑-侧面”。选择纹理如：\Garland\材质库\建筑立面\矮层板楼5 -侧面. jpg。

⑨选择材质名为“建筑-侧面”材质，然后点击按多边形赋材质按钮。

⑩命令行提示：选择子实体。

⑪分别选择建筑体的侧面，点击右键完成。

⑫选择 1 俯视图，显示图形。

3. 模型输入构造建筑

（1）利用垂直工具条中的“折线”命令绘制建筑底面轮廓线，如图 5 - 93 所示。

（2）选择“规划设计→模型输入方式构造建筑→绘制墙体”，弹出如图 5 - 94 所示对话框。

（3）在“墙体绘制”下拉项选择墙宽值，在“墙高”下拉项输入墙高值，点击“内部取点边界”命令。

（4）命令行提示：拾取建筑物轮廓区域内部点。

（5）在建筑底轮廓内点取一点，生成一层建筑墙体。

（6）选择“规划设计→模型输入方式构造建筑→门窗布置”，弹出如图 5 - 95 所示对话框。

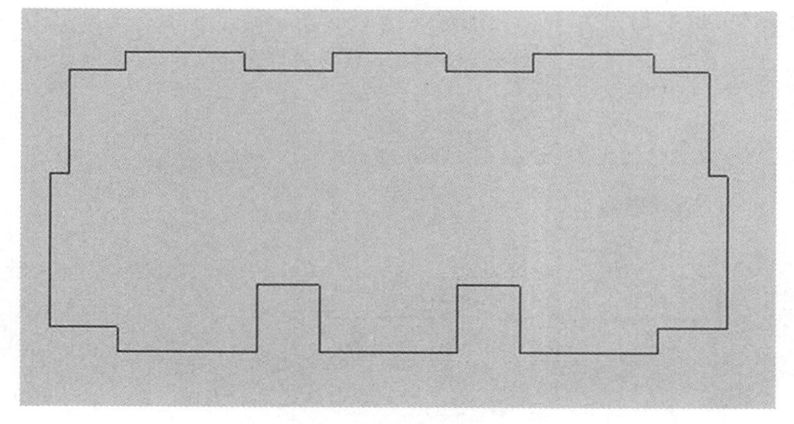

图 5-93　绘制建筑底面轮廓线

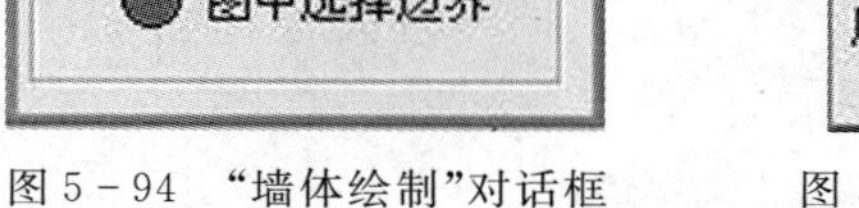

图 5-94　“墙体绘制”对话框　　　图 5-95　“门窗布置”对话框

(7)命令行提示：D—改变门开启方向；调整门的开启方向。

(8)在墙上适当的位置插入门、窗。如图 5-96 所示。

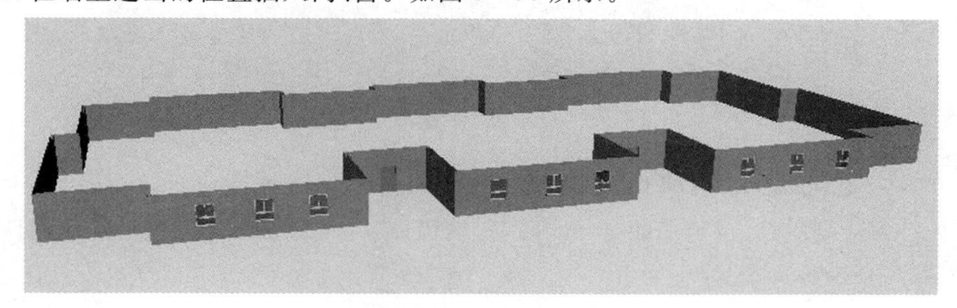

图 5-96　插入门、窗

(9)采用同样的方法可以布置阳台。

(10)选择“规划设计→模型输入构造建筑→楼层组装”，命令行提示：请选择标准层实体(墙，门窗，阳台，柱)。

(11)选择墙、门窗、阳台等建筑构件。

(12)命令行提示:选择对齐点。弹出如图 5－97 所示对话框。

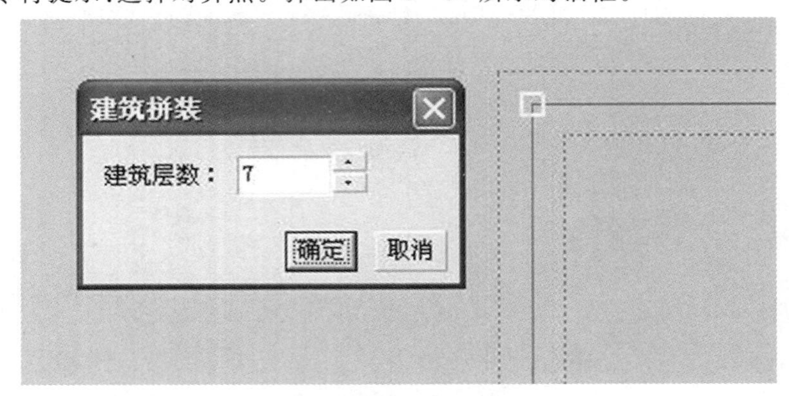

图 5－97 “建筑拼装”对话框

(13)设置楼层数,命令行提示:点取插入点。

(14)选择楼层的插入点,即之前选择的对齐点。进行楼层组装,完成效果如图 5－98 所示。

图 5－98 楼层组装完成

5.6.4 定位、指定地块、放置园林小品

首先练习规划定位,设定功能分区,即指定地块;然后绘制园路、花坛、花架、运动场等的位置,放置园林小品。

1. 规划定位

规划方案说明:如图 5－99 所示,地块 1、3 位置对称,并绘制园路,放置亭、廊、山石等园林小品;在地块 2 内,生成花池,放置喷泉、雕塑;在地块 4 内,放置中央喷泉、花池、篮球场、网球场等。

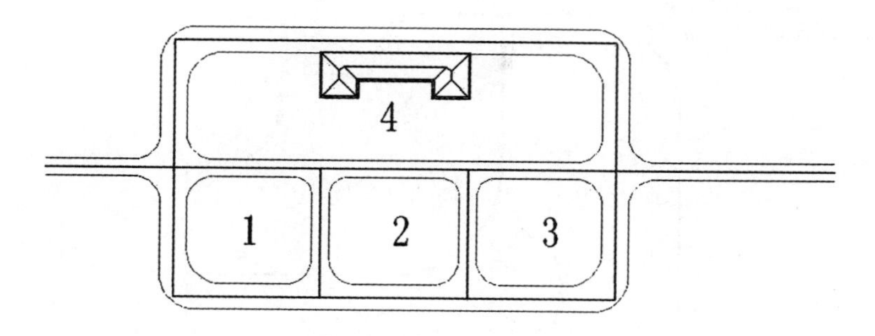

图 5-99 规划图

(1)把生成的道路变为基本线型,即变为多段线,便于编辑修改。

(2)选择“规划设计→简绘道路→道路边界变线”命令,把道路基线和道路边界线转换为多段线,可完成多段线的基本的编辑,如:剪切、导圆角等。

(3)在地块 1 内,绘出一小块广场地块,过程如图 5-100 所示。

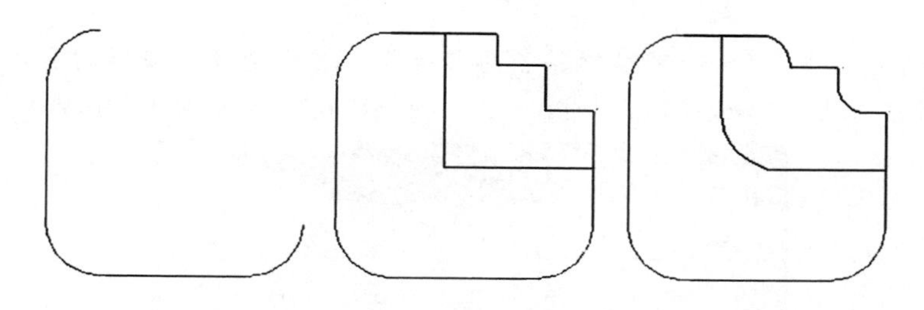

图 5-100 绘制广场地块

绘制说明:在地块 1 内,先用“删除”命令删除一角,然后绘制折线画出广场的轮廓线,最后用“圆角”命令生成边界轮廓线。

操作步骤:

①将地块 1 放大窗口,选择“编辑→删除”命令。

②命令行提示:选择实体。

③选择地块 1 要删除的边界线,按回车键或右键完成。

④选择“绘图→多段线”命令,要绘制阶梯形的折线。

⑤点击“极轴”按钮,用极轴定位方向;分别沿极轴方向输入绝对长度(从地块 1 的右下角画起向上 20000,推荐尺寸:横向 8000,纵向 8000,最后一点沿极轴方向捕捉)。

⑥用“多段线”命令捕捉点(如中点),绘制地块 1 的小广场定位线,如图 5-100 所示。

⑦选择“编辑→圆角”命令,分别选择要导圆角的折线段,生成边界线(推荐尺寸,小圆角半径 5000,大圆角半径 10000)。

⑧完成图如图 5-100 所示。

(4)在地块 1 内,绘制园路定位线。

(5)选择“绘图→光滑曲线”,命令行提示:第一点。

(6)在图中分别点出光滑曲线的特征点,完成如图 5-101 所示的园路定位线。

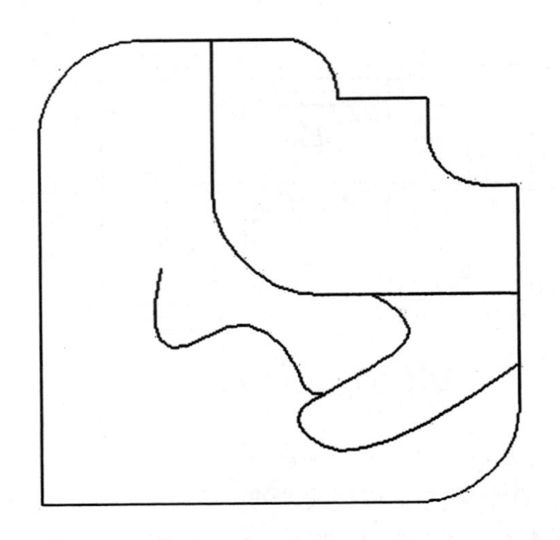

图 5－101　园路定位线

说明：

①对绘制的直线或多段线，可编辑每点的 Z 坐标。首先选择要编辑的多段线，点击右键菜单选择“编辑顶点坐标”命令，弹出如图 5－102 所示“顶点坐标编辑”对话框。

图 5－102　“顶点坐标编辑”对话框

②序号 0，1，2，…，表示点顺序，选择点号后，在绘图区显示黄色的夹点，在坐标 X、Y、Z 显示所选点的坐标值。

③输入坐标值后按回车键，完成坐标修改。点击“关闭”按钮关闭对话框。

(7)生成园路线。

(8)选择“编辑→偏移”命令。

(9)输入偏移距离1000mm,生成园路。

(10)用“编辑→剪切、延伸”命令,对偏移后的线进行处理,生成的图形如图5-103所示。

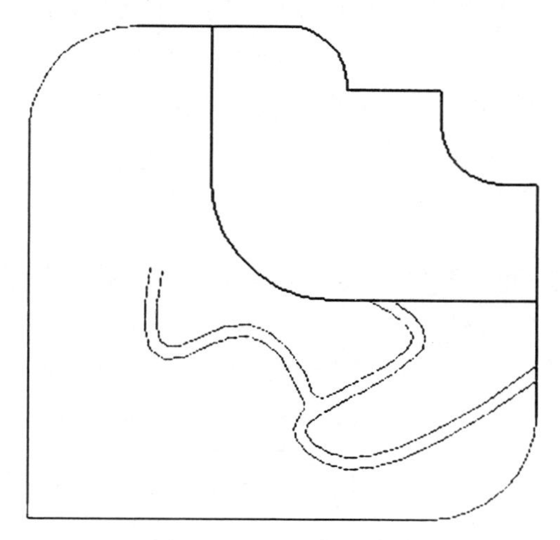

图5-103　生成园路

(11)关闭“道路基线”图层。选择图层管理按钮,在“图层管理”对话框中,选择“道路基线”图层,点击“关闭”图标(即灯泡图标)。

说明:也可用右键菜单命令关闭图层。

①选择要关闭图层的对象,如:选择道路基线对象。

②点击右键菜单“选择同层实体”,图中所有图层为“道路基线”的对象被选中。

③点击右键菜单命令,选择“隐藏实体”。图中所有“道路基线”对象被隐藏,如果要显示隐藏对象,点击右键菜单命令“取消隐藏”。

(12)以下操作完成后,生成的地块3与地块1完全对称。

(13)删除地块3的所有线。

(14)选择“编辑→镜像”,命令行提示:选择实体。

(15)选择地块1内的所有实体,包括轮廓定位线和园路线,点击右键完成。

(16)按命令行提示,分别选择整个图形的外边界线的中心点为对称轴的起点、终点。

(17)弹出对话框提示“是否删除源对象”,选择“否”,生成地块3的图形与地块1完全对称。

(18)在地块2绘制花坛的轮廓线。

(19)绘制花池的步骤:

①选择“绘图→多段线”命令,选择右下角的“对象捕捉”,点击右键菜单,进入“捕捉设置”对话框,选择端点、中点的捕捉方式(注:为便于捕捉,在图层管理对话框中,关闭“路缘石”层)。

②绘出直线→圆弧→直线。

③绘出一侧的多段线后,另一侧的多段线也可用“镜像”命令完成。

④选择“扩展编辑→线连接”命令，分别选择两侧的多段线连接。佳园软件中的“线连接”命令，与选择的线的顺序无关，自动连接。通常，我们可不选择连接对象，只需输入 all。如果设置模糊距离，在模糊距离范围内的线、在距离范围内的线自动连接。

(20)应用“镜像”命令同上，生成地块 2 的花坛定位线。

(21)在地块 1 的园路尽头构造微地形，左下角绘制群植区的边界线，在地块 3 的园路尽头构造水塘。

(22)选择“绘图→光滑曲线”命令，在地块 1 绘制构造地形的轮廓线，在地块 3 绘制水塘轮廓线。

(23)选择新绘制的地形轮廓线和水塘轮廓线，点击右键菜单的“离散成线”命令，两个轮廓线变为折线。

(24)然后进行与园路边界线的“剪切”和“延伸”命令操作，使园路线和轮廓线形成封闭地块，为“定义地块”命令做准备。

(25)完成规划定位的图形如图 5－104 所示。

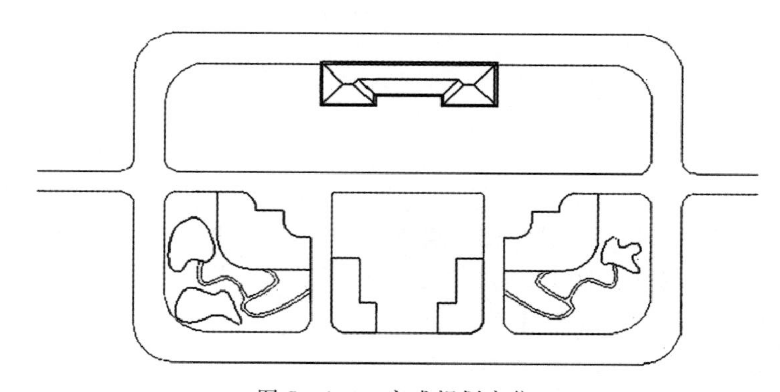

图 5－104　完成规划定位

2. 定义地块

在整个图形中指定地块，目的有两个：指定地块后，形成地块，可赋材质；根据定义的地块类型，在数据统计中可生成各类统计表(总指标表和总工程量统计表)。

(1)定义地块时，最好只打开与定义地块边界线有关的图层。如图 5－105 中，只打开“道路边界线”和“层 0”。

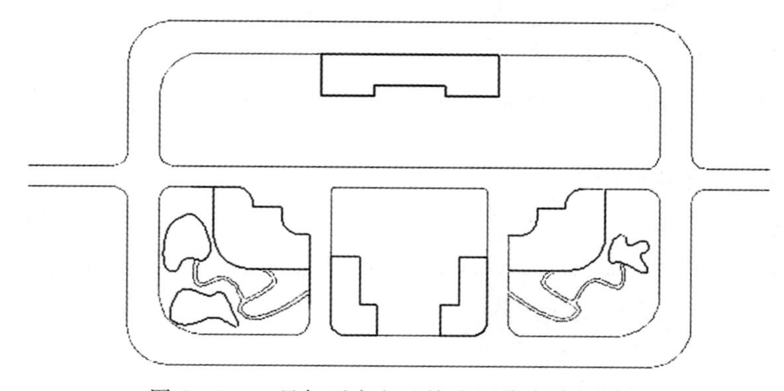

图 5－105　只打开定义地块边界线有关的图层

(2)定义地块时应为封闭地块,所以在道路的端头应补画线段连成封闭线。

(3)选择“规划设计→定义地块”命令,弹出“地块定义”对话框,如图5-106所示。

图5-106 “地块定义”对话框

说明:

①地块类型包括水域、绿地、建筑、广场、道路五类。每种类型的地块对应同名的图层。

②定义地块方式:选择实体(开洞、不开洞),内部选点形成地块、描边界线形成地块,同时可修改地块类型。

③定义地块方式说明:

a. 选择实体:应选择闭合实体,即首尾相接的一个实体对象。分为开洞、不开洞选项。不开洞表示,闭合地块内部全部形成地块;开洞表示,在闭合地块内部有空区,选择的空区应为闭合对象。在生成道路地块时,可选择开洞方式生成。

b. 内部选点形成地块:点取地块的内部点,生成地块,形成地块的外轮廓线不能开口,应封闭但可以不闭合。

建议:当围成地块的边界线较复杂时,不用此选项,可用“选择实体”选项。某些情况,用“内部选点”选项后,仍未能生成地块,其原因之一,可能是外轮廓线未封闭并有开口。

c. 描边界线形成地块:绘制边界线形成地块,绘制方式与绘制多段线相同。

④生成的地块实体是三维面,可在4窗口的OpenGL显示地块,并可修改地块类型。

(4)定义道路地块。

(5)在类型栏下选择“道路”,选择“内部选点形成地块”方式。

(6)命令行提示:拾取地块内部点。

(7)在主路地块内部点取一点,形成主路的道路地块。

(8)在园路的内部点取一点,形成园路的道路地块,两个地块统称为道路地块。

(9)重复以上步骤,分别定义水域、绿地、广场、建筑地块。

说明:

①定义地块命令,只对二维实体适用;三维实体不参与生成地块。

②道路地块,可用选择实体(开洞)方式生成。

③对生成的封闭地块，可用内部选点形成地块命令定义地块；对绘制的边界，可用选择实体（开洞、不开洞）方式定义地块。

(10)选择4透视图窗口，再选择顶视图，显示定义地块后的OpenGL方式的图形如图5－107所示。

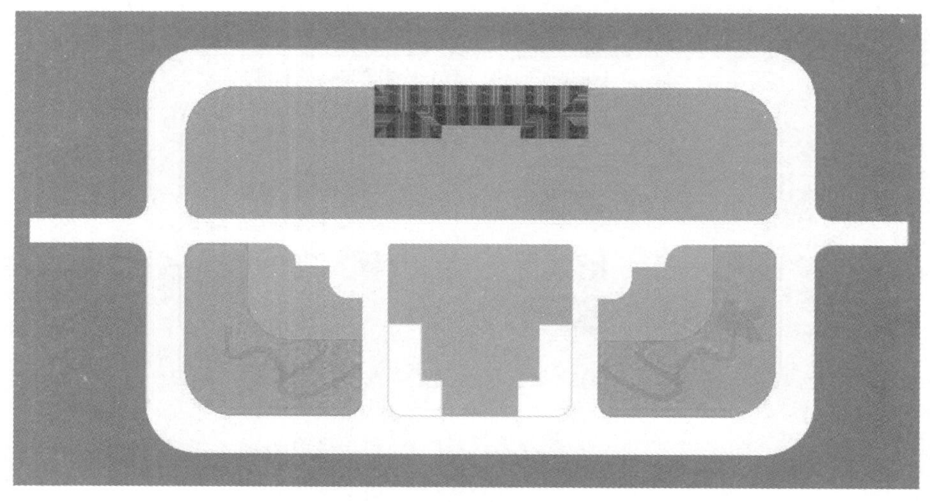

图5－107　定义地块后的图形

说明：

①各色块表示不同的地块类型和对应的图层。如道路、绿地、广场、水域等。

②选择“定义地块”命令后，点取“地块类型修改”，可以修改地块类型。

③定义地块的目的：生成面后便于贴材质；在数据统计中，自动生成“总指标”和“总工程量”统计表。

3.生成路缘石、水池、花架、围栏围墙

生成路缘石，参数化构建三维模型，如花池、水池、花架、围栏围墙。

(1)生成路缘石。

①关闭地块图层或隐藏地块实体。用图层管理关闭图层，或选择条件选择命令根据实体类型选择实体类型栏的用地类型，然后隐藏地块实体。

②在“图层管理”对话框，选择道路、广场、水域、绿地等地块图层，关闭。

③或者选择“编辑→条件选择”命令，弹出如图5－108所示对话框。

④在“条件选择”栏，选择“根据层”项。

⑤在显示的“层”栏内，按Ctrl键分别选择“道路边界线”“层0”（按Ctrl键可多项选择，按Shift键可连续选择）。

⑥选择“选择”按钮，在对话框的上部显示选择的对象类型、层名、颜色及材质。

⑦选择“反选”按钮。

⑧再点击对话框中的“选择”按钮，返回绘图区。

⑨点击右键，选择右键菜单的“隐藏实体”命令，所有的地块对象被隐藏，只显示“道路边界线”和“层0”上的实体。图形显示如图5－109所示。

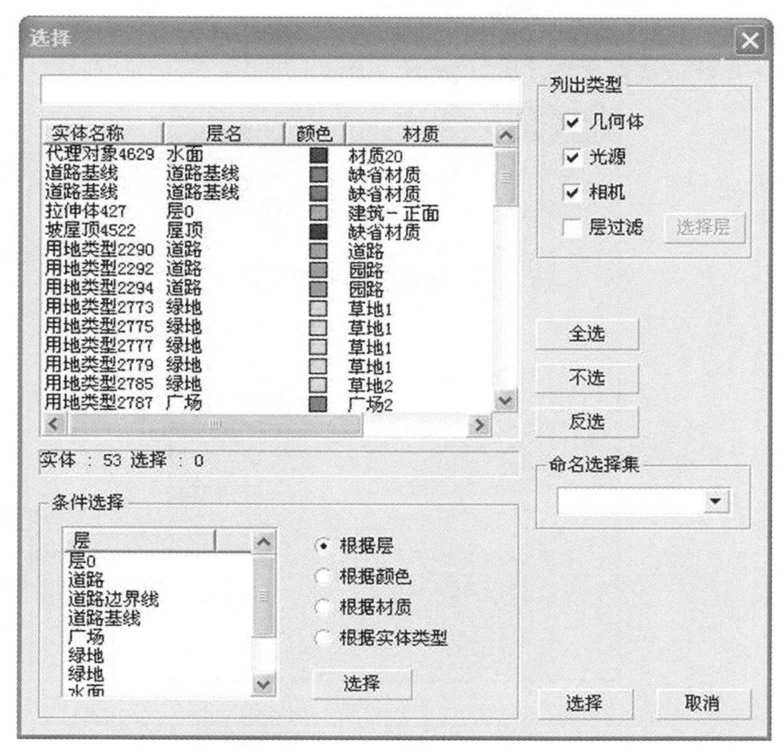

图 5－108 “选择”对话框

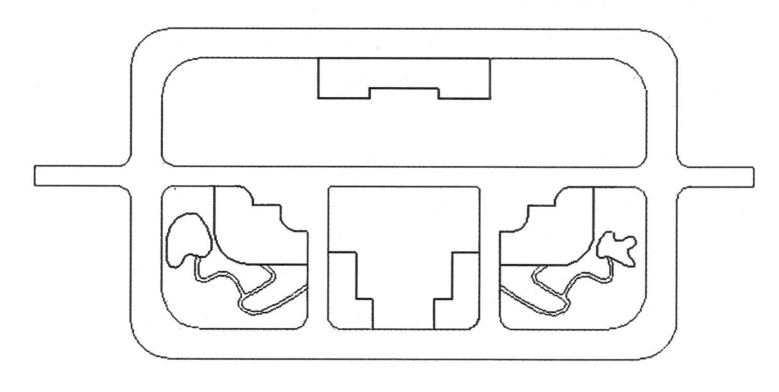

图 5－109 隐藏地块对象

说明：

关于选择方式：

①在图中选择实体。图中可连续选择，如果要去除选择对象，按住 Ctrl 键选择要去除的对象。在属性表中，有单选和多选开关；状态为多选，状态为单选，点击此按钮可切换单选和多选状态。

②在选择对话框内选择。选择“编辑→快速选择”命令，弹出如图 5－110 所示对话框，可根据图层、颜色、材质、实体类型四种方式选择实体对象，并可设置全选、不选或反选方式。选择对话框显示的对象，只包括当前图中显示的实体，关闭的图层、隐藏的对象均不在对话

框中显示。

③在快速选择对话框内选择。选择“编辑→快速选择”命令，弹出“快速选择”对话框。

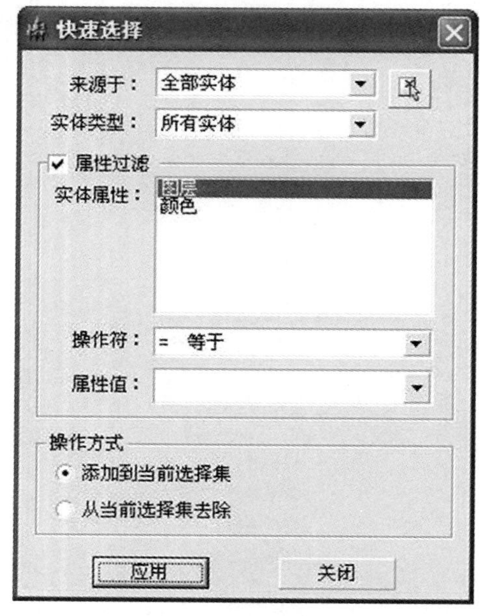

图 5-110 “快速选择”对话框

按指定的过滤条件以及根据此过滤条件创建选择集的方式。

来源于：在选择的实体或全部实体中，指定过滤条件。

实体类型：可选择所有实体或指定实体类型，如：折线、圆弧折线、拉伸体、用地类型等。

属性过滤：指定过滤条件。选择实体属性，如：“图层”“等于”，在“属性值”下拉项，选择图层。

操作方式：“添加”或“去除”到当前选择集。

应用：确认过滤条件并选择返回到绘图地块。

④通过右键菜单选择。右键菜单与选择相关的命令有：条件选择、快速选择、清除选择，反选实体、选择同层实体，锁定实体、取消锁定。

⑤选择面。在线框图和 OpenGL 下都可选择，佳园软件在 OpenGL 模式下面选择优先，所以建议用户选择面时，在 OpenGL 状态下直接点取面即可完成选择。

⑩当前的道路边界线为断开的边界线，选择“扩展编辑→线连接”，按命令行提示，选择要连接的对象。

⑪设置缘石参数，选择缘石截面，生成路缘石。

说明：在道路的出入口，道路边界线应为开口，删除补画的线。用“编辑→修剪”命令，剪切出入口处，剪切后的图形如图 5-111 所示。

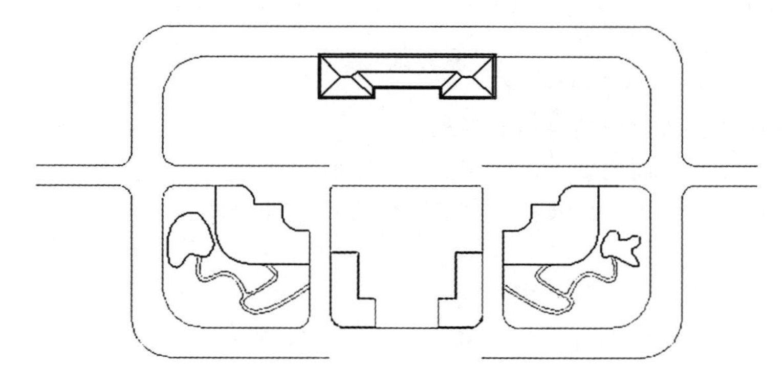

图 5-111　剪切出入口处

⑫选择"规划设计→路缘石"命令，弹出如图 5-112 所示对话框。

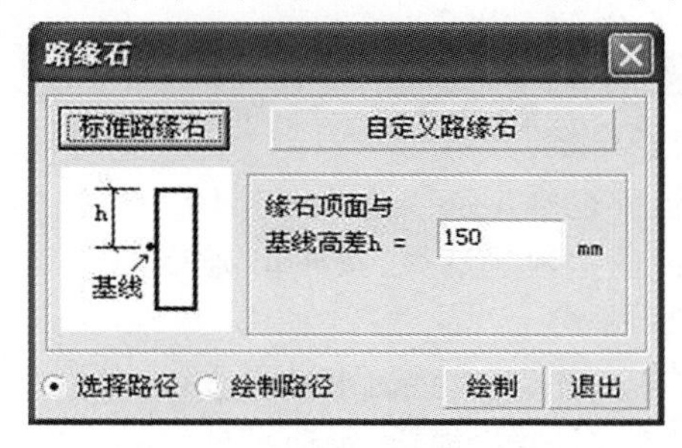

图 5-112　"路缘石"对话框

⑬分别设置缘石截面、缘石顶面与基线高差，可选择缘石路径或绘制路径，并可选择缘石侧向。

⑭选择"标准路缘石"按钮，弹出"缘石"对话框，如图 5-113 所示。

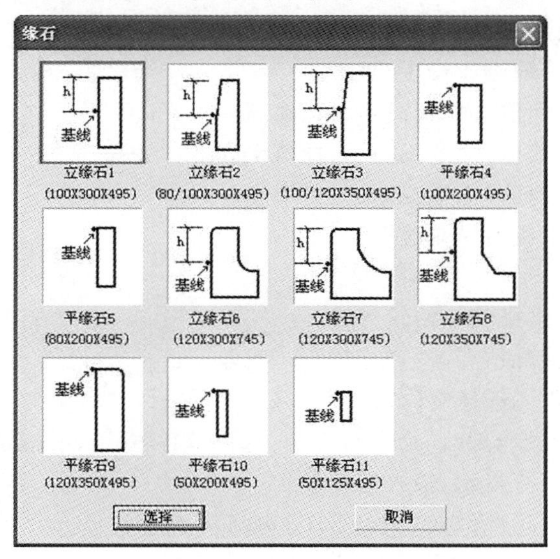

图 5-113　"缘石"对话框

⑮缘石截面尺寸样式，源自图集《环境景观——室外工程细部构造》(图集号 03J012－1)。

⑯在对话框中点击选中的截面样式。

⑰点击"选择"按钮，返回路缘石对话框。

⑱在"缘石顶面与路面高差 h="栏中，输入数值 200。

⑲选择"选择路径"(也可以选择"绘制路径"在图中绘制路径)。

⑳点击"绘制"按钮。

㉑命令行提示：请选择一条基线。

㉒在图中选择要生成路缘石的边界线，按命令行提示，分别选择基线并拖动路缘石方向。

㉓生成路缘石并返回"路缘石"对话框。

㉔重复以上步骤，生成沿不同边界的路缘石，完成后选择"退出"按钮，关闭对话框。

(2)生成水池、花池。

①选择水域轮廓线，生成水池。

②选择"规划设计→水池"命令。

③命令行提示：选择水池外轮廓平面　选择子实体。

④在图中，选择地块 3 内的水池轮廓线，按回车键确认。

⑤命令行提示：水池壁厚〈240〉。

⑥输入 120，按回车键确认，命令行提示：水池高度〈900〉。

⑦输入 300，按回车键确认，命令行提示：水面高度〈600〉。

⑧输入 200，按回车键确认，生成水池。

⑨在地块 2 中作两个对称的花池，绘制花池轮廓线。

⑩选择"规划设计→花池"命令。

⑪命令行提示：选择花池外轮廓平面　选择子实体。

⑫在图中选择花池轮廓线，按回车键确认。

⑬命令行提示：花池壁厚〈240〉。

⑭按回车键确认当前值，命令行提示：花池高度〈900〉。

⑮按回车键确认当前值，命令行提示：种植土高度〈600〉。

⑯按回车键确认当前值，生成花池。

⑰重复以上步骤，生成另一花池。

(3)生成花架。

①在地块 1 中绘制生成花架的轮廓线。

②选择"编辑→偏移"命令。

③命令行提示：偏移　选择实体。

④在图中选择 L 形的轮廓线，命令行提示：选择偏移方式(S—偏移，L—轮廓)。

⑤选择 S 偏移，命令行提示：输入偏移量。

⑥在命令行输入偏移数值 3000，按回车键确认。

⑦命令行提示：输入偏移个数。

⑧在命令行输入个数 1。

⑨命令行提示:指定偏移侧向。

⑩在图中拉动偏移的方向。

⑪按生成花架的轮廓线位置,用编辑命令如“修剪”,确定保留的轮廓线。

⑫选择“规划设计→花架”命令。

⑬弹出如图 5－114 所示对话框。

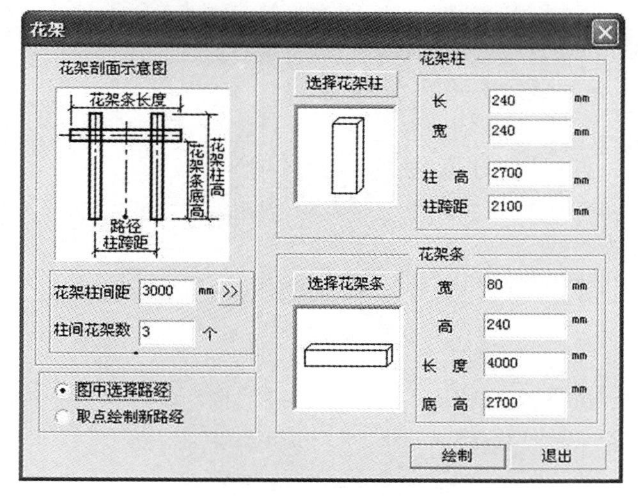

图 5－114 “花架”对话框

⑭选择“选择花架柱”按钮,弹出“选择柱”对话框,如图 5－115 所示。

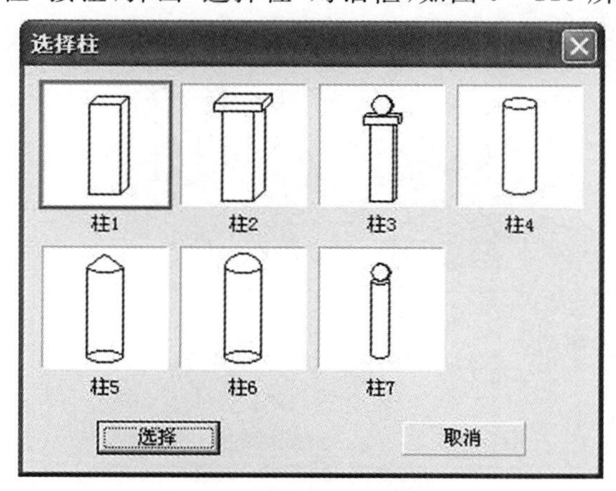

图 5－115 “选择柱”对话框

⑮选择柱 1,点击“选择”按钮,返回“花架”对话框。

⑯在“花架柱”栏,设置参数:长 240mm、宽 240mm。

⑰设置花架柱的参数:柱高 2700mm、柱跨距 2100mm。

⑱点击“选择花架条”按钮,弹出“梁”对话框,如图 5－116 所示。

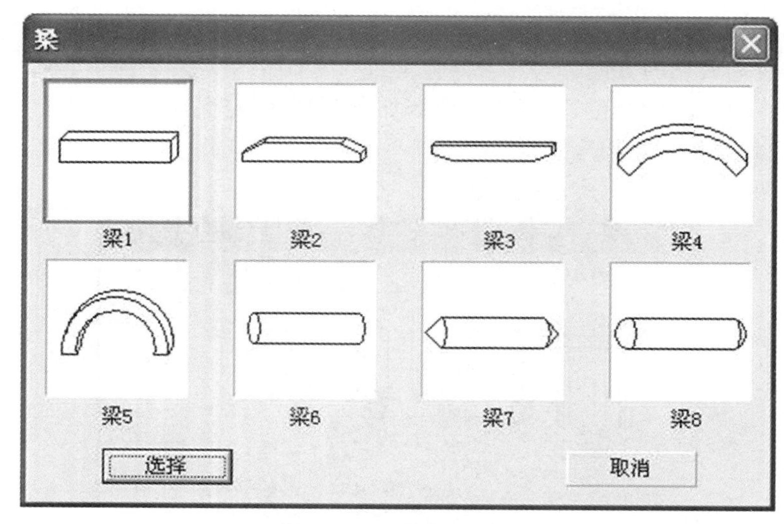

图 5－116 “梁”对话框

⑲选择“梁 1”，点击“选择”按钮，返回“花架”对话框。

⑳在“花架条”栏，设置参数：宽 80mm、长 240mm。

㉑设置花架条的参数：长度 4000mm、底高 2700mm。

㉒勾选“图中选择路径”，选择“绘制”按钮。

㉓命令行提示：选择一条路径。

㉔选择已绘制的圆弧作花架路径，生成花架。

(4)生成围栏围墙。

①选择“规划设计→围栏围墙”命令，弹出“围墙”对话框，如图 5－117 所示。

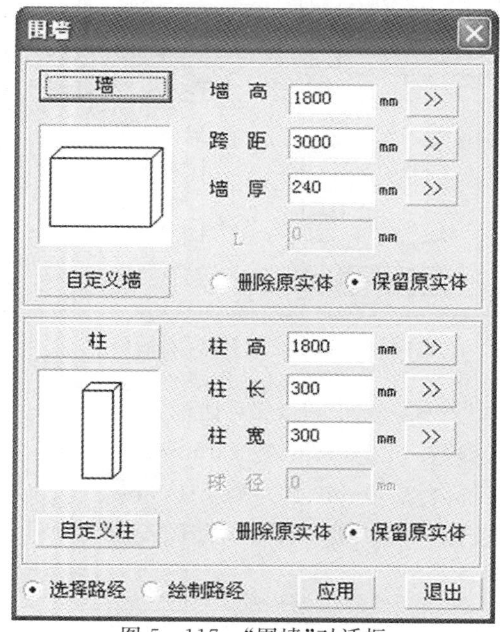

图 5－117 “围墙”对话框

②选择“墙”按钮，弹出“选择围墙”对话框，如图 5－118 所示。

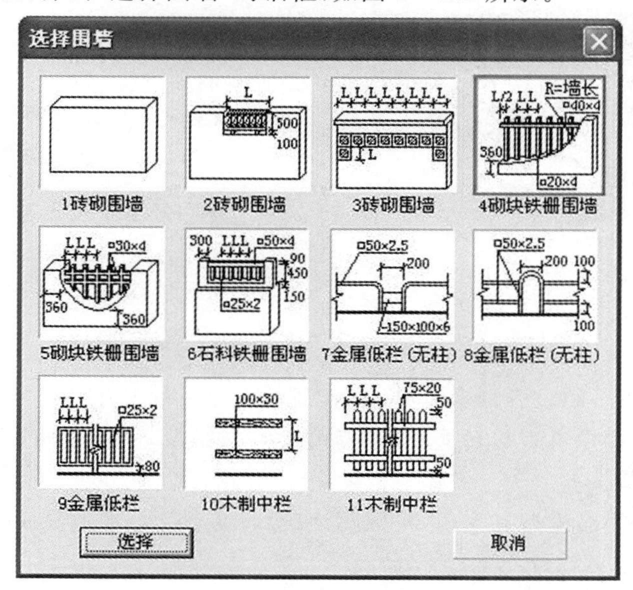

图 5－118 “选择围墙”对话框

③选择“4 砌块铁栅围墙”，点击“选择”按钮返回“围墙”对话框。

④设置墙参数：墙高、跨距、墙厚及图示的 L 值，可应用缺省值。

⑤选择“柱”按钮，弹出如图 5－119 所示对话框。

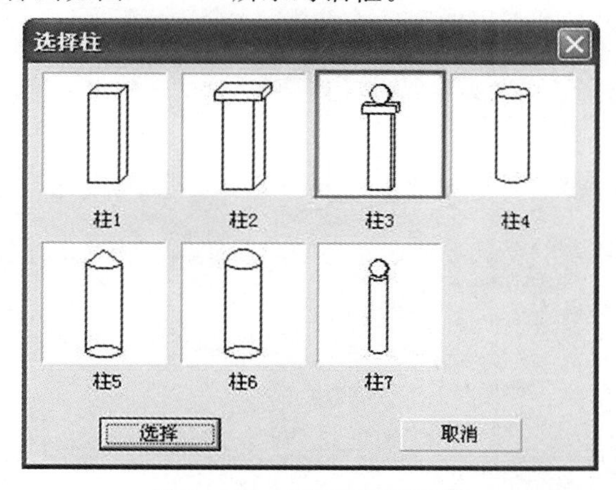

图 5－119 “选择柱”对话框

⑥选择“柱 3”，点击“选择”按钮返回“围墙”对话框。

⑦设置柱参数：柱高 2000mm，柱长、柱宽和球径数值可选缺省值。

⑧选择“选择路径”选项，点击“绘制”按钮。

⑨命令行提示：请选择一条基线。

⑩选择道路边界线，生成围墙并返回“围墙”对话框。

⑪选择“退出”按钮，返回图中。

⑫在“图层管理”对话框中，打开关闭的图层，并点击右键菜单选择“取消隐藏”命令。

完成图如图 5－120 所示。

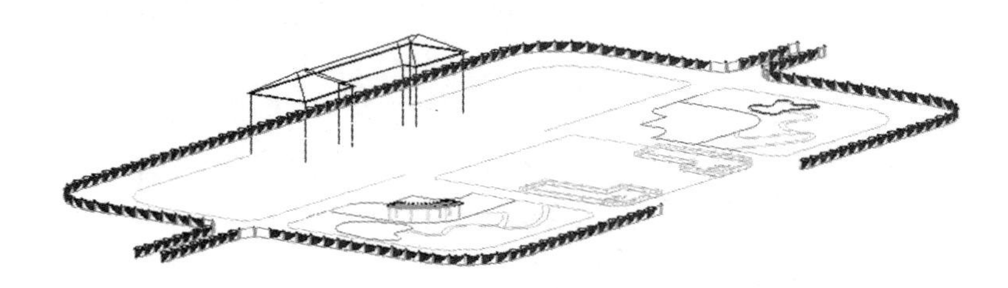

图 5－120　生成路缘石、水池、花架、围栏围墙效果图

4.放置园林小品

佳园软件已提供了超过五百个园林小品模型，在今后的升级中还会不断地增加。每个模型都有缺省材质，用户可直接替换材质，模型类型包括草坪灯、建筑（和古建模型）、亭子、假山石、入口、水池喷泉等。

本例中，插入的小品模型有大门、花架廊架、运动场、花池、水池喷泉、植物造型、假山石、路灯等。

（1）放置大门。

①在放置大门入口位置，可删除多余的围墙。

②关闭右下角的组开关按钮，则围墙的柱、围墙面各自独立。选择与大门入口对应的位置，用“删除”命令删除。

③在大门入口处，分别选择门房（rk002.3ds）、大门（小区门）放置。

④选择“规划设计→园林小品”，弹出“三维图库”对话框，如图 5－121 所示。

图 5－121　“三维图库”对话框

⑤如果选择一个模型，在对话框的左下角会显示模型名及所在路径。

⑥点击“大门”目录，双击 rk002.3ds 作为门房；弹出“插入图块”对话框，如图 5－122 所示。

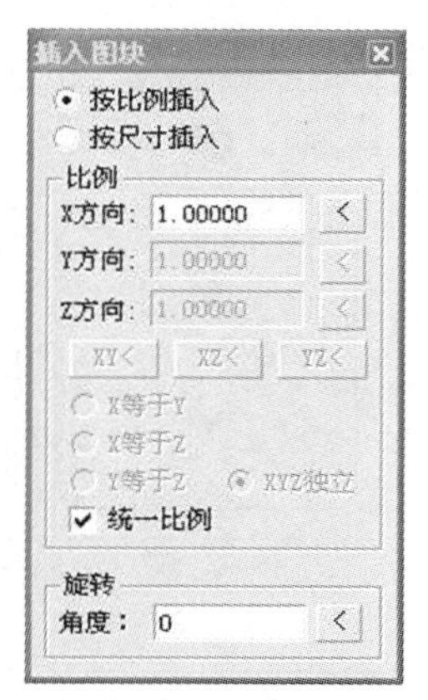

图 5－122 “插入图块”对话框

⑦插入图块，可按比例或按尺寸插入，并可设置旋转角度。如果按比例插入，X、Y、Z 方向同比例，也可不等比；如果按尺寸插入，可分别设置 X、Y、Z 尺寸。

⑧尺寸的大小，可在图中点击 < 按钮量取(在图中选择两点表示距离，以显示尺寸大小)。门房 rk002 可输入等比例为 3、旋转角度为 90 的模型。

⑨重复以上步骤，选择“大门”目录下的“小区门”。

(2)放置花架廊架。

①选择“规划设计→园林小品”。

②选择“花架廊架”目录，挑选花架样式，可选择 hlj003.3ds 模型。

③插入图块的比例值可在图中量取距离表示比例值，方向可在图中拉动。

(3)放置花坛、喷泉、运动场、植物造型、石头、路灯等园林小品。

①选择“规划设计→园林小品”。

②分别选择模型，选择目录及文件如下：花钵花池——花池树池 002；水池喷泉——水池喷泉 003，水池喷泉 005；运动场——篮球场 3、网球场 1，尺寸按标准场地尺寸；植物造型——老鹰。

③用户可按需要，选择路灯、草坪灯、石头等园林小品放在图中。

说明：

①园林小品库中的模型，大多可通过关闭 开关，将组分解，然后可删除模型中不需要的部分。例如：放置篮球场 3 后，点击 按钮解组后，删除看台和其中的一个篮球场地。

②园林小品中的模型，都有缺省的材质，用户可根据需要，替换或修改模型的材质。

③放置路灯时，可选择“编辑→阵列→沿线阵列”方式，沿道路边界线布置路灯。

生成的图形如图 5－123 和图 5－124 所示。

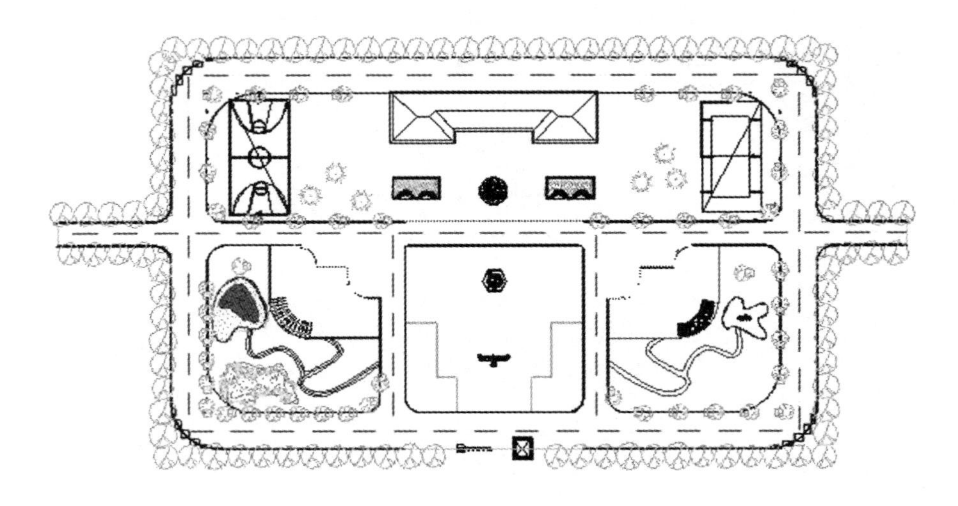

图 5-123　顶视图

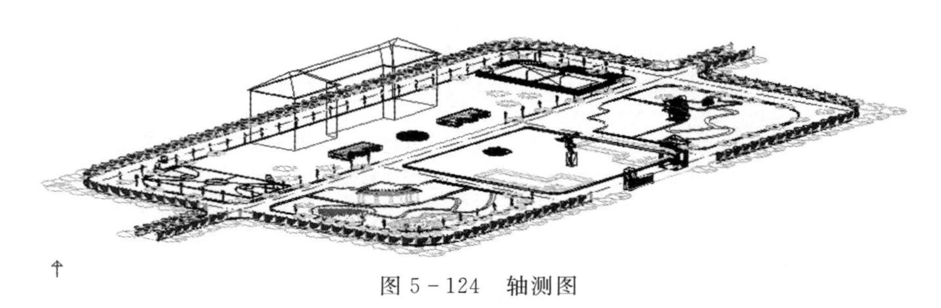

↑

图 5-124　轴测图

5.6.5　地形设计

佳园软件的地形设计包括生成 TIN 地形、地形分析和地形改造三部分。生成 TIN 地形，其原始数据可以是现状地形点或等高线；生成地形网格后，可完成坡度分析、朝向分析、水流分析和高程分析；在原始地形网格上，通过划定改造地形范围的轮廓线、绘制改造地形的设计等高线或设计高程点完成地形改造，并可计算土方量。

本例中，通过在平地上构造缓坡地形，生成设计地形并计算土方量。首先在地块 1 内生成一个平地地形，然后绘制改造地形的设计等高线，最后生成设计地形合并计算挖填方的土方量。

1. 生成地形

原始地形数据可通过导入现状图(如 dwg 图)，导入数据文件(测绘仪生成的数据文件)生成地形。导入的现状图的高程点可通过"地形设计→地形点赋值"命令，自动赋值；现状图的等高线可通过"地形设计→等高线赋值→转换为等高线或规划等高线"命令，给等高线赋值。

在本例中，选择地块 1，生成平地地形；然后在此平地地形上，画出设计等高线，用"地形改造"命令生成缓坡的微地形，同时自动计算出挖填土方量并显示挖填位置。

(1)用现状地形数据生成。

①若已有 dwg 的地形现状图(包括等高线和高程点)，可将其导入。

②选择"地形设计→导入现状地形→导入 DWG 地形图",弹出如图 5-125 所示对话框。

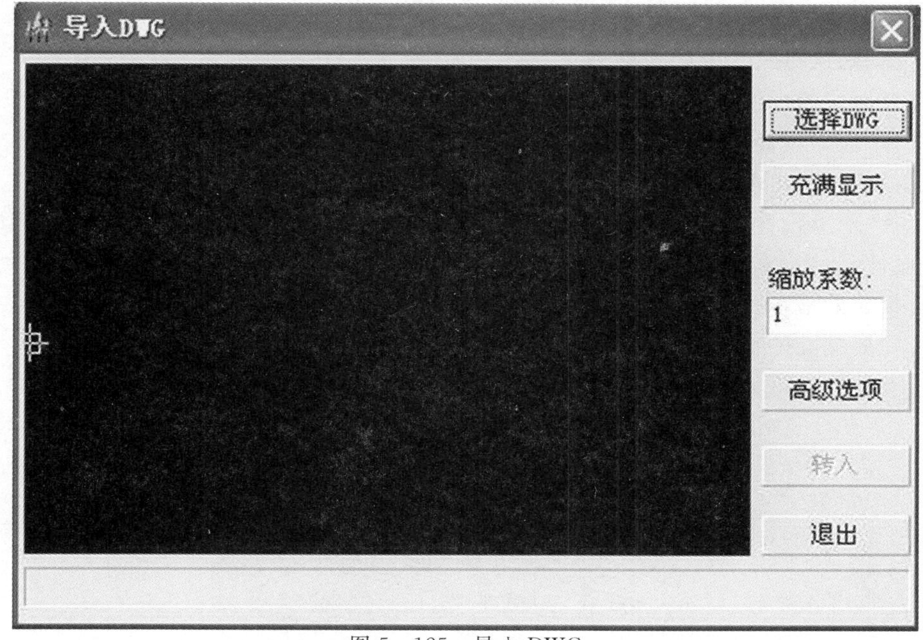

图 5-125 导入 DWG

③点击"选择 DWG"按钮,选择路径下的 dwg 文件。在"缩放系数"栏,输入比例值。

注意:佳园软件的专业部分,如地形设计、规划设计等模块的单位设置为 mm,为了使单位统一,应将所有单位统一成 mm 为好。地形的现状图单位通常为 m,因此缩放系数通常为 1000。

(2)无现状地形图,构造平地生成地形。

说明:在本例中,把地块 1 的不规则区域,生成平地地形。只需将地块 1 的轮廓线作为等高线(高程值为 0),生成原始地形的地形网格。

①选择"图层管理"按钮,弹出"图层管理"对话框,如图 5-126 所示。

图层管理

图层过滤器：显示所有图层　反转过滤器　新建　删除　当前　细节

层ID	层名	打开	锁定	颜色	线宽	线型
✓ 0	层0			0,200,0	默认	Continuous
1	道路基线			红色	默认	Continuous
2	道路边界线			青色	默认	Continuous
5	屋顶			120,0,0	默认	Continuous
36	道路			255,128,0	默认	Continuous
41	绿地1			绿色	默认	Continuous
42	广场			8	默认	Continuous
43	水域			50,40,200	默认	Continuous
44	绿地			74	默认	Continuous
48	路缘石			白色	默认	Continuous
67	种植土			230,200,150	默认	Continuous
68	柱			青色	默认	Continuous

全选　不选　反选　确认　取消　帮助

图 5-126 "图层管理"对话框

②选择“层 0”，双击后设为当前层(打钩显示为当前层)。

③选择“全选”按钮，点击图层的灯泡图标，变“打开”为关闭状态。

④选择“确认”按钮，关闭对话框。

⑤选择地块 1 内的闭合区域，视为高程值为 0 的等高线，生成原始地形。

⑥选择“地形设计→生成 TIN 地形”，命令行提示：选择等高线和高程点。

⑦选择地块 1 内的闭合区域，生成原始地形。

⑧选择“地形设计→删除部分 TIN 地形”，命令行提示：选择边界需要修整的 TIN 地形(原始或设计)。

⑨选择原始地形；命令行提示：请选择 TIN 中需要删除的三角形面片。

⑩选择要删除的部分，按右键确认；生成的平地原始地形如图 5－127 所示。

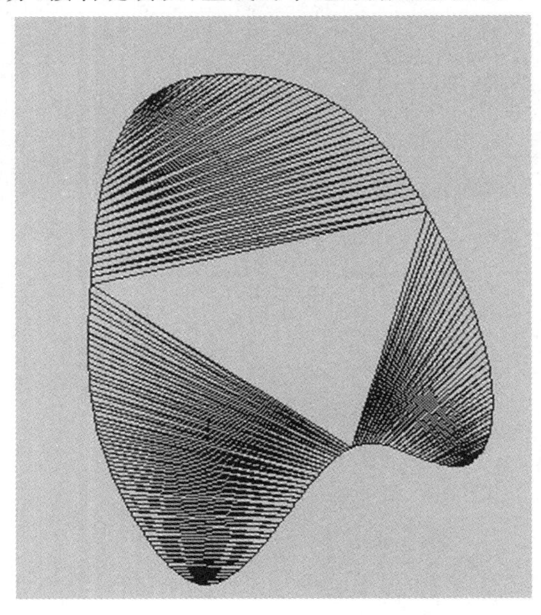

图 5－127 原始地形

2. 地形改造

在平地地形区域内，画出设计等高线作为地形改造的设计方案。完成地形改造后，可显示挖填土方量和挖填位置，并计算土方量。

地形改造的方式有两种：①用画出的设计等高线完成地形改造；②用特征点代表的设计高程点完成地形改造。用户可按实际情况选择。本例中使用的是用设计等高线完成地形改造。

(1)用设计等高线完成地形改造。

本例中，在平地上要完成挖湖、堆山的微地形改造，营造景观效果。

①选择“绘图→图层管理”，选择图层“原始地形”，关闭此图层。

②在地块 1 的闭合边界内部，画出设计等高线。

方法如下：选择“绘图→光滑曲线”画出设计等高线的位置，或选择“编辑→偏移”命令，选择边界线偏移。

③绘出的设计等高线平面图如图 5－128 所示。

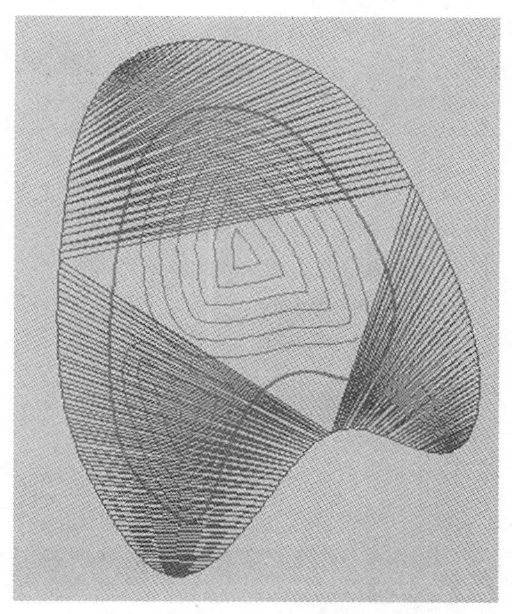

图 5 - 128　设计等高线平面图

④在当前视图下，绘出线的高程值为 0，为构造缓坡的微地形，需要按设计方案，将绘出的线转换为带不同高程值的等高线。

⑤选择“地形设计→等高线赋值→规划等高线”，命令行提示：请选取转换为等高线的平面折线，选择实体。

⑥选择刚才偏移出的折线，按回车键或右键完成。命令行提示：请在平面上点取穿过折线的两点。

说明：此两点连线需要横穿等高线，并按梯度设置等高线高程值。

⑦在图中点取两点，命令行出现提示：请输入起始高程。

⑧输入 0，出现提示：请输入等高距。

⑨先输入 0.2 米，选择要堆山的绘制线，生成堆山等高线。

⑩然后输入－0.2 米，选择要挖湖的绘制线，生成挖湖等高线。

⑪选择右下角的图标 3(切换到前视图)，等高线在前视图显示如图 5 - 129 所示。选择 1(切换到俯视图)返回到俯视图。

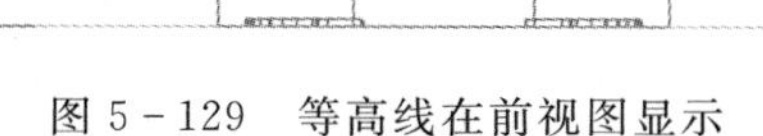

图 5 - 129　等高线在前视图显示

⑫如果要修改等高线的高程值，可分别选择等高线，点击属性表，修改等高线高程值。

说明：

①等高线的高程单位是米。

②转换成带高程值的等高线，变为新图层“自定义等高线”层，颜色为洋红。

⑬选择“图层管理”按钮，打开“原始地形”图层。

⑭选择“地形设计→地形改造”，弹出如图 5－130 所示对话框。

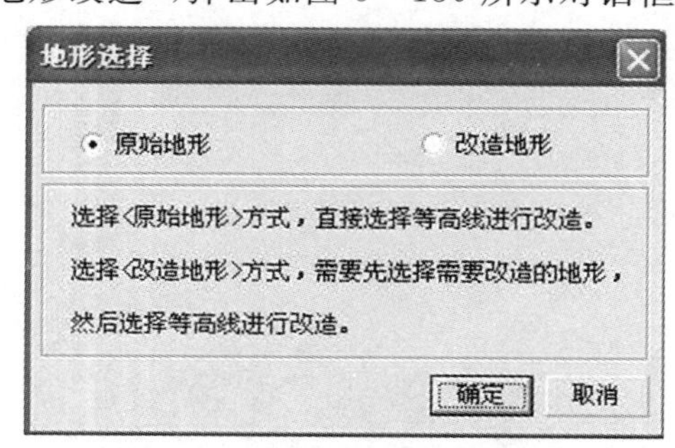

图 5－130 “地形选择”对话框

⑮点击“确定”按钮。命令行提示：请选取设计等高线的最外轮廓。弹出如图 5－131 所示对话框。

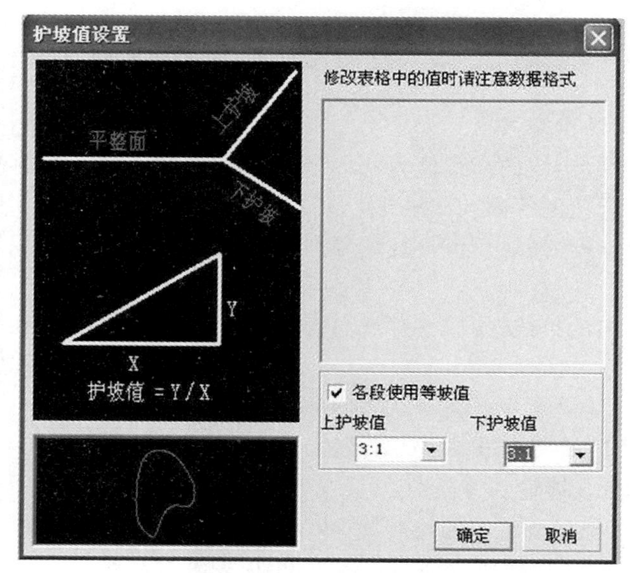

图 5－131 “护坡值设置”对话框

⑯在“护坡值设置”对话框中设置参数，点击“确定”按钮。

⑰命令行提示：请选择设计等高线和设计高程点。

⑱选择设计等高线，按回车键或右键确认，完成堆山挖湖的地形改造。

(2)土方计算。

①选择“地形设计→土方计算”，命令行提示：选择作为原始地形的 TIN 网格。

②选择原始地形，命令行提示：选择作为改造地形的 TIN 网格。

③选择生成的改造地形，命令行提示：选择计算区域。

④选择要计算的范围轮廓线，计算完成弹出“体积法土方计算结果”对话框，如图 5－132 所示。

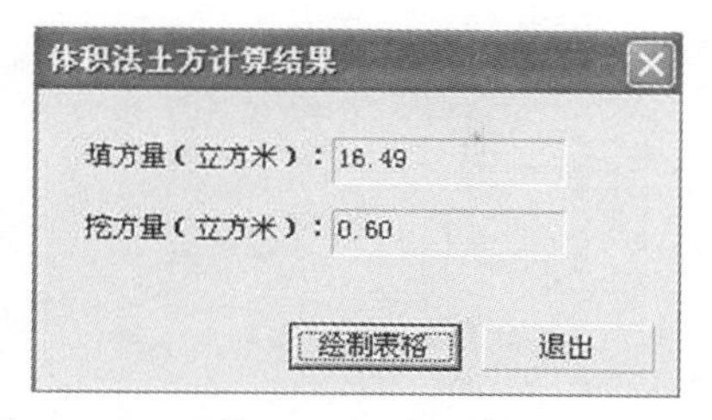

图 5－132 “体积法土方计算结果”对话框

⑤点击“绘制表格”按钮将计算结果以表格的方式绘制到图中。

(3)地形合并。

①选择“地形设计→TIN 地形合并”，弹出如图 5－133 所示对话框。

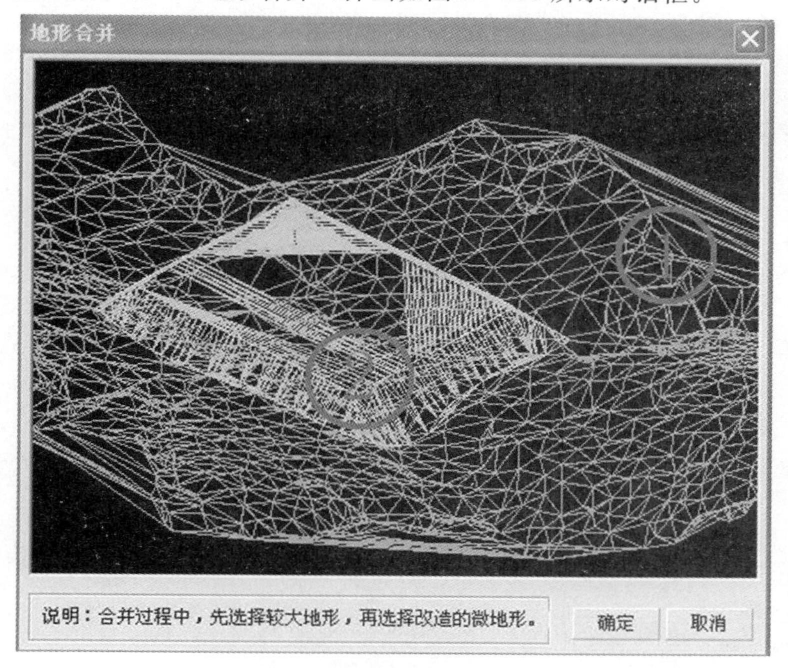

图 5－133 “地形合并”对话框

②命令行提示：请选取较大地形 1；选择原始地形。

③命令行提示：请选取微地形 2；选择设计的地形。按右键确认完成。

④打开图层管理器，将其他图层关闭，只打开“合并地形 1”图层，如图 5－134 所示。

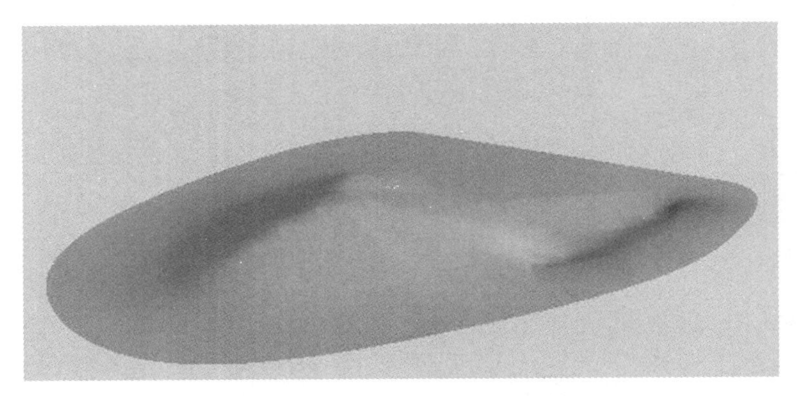

图 5－134 “合并地形 1”图层

说明：

①如果不关闭原始地形图中显示的缓坡地形范围内，定义的草地地块表面位置高于挖湖位置的改造地形网格，因此在图中无法看到挖湖位置。可将草地地块关闭，然后可正确显示挖湖位置。

②在最后生成渲染图时，可隐藏地形区域内的草地地块。

5.6.6 种植设计

1. 种植

(1)在种植设计前，在“图层管理”对话框中，可关闭围墙、路缘石等图层，只留出种植需要的各边界线，如道路边界线等。

(2)选择“种植设计→种植”，弹出如图 5－135 所示对话框。

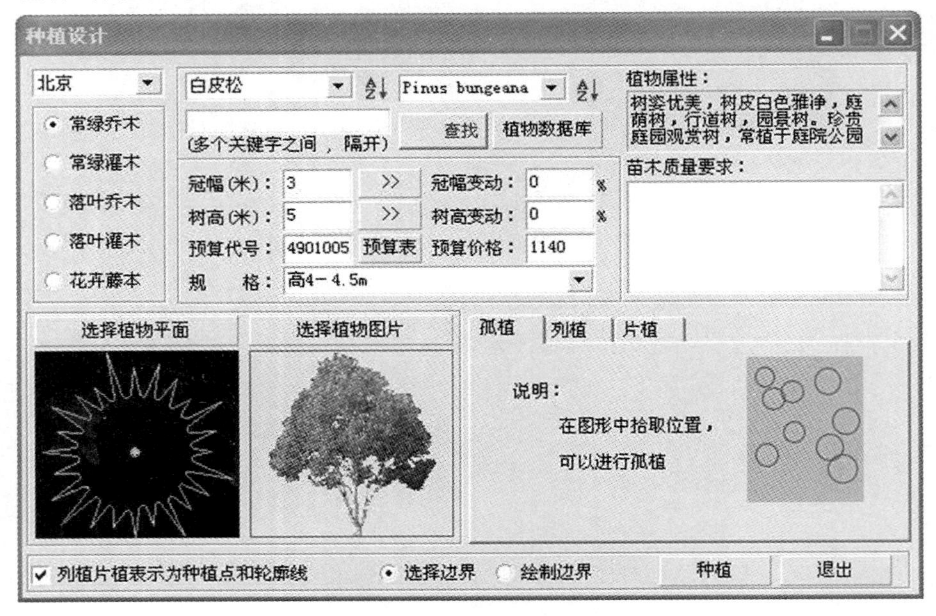

图 5－135 “种植设计”对话框

说明：

①种植的步骤：选择地区（例如：北京、上海）→选择植物类型（例如：常绿乔木、落叶乔木）→选择树种→设置冠幅、树高、规格、变动量→选择植物平面图例、选择植物图片→选择种植方式（孤植、列植、片植）→开始种植。

②植物数据库除总表外，包括各省市地区的子表，如北京、上海、广东等。其分区采用《环境景观——绿化种植设计》(0.J012－2)的地理分区，参照《城市园林绿化植物应用指南（北方本）》《园林树木1200种》等，以及各地的苗木材料概预算定额。

③选择树种名，可通过中文名的A→Z排序或拉丁名选择。如果此植物类型下的树种太多，通过排序仍然难于查找，可在查找栏输入树种名的关键字，点击“查找”按钮，弹出搜索到的树种。

④可点击“选择植物平面”进入二维图库对话框选择平面图例；点击“选择植物图片”可显示佳园软件提供的植物不同姿态、不同季节下的植物图片。每个升级版本在不断扩充植物平面图例、植物图片。

⑤如何添加用户的植物图片？在Photoshop下另存为背景镂空的、PNG格式的图像。用户拍照的植物图片通常为JPG格式，处理步骤如下：a. 在Photoshop下打开照片，删除除了树木之外的其他背景，做成镂空背景。b. 选择“帮助→输出透明图像”，按提示选择PNG格式的文件输出。或者，选择“文件→另存为”，将图片保存为PNG格式的文件。c. 种植设计时直接选择植物图片。

(3)在植物库下拉项选择“北京”，植物类型中选择“常绿乔木”，中文名下拉项中选择“白皮松”，单击“选择植物平面”按钮，弹出如图5－136所示对话框。

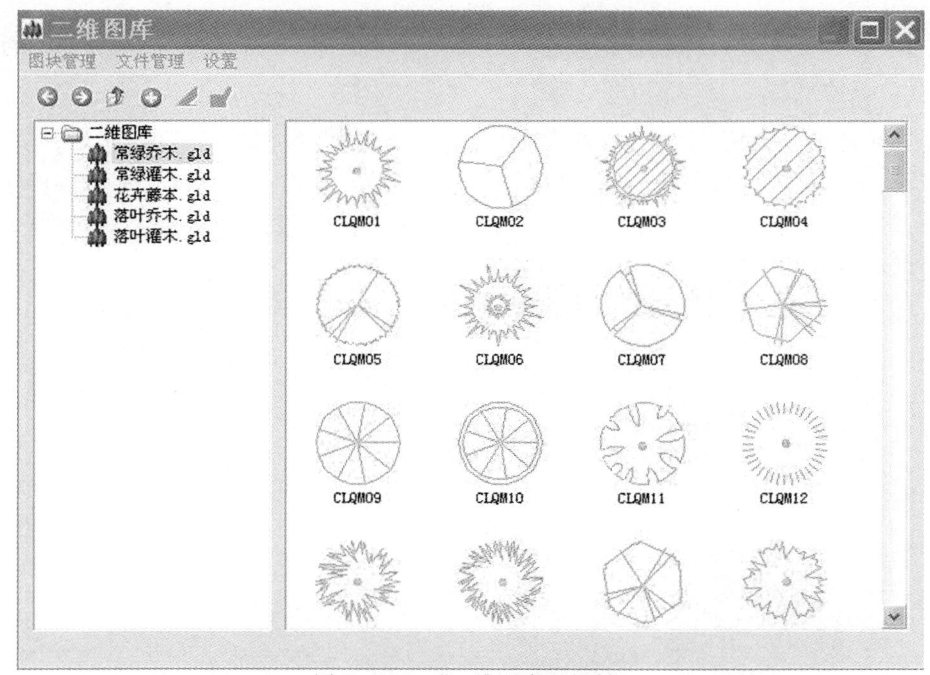

图5－136 “二维图库”对话框

(4)选择相应植物类型下的平面图例，双击图标，返回“种植设计”对话框。

(5)分别在栏中输入，冠幅：5 m，树高：6 m，规格：高5～6m，若满足预算价格库中所列的规格，则显示相应的价格。如果要修改预算价格库，选择“预算表”按钮，进入预算价格库，如

图 5－137 所示。

北京预算表

选择表所在的省市名称：北京　新建表　清除表

代号	产品名称	规格型号及特征	计算单位	预算价格(元)
4701001	毛白杨	胸径3－3.5cm	株	8.80
4701002	毛白杨	胸径3.5－4cm	株	14.00
4701003	毛白杨	胸径4－5cm	株	17.10
4701004	毛白杨	胸径5－6cm	株	19.00
4701005	毛白杨	胸径6－7cm	株	27.30
4701006	毛白杨	胸径7－8cm	株	40.60
4702001	新疆杨	胸径3－3.5cm	株	8.90
4702002	新疆杨	胸径3.5－4cm	株	11.70
4702003	新疆杨	胸径4－5cm	株	15.50
4702004	新疆杨	胸径5－6cm	株	19.80
4702005	新疆杨	胸径6－7cm	株	29.20
4703001	馒头柳	胸径2－2.5cm	株	3.20
4703002	馒头柳	胸径2.5－3cm	株	4.50
4703003	馒头柳	胸径3－3.5cm	株	5.70
4703004	馒头柳	胸径3.5－4cm	株	9.60
4703005	馒头柳	胸径4－5cm	株	12.00
4703006	馒头柳	胸径5－6cm	株	14.40
4703007	馒头柳	胸径6－7cm	株	19.20
4703008	馒头柳	胸径7－8cm	株	24.00
4703009	馒头柳	胸径8－9cm	株	25.60
4703010	馒头柳	胸径9－10cm	株	28.80
4704001	垂柳	胸径2－2.5cm	株	3.80
4704002	垂柳	胸径2.5－3cm	株	4.80
4704003	垂柳	胸径3－3.5cm	株	7.20
4704004	垂柳	胸径3.5－4cm	株	8.40
4704005	垂柳	胸径4－5cm	株	9.60

添加　修改　删除　提取信息　当前纪录总数：1017　退出

图 5－137　预算表

说明：

①预算价格库，树种的规格型号对应其预算单价。

②各地的预算价格库不同，用户可建立本地区的预算价格库。软件中提供的有北京、上海的预算价格库。

③预算价格库，可完成添加、修改、删除各列表项。

④对于预算价格库中没有的规格项，用户在“种植设计”对话框中，输入预算单价，直接参与最后的统计计算。

(6)选择树种对应的规格项，选择 提取信息 按钮，返回“种植设计”对话框。

(7)选择“孤植”选项，选择“种植”按钮，按命令行提示在图中选择位置种植白皮松。

(8)方法同上，选择“国槐”。冠幅：6m，树高：6m，各变动量：10%，规格：胸径 3～3.5cm。

(9)点取“列植”选项，弹出如图 5－138 所示对话框。

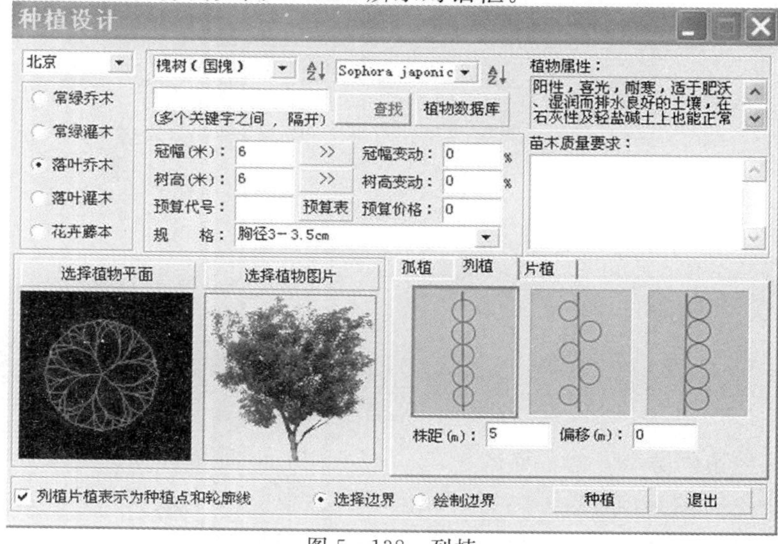

图 5－138　列植

(10)选择第三个图标单侧列植，株距 6、偏移 2。

说明：单侧列植，列植方向由鼠标拖动方向。

(11)不选择列植片植表示为种植点和轮廓线。

(12)选择“种植”按钮，命令行提示：拾取边界线　选择单个实体。

(13)在图中选择主路边界线，命令行提示：选择偏移方向。

(14)在图中取点表示列植侧向，返回“种植设计”对话框后点击“退出”按钮，关闭对话框。

(15)以下完成沿边界线的成组列植，分别选择紫薇(落叶灌木)、核桃(落叶乔木)、雀舌黄杨(常绿灌木)。

(16)选择“种植设计→成组列植”，弹出如图 5－139 所示对话框。

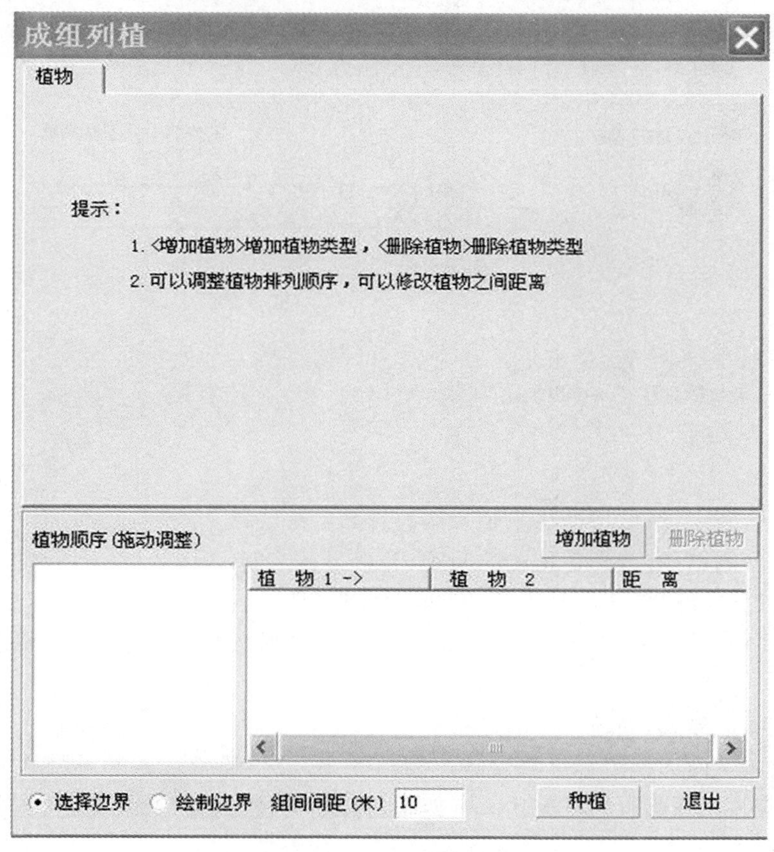

图 5－139　“成组列植”对话框

(17)选择“增加植物”按钮，分别选择要成组列植的植物，并输入各树种的规格(冠幅、树高和规格等)。弹出如图 5－140 所示对话框。

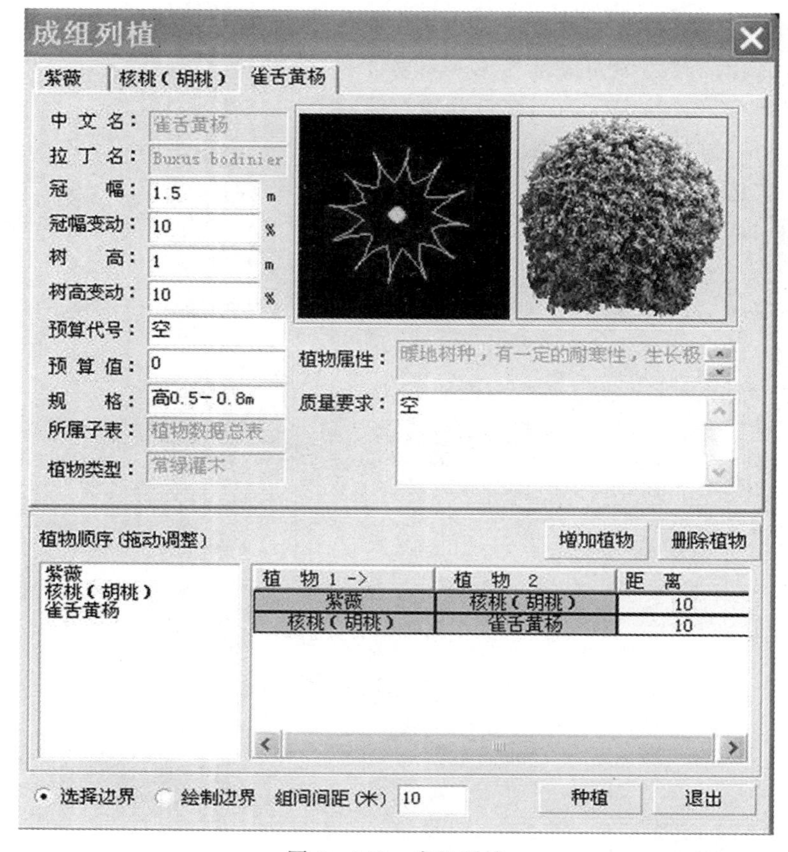

图 5-140　成组列植

(18)在植物顺序栏,可拖动成组植物调整排列顺序。

(19)在右下侧栏,可调整各植物的间距,并可设置组间间距。

(20)可通过选择边界或绘制边界,完成成组列植。

(21)选择“种植”按钮,如果选择了“选择边界”项,则命令行提示:拾取外边界线　选择单个实体。

(22)选择要边界线,如地块1的道路边界线。沿边界线完成成组列植。

(23)在地块1内选择闭合区域混植。种植图中,混植通常表现为种植点和轮廓线。选择树种,并确定各树种所占的百分比。本例中选择的树种为:鸡爪槭、元宝枫(落叶乔木)、太平花(落叶灌木)。

(24)选择“种植设计→混植”,弹出如图5-141所示对话框。

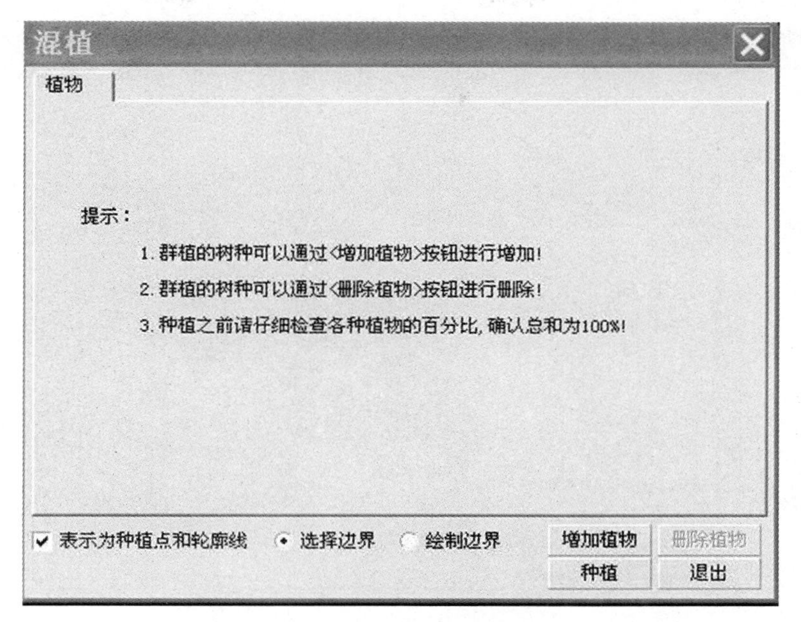

图 5-141 “混植”对话框

(25)选择“表示为种植点和轮廓线”。

(26)选择“增加植物”按钮，弹出如图 5-142 所示对话框。

图 5-142 “增加植物”对话框

(27)选择北京子表，在落叶乔木类型下选择鸡爪槭。

(28)输入冠幅：4m、变动量 10％，树高：6m、变动量：10％，规格：胸径 3～3.5cm，选择落叶乔木—鸡爪槭。

(29)选择“增加”按钮，弹出如图 5－143 所示对话框。

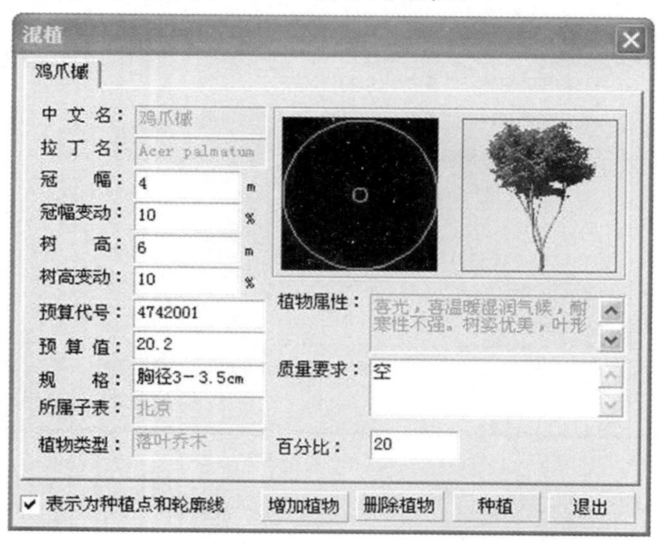

图 5－143　混植

(30)在百分比栏中，输入 30％，表示当前植物占混植总数的百分比。

(31)分别添加混植的其他树种。选择“增加植物”按钮，返回“混植”对话框。

(32)重复以上步骤，选择落叶乔木—元宝枫 20％，落叶灌木—太平花 50％。

(33)显示的“混植”对话框如图 5－144 所示。

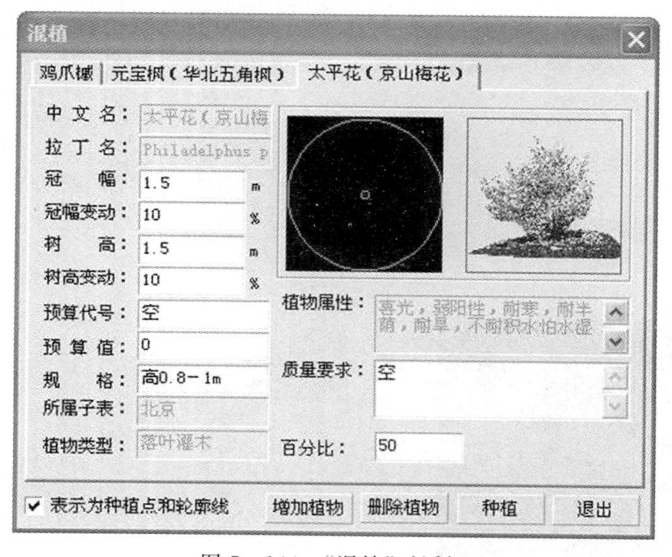

图 5－144　“混植”对话框

(34)在“混植”对话框中，可修改各树种的参数和混植比例。

(35)选择“表示为种植点和轮廓线”选项。

(36)选择“种植”按钮,命令行提示:拾取外边界线　选择单个实体。

(37)选择地块1中的混植边界线。

(38)命令行提示:选择需要去除的部分　选择实体。

(39)如果在混植区内部没有空区,选择右键返回“混植”对话框。

(40)选择“退出”按钮,关闭对话框。生成的混植图形如图5-145所示。

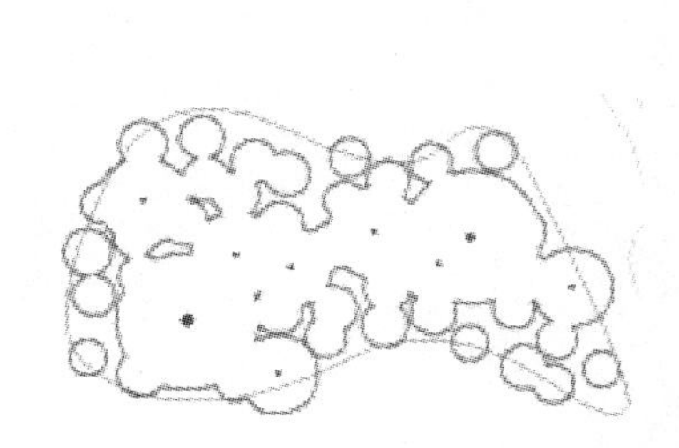

图5-145　生成的混植图形

说明:

①混植区内,种植图通常用种植点和植物轮廓线表示。透视图显示树图片。

②种植点的大小,代表冠幅的大小。

2.在两个花池和缓坡地形处种植植物

(1)选择“种植设计→种植”。

(2)在弹出的种植设计对话框中,选择“孤植”:落叶乔木—龙爪槐,片植:花卉藤本—波斯菊,绘制边界,分别在地块4中的两个花池内部种植。

(3)选择“种植设计→混植”,添加落叶乔木—合欢20%、落叶灌木—木槿40%、黄刺玫40%;在缓坡地形边界线内种植。

(4)选择“种植设计→随曲面变化”。

(5)命令行提示:请选择地形或曲面 选择实体。

(6)在缓坡地形地块选择改造地形,按右键或回车键,完成植物拓扑到地形上。

(7)花池是由花池壁和种植土表面构成的,选择种植土表面看作曲面,将植物拓扑到花池种植土的表面上。

(8)选择按钮,把花池壁和种植土表面解组。

(9)选择“种植设计→随曲面变化”。

(10)按命令行提示,分别选择花池的种植土表面,将植物拓扑到花池的种植土表面上。

3.修改树种属性,调整各树种的配植比例

可修改的植物属性内容包括:植物类型及树种名,冠幅、树高、规格,预算价格,植物平面符号,植物图片等。

对于列植、片植的植物,只选择其中的一个植物符号,就可修改植物属性,不必逐个选择修改;但对于孤植、混植的植物,不适用此法,需要单独选择修改。

修改植物,可选择两个命令:修改植物属性,列表修改植物。修改植物属性,针对所选择

的对象修改；列表修改植物，将当前图中所有植物列表显示，选择植物完全相同的（包括树种、规格、平面图例、植物图片都相同的）来修改属性。

（1）选择“种植设计→修改植物属性”。

（2）命令行提示：选择实体。

（3）选择列植的国槐，点击右键或回车键，弹出如图 5－146 所示对话框。

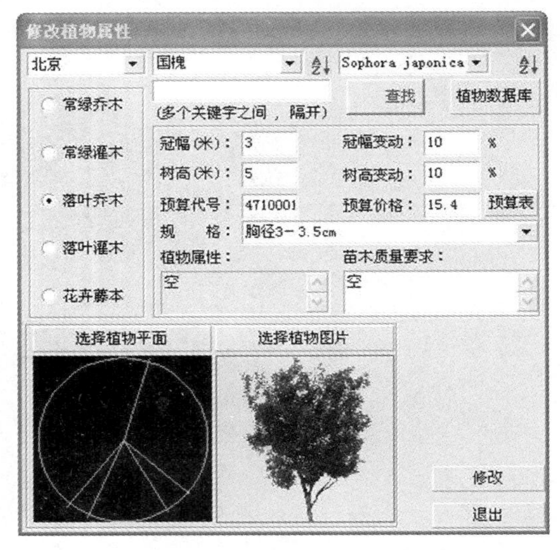

图 5－146　“修改植物属性”对话框

（4）选择北京—落叶乔木—栾树，选择“修改”按钮，关闭对话框完成修改。

（5）对孤植、混植的植物，可采用列表修改的方式修改。

（6）选择“种植设计→列表修改植物”，弹出如图 5－147 所示对话框。

图 5－147　“列表修改植物”对话框

(7)选择 扩展数据对话框>> 按钮,展开整个对话框。

(8)选择“国槐”,选择“落叶乔木—栾树”。

(9)选择按钮,弹出提示框。

(10)选择“退出”按钮,关闭对话框。

(11)完成种植后,常需要调整规格预算和植物数量。

(12)选择“种植设计→调整规格预算”,弹出如图 5-148 所示对话框。

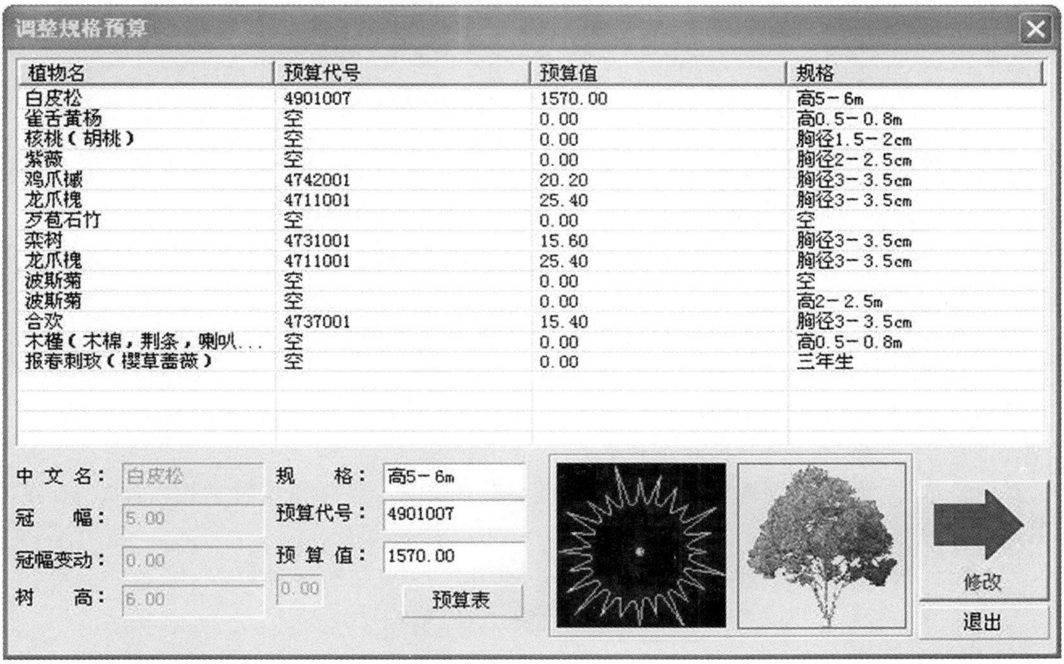

调整规格预算

植物名	预算代号	预算值	规格
白皮松	4901007	1570.00	高5-6m
雀舌黄杨	空	0.00	高0.5-0.8m
核桃(胡桃)	空	0.00	胸径1.5-2cm
紫薇	空	0.00	胸径2-2.5cm
鸡爪槭	4742001	20.20	胸径3-3.5cm
龙爪槐	4711001	25.40	胸径3-3.5cm
孝竹石竹	空	0.00	空
栾树	4731001	15.60	胸径3-3.5cm
龙爪槐	4711001	25.40	胸径3-3.5cm
波斯菊	空	0.00	空
波斯菊	空	0.00	高2-2.5m
合欢	4737001	15.40	胸径3-3.5cm
木槿(木棉,荆条,喇叭...	空	0.00	高0.5-0.8m
报春刺玫(缫草蔷薇)	空	0.00	三年生

中文名: 白皮松　规　格: 高5-6m
冠　幅: 5.00　预算代号: 4901007
冠幅变动: 0.00　预 算 值: 1570.00
树　高: 6.00　0.00　预算表
修改　退出

图 5-148　“调整规格预算”对话框

(13)选择要修改预算单价的植物名,在“预算值”栏,输入预算值。

(14)选择按钮,重复以上步骤可修改各预算值。

(15)完成修改后,选择“退出”按钮,退出对话框。

(16)选择“种植设计→调整植物数量”。

(17)命令行提示:选择实体。

(18)在命令行输入 all 表示所有植物均参与数量调整,或在图中选择要调整数量的植物。弹出如图 5-149 所示对话框。

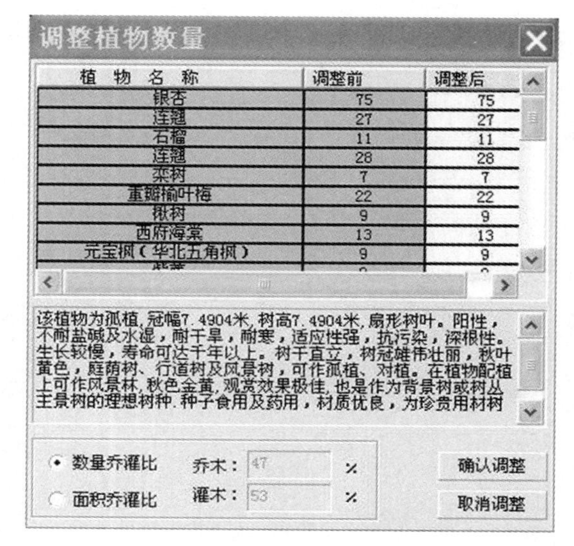

图 5-149 “调整植物数量”对话框

(19)在表中选择植物名,双击“调整后”栏,输入数值并按回车键确认。

(20)选择“确认调整”按钮,完成此植物名的数量调整。

(21)重复以上步骤,分别调整各种植物数量;选择“取消调整”按钮关闭并退出对话框。

4.按面积定义草坪地被植物,按长度定义绿篱

在苗木表中,有些草坪地被植物按面积计入苗木表中。在花池位置种植一串红,在苗木表中按面积显示统计数据。

(1)选择“种植设计→定义草本植物”,弹出如图 5-150 所示对话框。

图 5-150 “定义草本植物”对话框

(2)在“名称”栏输入“一串红”,在“字高”栏输入“3500”。

(3)选择 内部取点方式 按钮,命令行提示:拾取地块内部点。

(4)在图中点取花池位置内部点,完成定义。生成苗木表时会显示一串红按面积统计的数据。

(5)按长度定义绿篱线。

(6)选择“园林绘制→绿篱”。

(7)命令行提示:请输入植物名称(用于统计)〈小叶黄杨〉。

(8)输入绿篱的植物名称后按回车键。

(9)命令行提示:指定边界起点或[选择边界(B)/宽度(W)/样式(S)]〈选择边界〉。

(10)可设置绿篱线宽度或选择绿篱线样式。

(11)如果选择 S(样式)按回车键确认。

(12)命令行提示:选择绿篱样式[自然(N)/整形(E)]〈整形〉。

(13)可选择一种绿篱样式,例如输入 N,选择自然式绿篱。

(14)在图中绘制一条边界线或选择边界线,生成绿篱。

(15)绘制的绿篱线可参与苗木表统计,并以长度显示统计数据。

5.6.7 数据统计

佳园软件的数据统计,可自动统计苗木表、预算表、总指标、总工程量表。统计结果可保存为 Excel 文件格式、放在图中或直接打印输出。

1. 生成苗木表

(1)选择“数据统计→苗木表”,弹出如图 5-151 所示对话框。

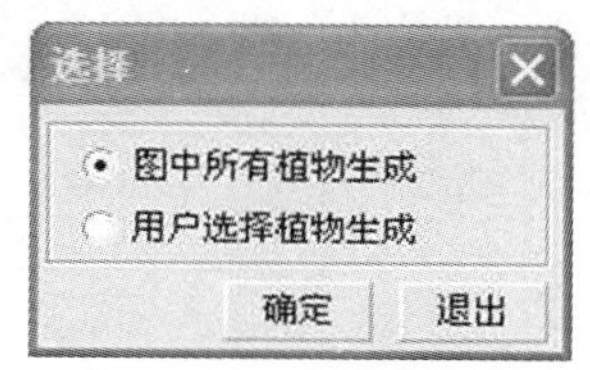

图 5-151 “选择”对话框

(2)可以统计全图的所有植物,也可选择图中的部分植物做统计。

(3)如果统计全部,选择“图中所有植物生成”,按“确定”按钮,弹出如图 5-152 所示对话框。

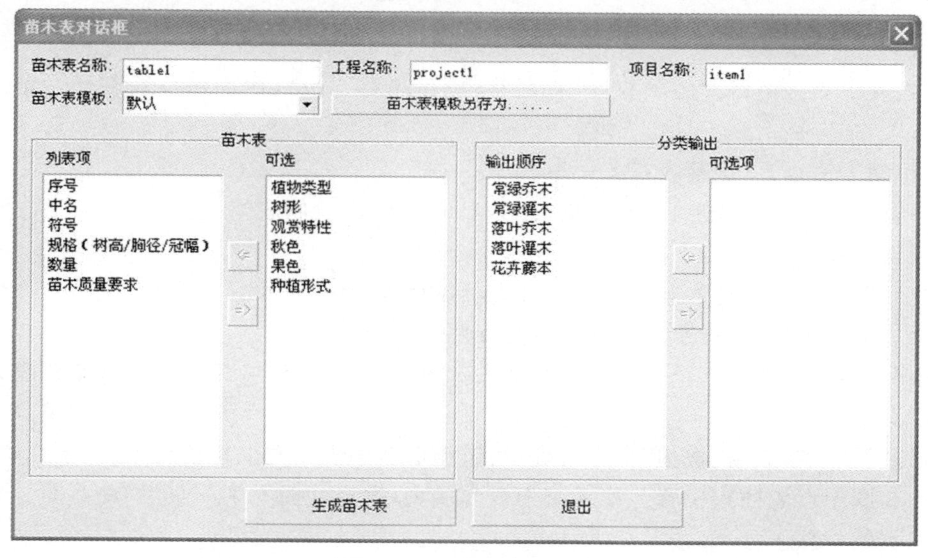

图 5-152 苗木表对话框

(4)在苗木表名称、工程名称、项目名称栏,填写各项名称。

(5)在苗木表项,在可选栏中双击或点击添加按钮 <=,加入列表项。可上下拖动调整

顺序。

(6)在输出顺序项,可选择输出项并上下拖动调整输出顺序。

(7)选择"生成苗木表"按钮,弹出如图 5-153 所示对话框。

苗木表数据统计对话框

打印预览 存为Excel文件 绘制表格 退出

table1

工程名称: project1

项目名称: item1

序号	中名	符号	规格			数量	苗木质量要求
			树高(m)	胸径(cm)	冠幅(m)		
1	白皮松		高5-6m		5.0-5.0	6	空
2	雀舌黄杨		高0.5-0.8m		1.5-1.5	48	空
3	核桃(胡桃)			胸径1.5-2cm	4.0-4.0	48	空
4	鸡爪槭			胸径3-3.5cm	2.7-3.3	7	空
5	龙爪槐			胸径3-3.5cm	4.5-5.5	5	空
6	栾树			胸径3-3.5cm	5.4-6.6	95	空
7	龙爪槐			胸径3-3.5cm	3.0-3.0	2	空
8	合欢			胸径3-3.5cm	3.6-4.4	3	空
9	紫薇			胸径2-2.5cm	2.0-2.0	48	空
10	木棉,荆条,喇		高0.5-0.8m		1.8-2.2	22	空

第1页

图 5-153　苗木表数据统计对话框

(8)在表中双击可修改的项有:工程名称、项目名称、规格(树高、冠幅、胸径)、苗木质量要求。

(9)拉动表格线,可调整表格的大小。

(10)苗木表有三个选项:打印预览、存为 Excel 文件、绘制表格。

功能说明:

①打印预览:点击,进入打印页面。设置打印样式,打印输出。

②存为 Excel 文件:保存为 *.xls 格式的文件。

③绘制表格:在图中选择位置放置苗木表。图中的苗木表,可通过属性表来调整表格比例和文字大小。

(11)选择"绘制表格"按钮,命令行提示:请点取苗木表的左上角插入点。

(12)在图中点取插入位置。如果苗木表为多页,按提示插入第一页后,命令行连续提示插入第二页的位置。

(13)如果在图中修改苗木表,选择"数据统计→编辑表格"。

(14)命令行提示:请选择要边界的表格单元。

（15）选择苗木表中的表格单元，弹出如图 5－154 所示对话框。

编辑表格文字内容

雪松 修改

行号： 7 列号： 1 点选单元格

图 5－154 "编辑表格文字内容"对话框

（16）在表中输入修改内容，然后点击"修改"按钮。完成所有修改后，点击 ✕ 关闭对话框。

2. 生成总指标表

统计各用地类型的面积、总工程量，先打开所有图层。

（1）选择"绘图→图层管理"。

（2）在"图层管理"对话框中，选择所有图层并打开。

（3）选择"数据统计→总指标"，弹出如图 5－155 所示对话框。

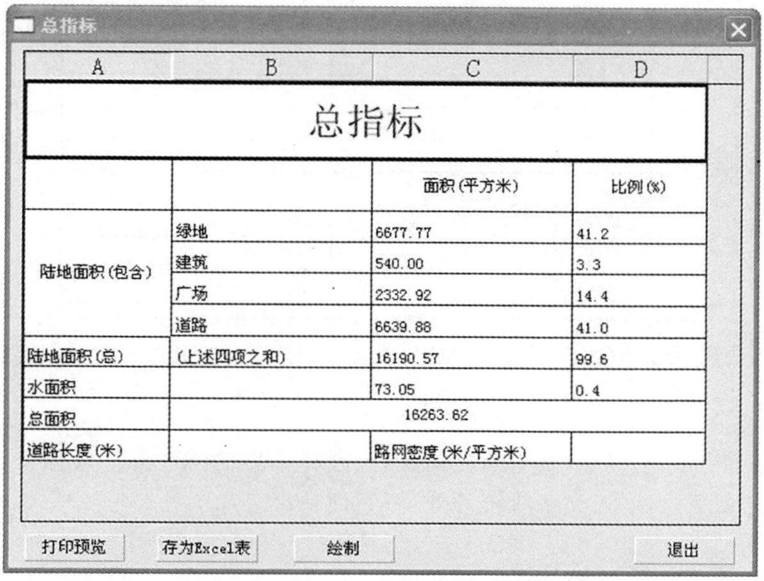

总指标

A	B	C	D
总指标			
		面积(平方米)	比例(%)
陆地面积(包含)	绿地	6677.77	41.2
	建筑	540.00	3.3
	广场	2332.92	14.4
	道路	6639.88	41.0
陆地面积(总)	(上述四项之和)	16190.57	99.6
水面积		73.05	0.4
总面积	16263.62		
道路长度(米)		路网密度(米/平方米)	

打印预览 存为Excel表 绘制 退出

图 5－155 "总指标"对话框

（4）表格中显示各用地类型的面积，名称、数值可修改。

（5）可打印、存为 Excel 文件或绘制（放在图中）。

3. 生成总工程量表

（1）选择"数据统计→总工程量"，弹出如图 5－156 所示对话框。

总工程量

A	B	C	D	E
总工程量				
		数量	单位	备注
建筑面积		540.00	平方米	
绿地面积		6677.77	平方米	
道路面积		6639.88	平方米	
广场面积		2332.92	平方米	
水面面积		73.05	平方米	
落叶乔木		160	株	
常绿乔木		6	株	
灌木		204	株	
草坪、地被、花卉		418	平方米	
园林构筑物	花架		平方米	
	亭		平方米	
	廊		平方米	
	小桥		座	
园林小品	花池		米	
	座凳		个	
	垃圾箱		个	
	指示牌		个	
雕塑			个	
山石			平方米	
			立方米	

打印预览　存为Excel表　绘制　退出

图 5－156　“总工程量”对话框

(2)表中统计了总工程量，其中园林构筑物、园林小品、雕塑、山石只有列表项，而没有统计，用户可双击文字栏，输入文字或统计数字；其他项都自动统计。

4.生成预算表

(1)选择“数据统计→预算表”，弹出如图 5－157 所示对话框。

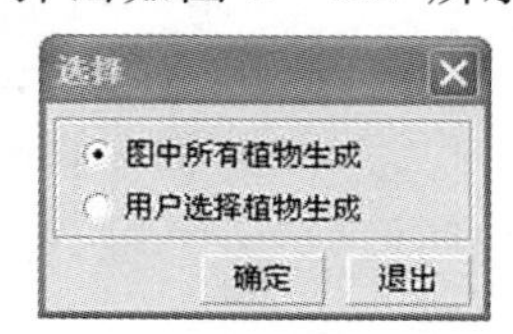

图 5－157　“选择”对话框

(2)选择“图中所有植物生成”，点击“确定”按钮，弹出如图 5－158 所示对话框。

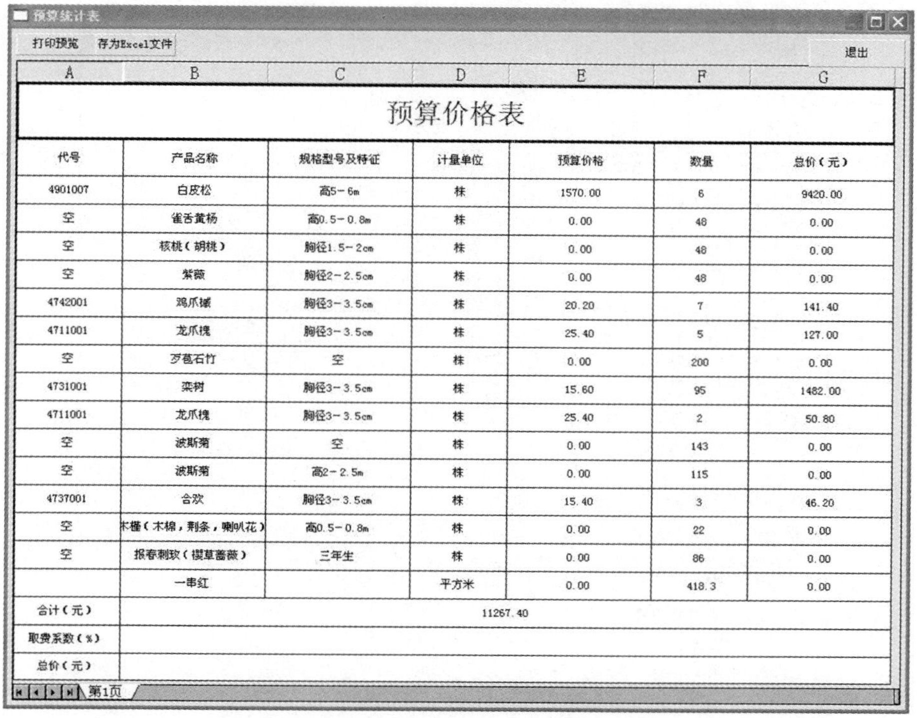

预算统计表

打印预览　存为Excel文件　退出

A	B	C	D	E	F	G
预算价格表						
代号	产品名称	规格型号及特征	计量单位	预算价格	数量	总价(元)
4901007	白皮松	高5－6m	株	1570.00	6	9420.00
空	雀舌黄杨	高0.5－0.8m	株	0.00	48	0.00
空	核桃(胡桃)	胸径1.5－2cm	株	0.00	48	0.00
空	紫薇	胸径2－2.5cm	株	0.00	48	0.00
4742001	鸡爪槭	胸径3－3.5cm	株	20.20	7	141.40
4711001	龙爪槐	胸径3－3.5cm	株	25.40	5	127.00
空	歹苞石竹	空	株	0.00	200	0.00
4731001	栾树	胸径3－3.5cm	株	15.60	95	1482.00
4711001	龙爪槐	胸径3－3.5cm	株	25.40	2	50.80
空	波斯菊	空	株	0.00	143	0.00
空	波斯菊	高2－2.5m	株	0.00	115	0.00
4737001	合欢	胸径3－3.5cm	株	15.40	3	46.20
空	木槿(木棉,荆条,喇叭花)	高0.5－0.8m	株	0.00	22	0.00
空	报春刺玫(樱草蔷薇)	三年生	株	0.00	86	0.00
	一串红		平方米	0.00	418.3	0.00
合计(元)	11267.40					
取费系数(%)						
总价(元)						

第1页

图 5－158　“预算统计表”对话框

(3)在预算表中,可双击“预算价格”项修改植物单价。

(4)在“取费系数(%)”栏,输入“5”,按回车键确认。

(5)在“总价(元)”栏内显示总价。

(6)点击“存为 Excel 文件”按钮,保存为 *.xls 格式文件。

(7)完成后,点击“退出”按钮关闭对话框。

5.6.8　赋材质,设置场景,生成渲染图和动画

分别给道路、绿地、广场、水面等赋材质,并编辑修改现有材质,设置场景,生成渲染图和动画。

1.给地块赋材质

(1)应用条件选择命令,只显示被定义的地块(道路、广场、绿地、水域、建筑),其他隐藏。

(2)选择“编辑→条件选择”,弹出如图 5－159 所示对话框。

图 5－159 “选择”对话框

(3)在“条件选择”栏，选择“根据实体类型”，显示如图 5－160 所示对话框。

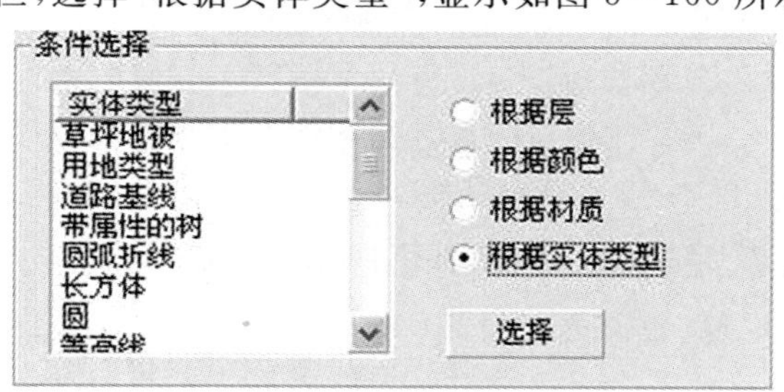

图 5－160 条件选择

(4)选择“用地类型”，选择“条件选择”栏的“选择”按钮。

(5)选择“反选”按钮，再选择大对话框的“选择”按钮，关闭对话框并返回图中。

(6)图中显示选择了所有除用地类型(道路、广场、绿地、水域、建筑)外的被选对象。

(7)点击鼠标右键，选择右键菜单“隐藏实体”。

(8)图中只显示用地类型，即所有的地块实体。

2. 新建材质

(1)选择“渲染→材质表”，弹出如图 5－161 所示对话框。

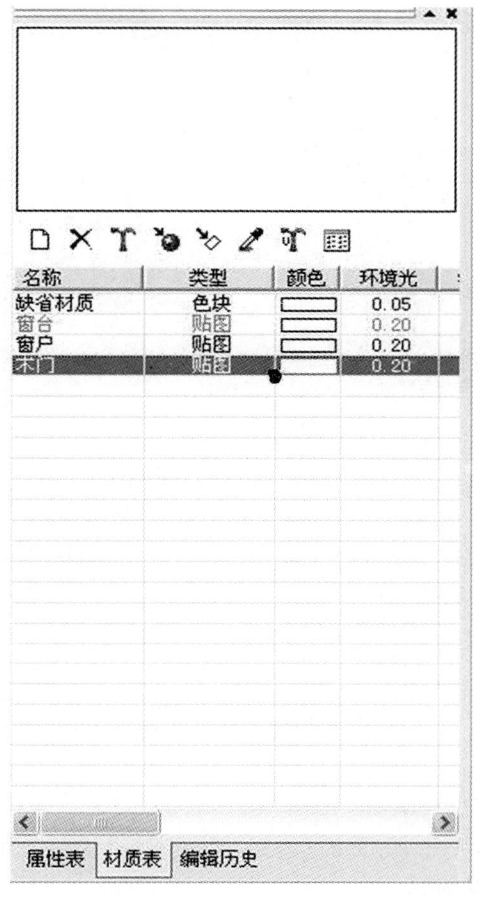

图 5-161 “材质表”对话框

(2)新建道路、广场、绿地、水域等材质文件,分别给相应地块赋材质。

(3)选择新建 🗋 按钮,弹出如图 5-162 所示提示条。

图 5-162 提示条

(4)选择“贴图”,弹出如图 5-163 所示对话框。

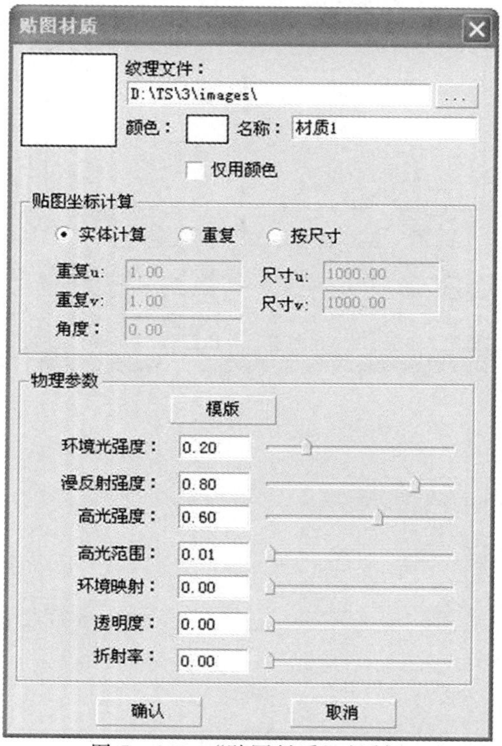

贴图材质
纹理文件：
D:\TS\3\images\
颜色： 名称： 材质1
仅用颜色
贴图坐标计算
实体计算 重复 按尺寸
重复u: 1.00 尺寸u: 1000.00
重复v: 1.00 尺寸v: 1000.00
角度： 0.00
物理参数
模版
环境光强度： 0.20
漫反射强度： 0.80
高光强度： 0.60
高光范围： 0.01
环境映射： 0.00
透明度： 0.00
折射率： 0.00
确认 取消

图 5－163 “贴图材质”对话框

(5)在“佳园”材质库下选择贴图纹理文件。

(6)可选择 Garland\材质库\b_地面\地面 51.jpg 文件。

(7)在名称栏下，输入贴图名：广场。

(8)在贴图坐标和物理参数栏，可设置参数，也可通过修改贴图坐标修改。本例通过修改贴图坐标命令修改。

(9)选择“确认”按钮，返回“材质表”对话框。

(10)选择赋材质按钮，命令行提示：选择实体。

说明：

①赋材质的实体必须为三维面。如果是二维实体，需通过右键菜单的“变区域成面”命令，选择闭合曲线生成三维面，然后对面赋材质。

②选择三维面的方法。如果在顶视图选择，需要按图层分别打开选择对象赋材质；简便的操作方法是：在 OpenGL 状态下，只需在面上点取任意位置，即可拾取到面。

③赋材质时，也可直接拖动材质到三维面上。

④本实例采用在 OpenGL 状态下选择地块。

(11)点取4按钮，切换到透视图状态；选择广场地块的面，可连续选择三个广场地块。

(12)重复以上步骤，分别建立道路、园路、水面、草地等材质，并给水面材质设置透明度和折射率的物理参数。

说明：

①选择按多边形赋材质按钮，对实体中的单个多边形面赋材质。例如：先对整个建

筑赋材质，再分别对建筑的各个侧面按多边形赋材质。

②选择删除 ✕ 按钮，删除未使用的材质。如果对于较多的未用材质，选择"文件→清理"命令删除未用材质和未用图层。

③修改材质文件，选择修改材质文件 按钮或双击材质名称。在"贴图材质"对话框中，可修改材质文件、贴图坐标计算、物理参数等。

④要查看实体的材质，选择拾取材质 按钮，在材质列表中显示材质名称。

3. 修改对象材质

(1)在材质列表对话框中，选择修改贴图坐标 按钮。

(2)命令行提示：拾取贴图坐标计算方式。

(3)在图中选择要修改贴图的实体，如草地实体，弹出如图 5-164 所示对话框。

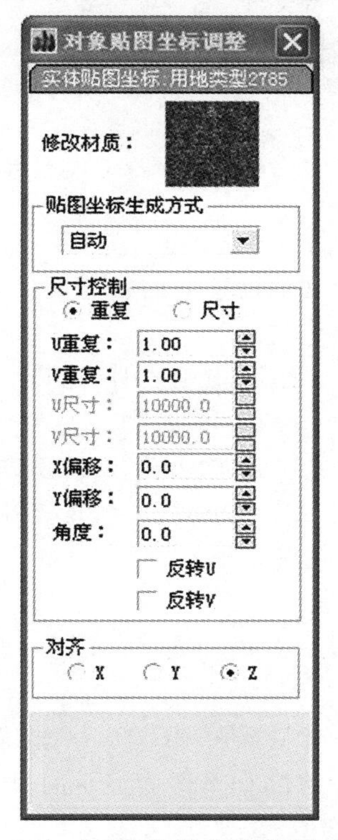

图 5-164 "对象贴图坐标调整"对话框

(4)双击"修改材质"栏后的图片，弹出如图 5-165 所示对话框。

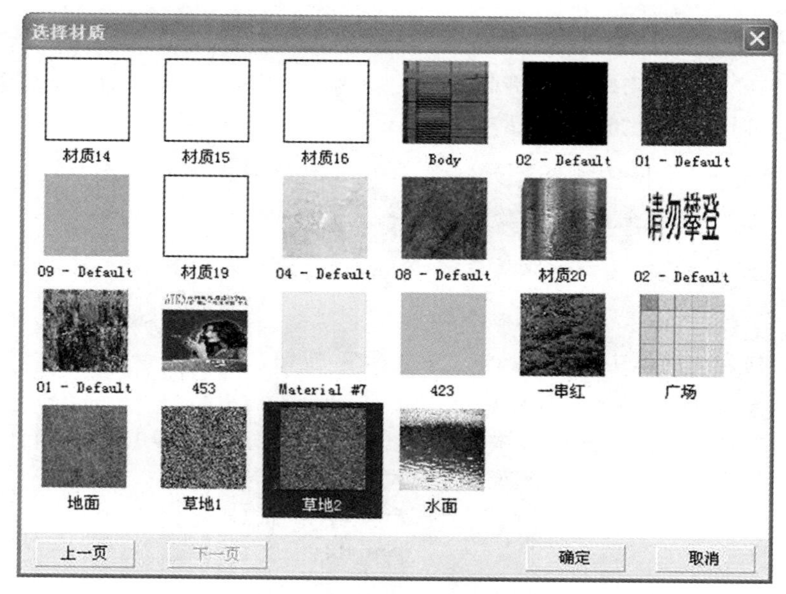

图 5－165 “选择材质”对话框

(5)在“选择材质”对话框中，可点击“上一页”或“下一页”按钮显示当前材质列表中的所有材质，双击或按“确定”按钮换为其他已建立的材质文件，返回到“对象贴图坐标调整”对话框。

(6)在“贴图坐标生成方式”栏，贴图方式有多种，选择平面方式贴图。

说明：

①按构造的实体，可选择的贴图方式有：平面、长方体、球、圆柱、三角面、多边形、自动。

②佳园软件中，有参数化生成的三维小品，在构造三维实体的同时已经计算了贴图坐标，所以这类三维实体按自动方式贴图。

(7)在“尺寸控制”栏，选择“重复”。

(8)在“U 重复”栏内，输入贴图图片的个数“10”；在“V 重复”栏内，输入贴图图片的个数“2”。

(9)重复以上步骤，修改广场砖材质——Garland\材质库\b_地砖\地砖 1564(500×500).jpg，并按尺寸方式修改 UV 尺寸，如果图面显示的材质文件角度倾斜，可在“角度”栏输入角度或拉动箭头实时调整角度值。

说明：

①材质库中，包含草地、植被色块等草地类型的材质。

②地面类型的材质，包含地面(道路、铺装、园路)、石(包括各种碎石、毛面石、广场砖等)。

③从园林小品库中插入的三维小品模型，可修改贴图材质。例如：水池的水面 Garland\材质库\b_水面\水面 28.jpg；池壁 Garland\材质库\c_涂料\涂料 34.jpg；路缘石 Garland\材质库\c_墙砖\墙砖 50.jpg。

4.设置三维场景

设置背景，在三维图中表现车道线。

(1)选择“视图工具→视口属性”，弹出如图 5－166 所示对话框。

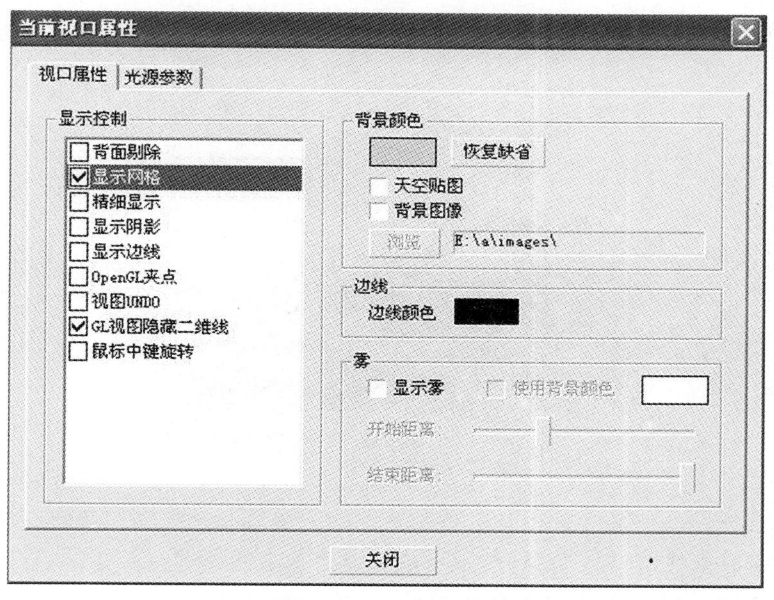

图 5-166 “当前视口属性”对话框

(2)在“视口属性→背景颜色”栏，设置背景为单色或设置背景图片。
(3)勾选“背景图像”。
(4)选择“浏览”按钮，选择背景图像，可选择 Garland\材质库\背景\背景 10.jpg。
(5)当前图中显示背景图片。
(6)在透视图中，需要表现分车道线。
(7)选择“规划设计→车道线”，弹出如图 5-167 所示对话框。

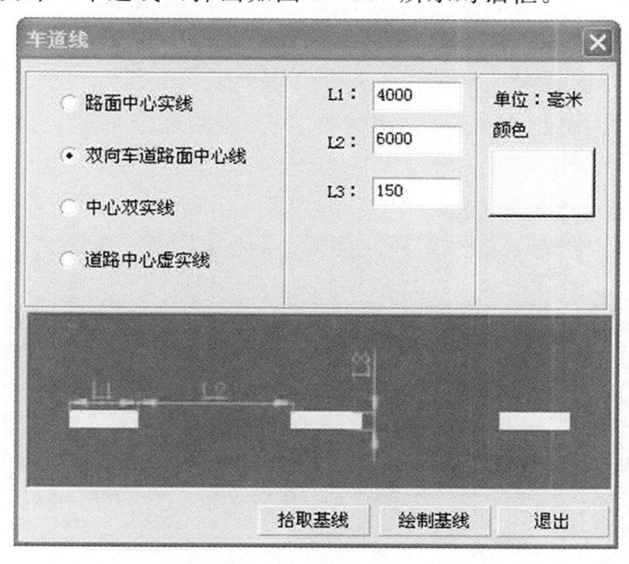

图 5-167 “车道线”对话框

(8)选择“双向车道路面中心线”,弹出如图5-168所示对话框。

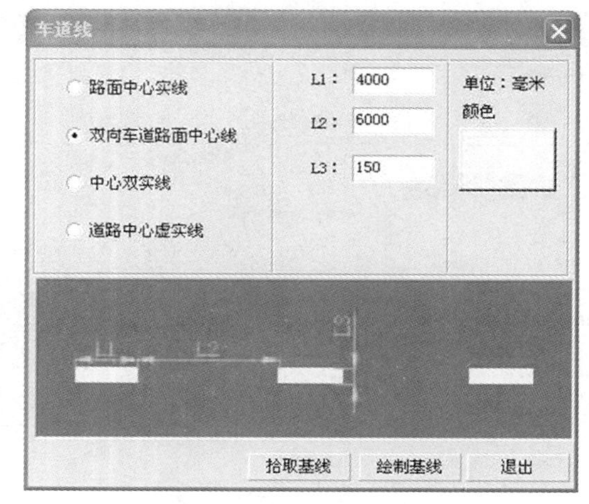

图5-168 “车道线”对话框

(9)选择“拾取基线”按钮,命令行提示:拾取道路中心线 选择实体。

(10)选择道路基线,可连续选择道路基线,生成车道线。

5.关闭三维渲染不必显示的图层

(1)选择缓坡地形部分的草地地块,将其隐藏。

(2)在图层管理对话框中,设置绿地为当前层→全选图层→点击关闭→选择“确认”按钮。

(3)在OpenGL状态下选择地形表示地块的绿地地块。

(4)点击右键菜单“隐藏实体”,则改造地形部分完全露出。

(5)在图层管理对话框中,点击“全选”→打开图标→“确认”按钮。

(6)在图中打开所有图层。

(7)在渲染图中,不必显示二维实体。

(8)在“图层管理”对话框中,选择关闭的图层有:道路基线、道路边界线、层0、自定义等高线、种植轮廓线。

(9)将视图切换为4透视图,生成的图形如图5-169所示。

图5-169 4透视图效果

6. 设置灯光、相机，生成渲染图

(1)设置光源。

设置光源时，可在单视图 Top 上放置，切换为四视图调整光源的空间位置。

①选择“渲染→光源”，弹出如图 5－170 所示对话框。

图 5－170 “光源”对话框

②选择“柱光”光源，命令行提示：起始位置。

③在 Top 视图上点取位置。

④命令行提示：目标位置。

⑤在图中点取位置。

⑥选择四窗口切换按钮，将单视图切换成四视图。

⑦在 Front 前视图或 Right 右视图上，选择光源并拉动起始点调整光源的 Z 值。

说明：因为在 Top 视图上放置的光源，所以光源的 Z 值为 0。

⑧打开属性表按钮，选择柱光光源。

⑨在属性表中的高光半径、衰减半径栏输入修改值，如图 5－171 所示。

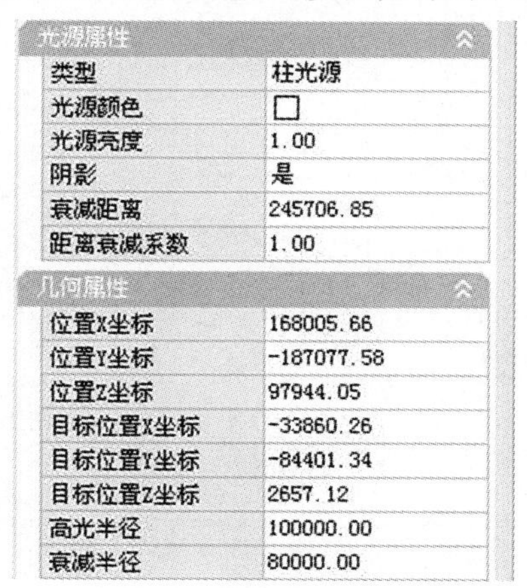

光源属性	
类型	柱光源
光源颜色	□
光源亮度	1.00
阴影	是
衰减距离	245706.85
距离衰减系数	1.00
几何属性	
位置X坐标	168005.66
位置Y坐标	-187077.58
位置Z坐标	97944.05
目标位置X坐标	-33860.26
目标位置Y坐标	-84401.34
目标位置Z坐标	2657.12
高光半径	100000.00
衰减半径	80000.00

图 5－171 光源属性

⑩点击光源颜色栏，弹出色板，选择光源颜色为白色。

⑪在图中显示柱光照射的范围区。

(2)设置相机的位置及调整。其与光源的相似。

①选择“渲染→相机”。命令行提示：指定观察点。

②在图中选择相机位置。命令行提示：指定目标点。

③放置相机的位置最好与光源的位置同方向。

④在第 4 视图的透视图中，鼠标置于 Perspective 文字上，点击右键选择 Camera1 切换为相机视图。

⑤打开属性表，选择相机，属性表的相应显示如图 5－172 所示。

几何参数	
观察点X坐标	137694.80
观察点Y坐标	-227908.86
观察点Z坐标	100773.77
目标点X坐标	16690.86
目标点Y坐标	-89582.20
目标点Z坐标	5.00
观察角	37.50
近剪切面	608.38
远剪切面	608383.92

图 5－172　几何参数

⑥在四窗口的前视图或右视图中调整相机位置。

⑦相机的观察点和目标点坐标，可在图中直接拉动或直接输入坐标值。

⑧拖动相机的同时，在第 4 窗口的相机视图显示调整后的相机视图。

⑨选择视口属性命令，选择背景图像。

⑩选择“种植设计→树调整→调整树图片”，弹出如图 5－173 所示对话框。

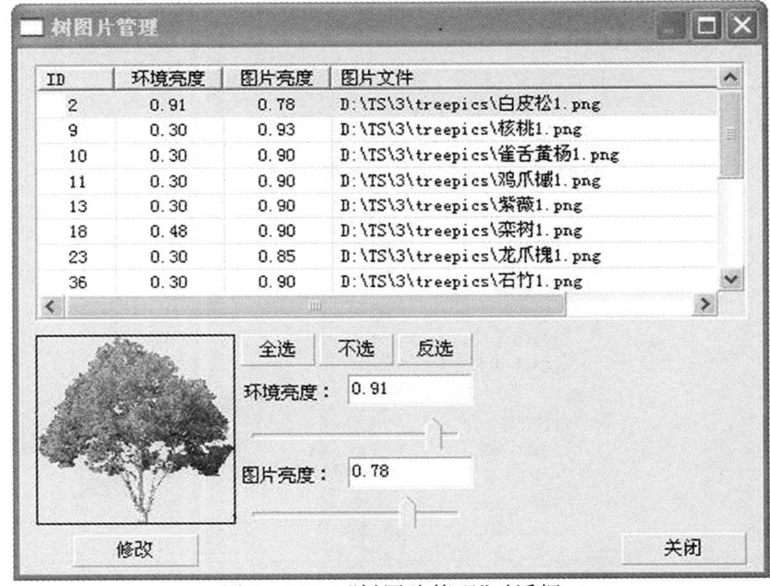

图 5－173　“树图片管理”对话框

⑪选择树图片，在图片亮度栏拖动滑钮，在透视图或相机视图的 OpenGL 状态显示树的明和暗。

⑫在“环境亮度”栏拖动滑钮，在渲染状态显示环境的明暗度。

⑬双击“修改”按钮，可修改树图片。

⑭完成对各个树图片的调整和修改，选择“关闭”按钮，关闭对话框。

(3)插入配景。

①在图中插入配景，如雕塑、人物、石头、交通工具等。

②选择“渲染→配景”，弹出如图 5－174 所示对话框。

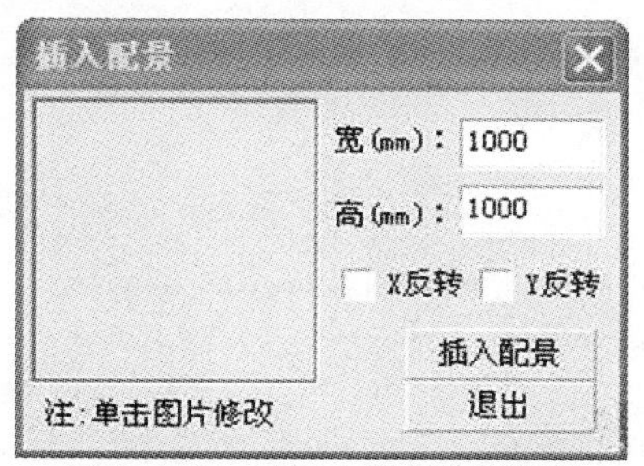

图 5－174 “插入配景”对话框

③单击图片位置，弹出“选择”对话框。

④选择 Garland\配景\标牌旗帜\旗帜 10. png 文件，弹出如图 5－175 所示对话框。

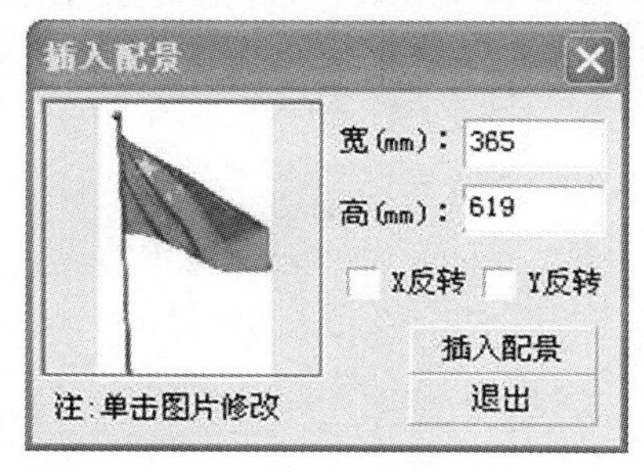

图 5－175 插入文件

⑤在高、宽任意一栏中输入数值，另一数值会按比例变化。输入高 6000mm。

⑥选择“插入配景”按钮，命令行提示：点取插入背景点。

⑦在图中选择位置点插入，如在建筑物的前方插入红旗。

⑧重复以上步骤，分别插入配景。

(4)生成渲染图。

①选择“渲染→三维渲染”，弹出如图 5－176 所示对话框。

②选择“公用设置”项。

③在“输出设置”栏，输入或选择要打印的图片尺寸。

④如果需要按标准图纸大小渲染，可通过“计算器”来计算渲染图的图片尺寸(以像素表示)。点击“计算器”按钮，弹出如图 5－177 所示对话框。

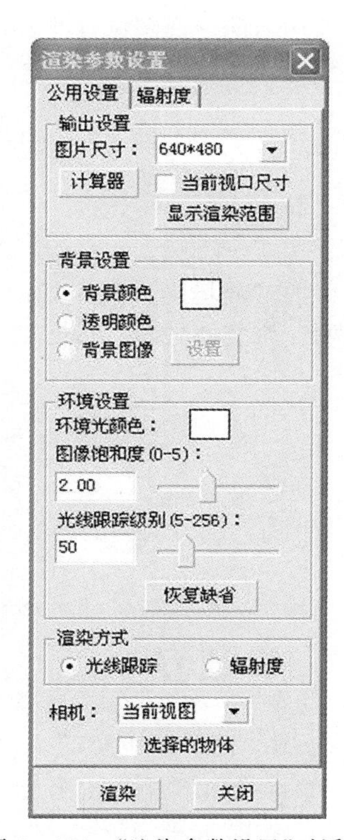

图 5－176 “渲染参数设置”对话框

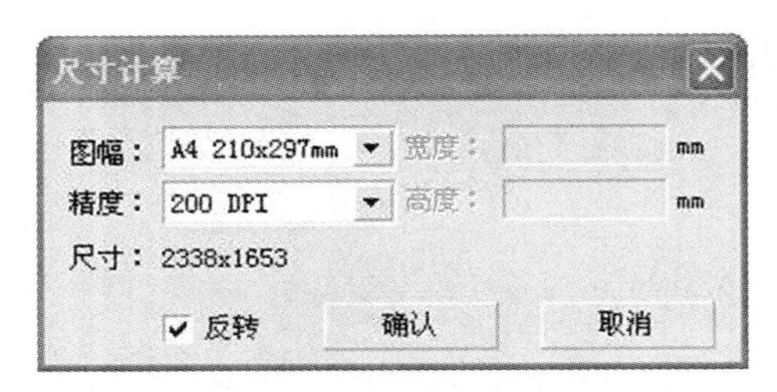

图 5－177 “尺寸计算”对话框

⑤在“图幅”下拉项选择要打印的图纸号 A4，或选择自定义，输入图纸的高度、宽度值。

⑥在“精度”下拉项，选择 200dpi 精度值。

⑦在“尺寸”项显示图纸的大小，选择反转。

⑧选择“确认”按钮，返回“渲染参数设置”对话框。

⑨选择“显示渲染范围”（见图 5－178）按钮，在第 4 视图上显示黄框，表示渲染的范围轮廓。

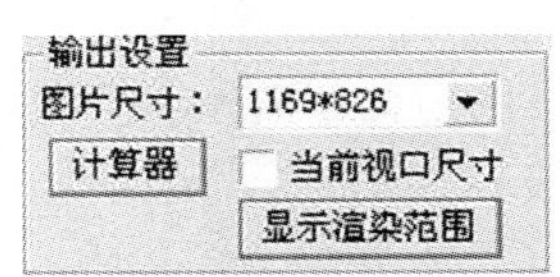

图 5－178 输入设置

⑩在“背景设置”栏，如图 5－179 所示，选择“背景图像”，可点取“设置”按钮重新选择背景，或用当前透视图设置的背景。

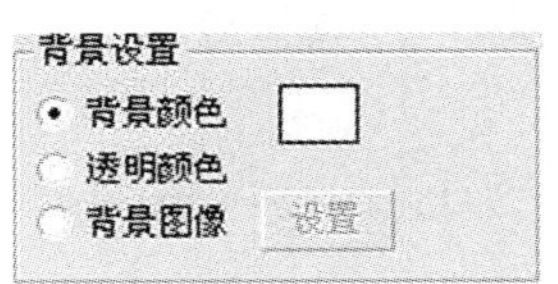

图 5－179 背景设置

⑪在“环境设置”栏，如图 5－180 所示，设置环境光颜色、图像饱和度、光线跟踪级别。或选择“恢复缺省”按钮，恢复到程序设置的缺省值：图像饱和度 2、光线跟踪级别 50。

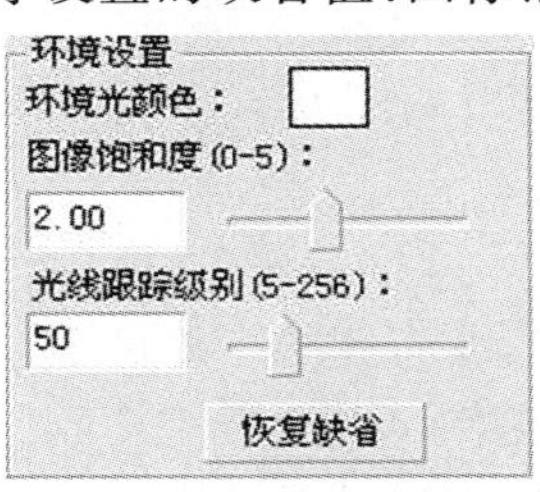

图 5－180 环境设置

⑫在“渲染方式”栏，选择“光线跟踪”方式渲染。

⑬在“相机”栏下拉项，可选择相机视图或选择当前视图。本例中可以选择当前视图。

⑭选择“渲染”按钮，开始渲染。

⑮弹出“分析场景文件”对话框，显示正在渲染。

⑯完成渲染后，对话框显示渲染完毕，并显示渲染时间。

⑰在渲染界面，选择“文件→保存文件”，弹出“保存文件”对话框。

⑱可把文件保存为 *.bmp，*.jpg，*.tga，*.png 格式的文件，并可在 Photoshop 中做后期处理。生成的渲染图如图 5-181 所示。

图 5-181 渲染图

7. 生成动画

设置路径动画，生成动画预览。选择灯光、相机，点击右键菜单的隐藏实体命令，隐藏示灯光、相机等实体。

设置动画路径，实质上是在路径上放置多个相机，相机沿路径生成多个视点，完成动画。

(1)选择“渲染→路径动画”。命令行提示：指定目标点(O)\指定相机位置(E)\设置相机水平向前(F)\设置相机运动方向(B)\回退(U)\〈相机位置〉。

(2)如果不选择命令行或右键的选项，当前默认状态下目标点已经默认为一点(当前视图的中心点)，鼠标点取的位置是放置相机的位置。

(3)在图中用鼠标连续点取相机位置，生成如图 5-182 所示的相机路径。

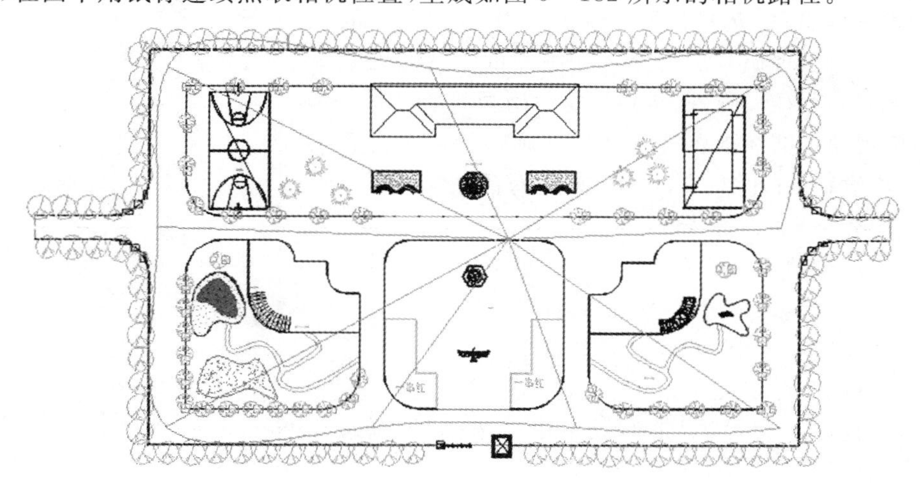

图 5-182 相机路径

图中显示，相机位置沿外侧道路一周，目标点位置在建筑的前方、大门的后方位置。因此需要调整每个相机的位置以及所对应的目标点。

(4)选择四视图按钮，在四视图上实时调整动画路径。

(5)选择动画路径后，点击右键弹出如图 5－183 所示右键菜单。

离散成面
合并三维实体
离散成线
变换区域成面
删除编辑历史
配置
系统工具
编辑工具
移动
复制
旋转
缩放
阵列
删除
手动编辑
Undo
Redo
设置视口属性
减小相机推进速度
增加相机推进速度
视线水平
充满显示选择
视图操作
常用命令
属性
路径设置
交互调整
动画预览
动画录制
顶点编辑
重复 " 动画路径 "
隐藏实体
隐藏未选实体
取消隐藏
锁定实体
取消锁定
反选实体
选择同层实体

图 5－183　右键菜单

(6)选择交互调整，在 TOP 视图中调整相机和目标点的平面位置，分别在 FRONT 视图中调整其对应的高度位置。同时在第 4 视图中显示当前所选相机的相机视图。

(7)逐个调整相机位置及对应的目标点位置。

(8)完成调整后，选择路径动画后点击右键菜单的动画预览命令，表现调整后的路径动画。可以重复以上步骤，反复调整路径动画，以达到所要的动画效果。

(9)设置动画的播放帧数。选择动画路径后点击右键菜单路径设置，弹出如图 5－184 所示对话框。

(10)选择“样条曲线”路径。

(11)在播放帧数栏输入 1000。

(12)选择“预览”按钮，在图中显示动画片。

(13)在播放过程中，可通过命令行上方的播放工具条控制其播放。

(14)选择动画路径，点击右键菜单后选择“动画录制”，弹出如图 5－185 所示对话框。

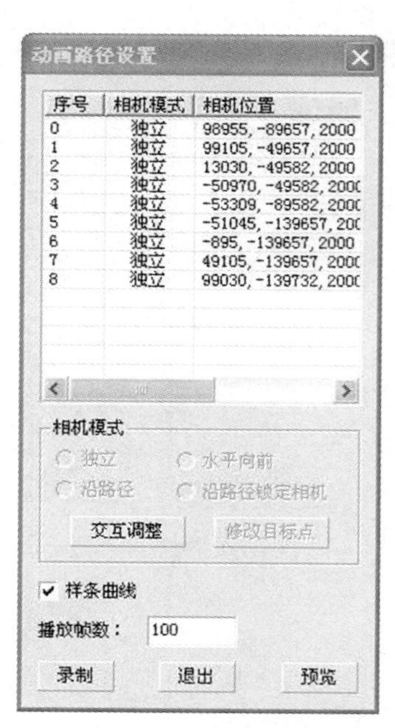

图 5－184　“动画路径设置”对话框

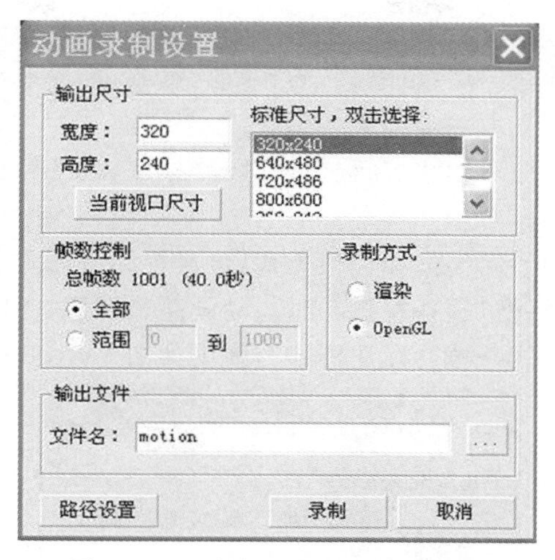

图 5-185 “动画录制设置”对话框

(15)在“输出尺寸”栏，双击标准尺寸 320×240。

(16)在“帧数控制”栏，显示总帧数及时间。

(17)在“录制方式”栏，选择 OpenGL 方式；如果选择“渲染”方式，录制生成的时间较长。

(18)在“输出文件”栏，选择输出动画文件的名称。

(19)选择“录制”按钮，弹出如图 5-186 所示对话框。

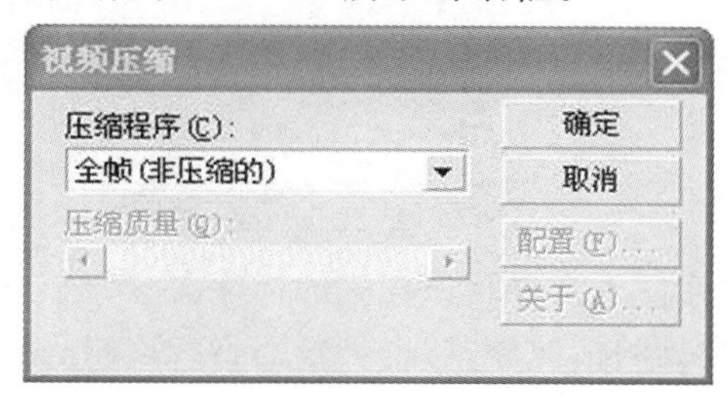

图 5-186 “视频压缩”对话框

(20)选择“确定”按钮，显示动画片录制过程，完成后弹出如图 5-187 所示对话框。

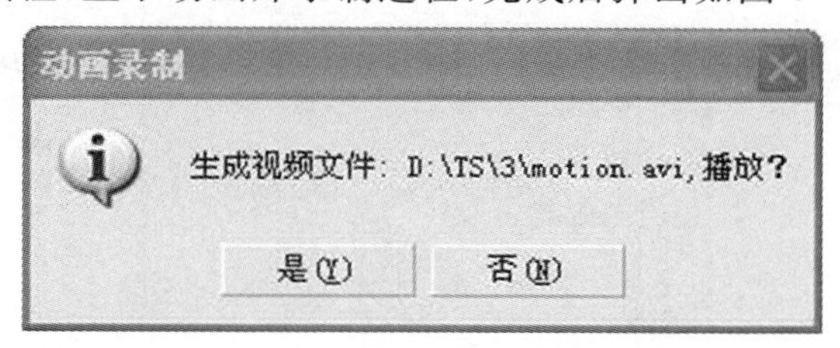

图 5-187 动画录制完成

(21)生成的动画片格式为 *.avi，选择“是”按钮播放片断。

(22)完成播放后，返回“动画录制设置”对话框。

(23)选择“取消”按钮，关闭对话框。

5.6.9 施工图

在园林设计中，施工图是最主要的结果图之一。“佳园”的施工图包括专业标注和专业绘制。

施工图中，关闭各个地块图层：道路、广场、绿地、水域、草坪地被。

1.标注

标注内容有植物标注、地形标注、高程标注、园路标注、坡度标注。

(1)植物标注。

植物标注，根据植物的不同类型和种植方式，可设置标注样式。

①打开“图层管理”对话框，选择相机、光源、动画路径图层，关闭。

②选择“标注→植物标注→植物标注样式”，弹出如图 5-188 所示对话框。

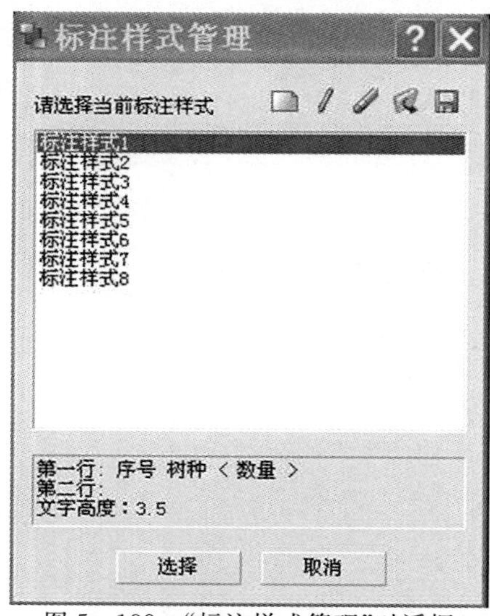

图 5-188 “标注样式管理”对话框

③可选择样式名，在对话框下方显示该样式的标注内容。

佳园软件提供了几种常见的标注样式，也可新建、修改、删除标注样式。

新建标注样式，选择新建按钮，弹出如图 5-189 所示对话框。

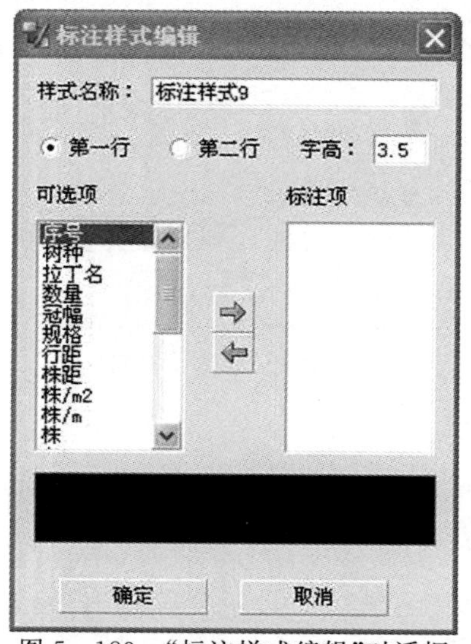

图 5-189 “标注样式编辑”对话框

在“标注名称”栏，输入样式名，如常绿乔木。

在“可选项”栏，双击标注的内容(或选择项目后点击插入⇨按钮)。

在“标注项”显示要标注的内容，其顺序可拖动选项上下放置。

在“标注项”可分别选择标注的第一行、第二行的内容。

在“字高”栏，输入最终打印图纸的文字高度。

选择“确定”按钮，返回“标注样式管理”对话框。

点击“选择”按钮，关闭对话框。

④选择“标注→植物标注→标注植物”命令。命令行提示：请选择要标注的植物[或连线方式(L)]。

⑤选择列植的一个植物符号(列植、片植只需选择其中的一个植物符号就可标注全部植物)。命令行提示：选择种植〈结束选择(F)/回退(B)〉。

⑥在图中可连续选择植物，按回车键或点击右键菜单结束选择。命令行提示：点取引出线引出位置。

⑦在图中点取引出线位置。命令行提示：请点取文字标注位置。

⑧在图中选择标注文字的位置。

⑨如果当前图中没有生成苗木表(生成苗木表后，自动生成序号)，弹出如图5-190所示对话框。

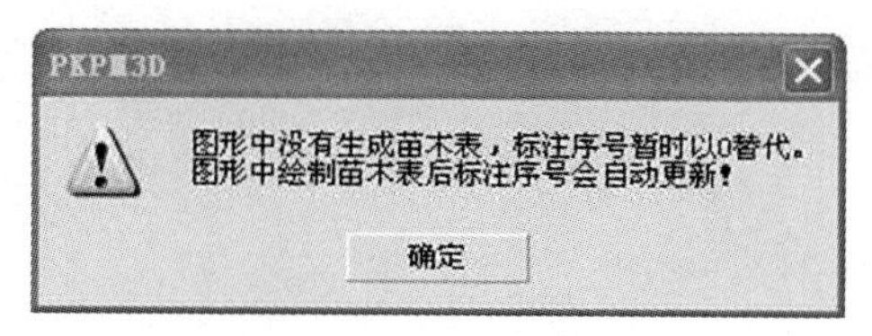

图5-190 “PKPM3D”对话框

⑩选择“确定”按钮，弹出如图5-191所示对话框。

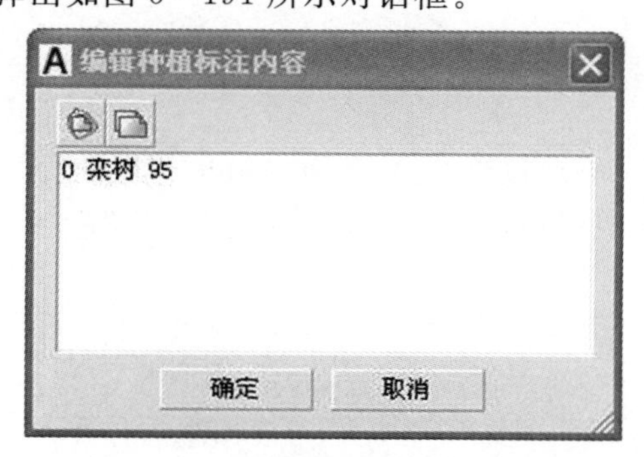

图5-191 “编辑种植标注内容”对话框

⑪按所选标注样式显示，未生成苗木表的序号都用0代替。

⑫点击“确定”按钮，完成在图中的标注。

⑬如果要修改标注样式、文字大小，点击“属性表”按钮。

⑭选择标注文字，在属性表显示如图5-192所示对话框。

几何参数	
内容	多行文字
样式	常绿乔木
字高	3.5

图 5－192　几何参数

⑮点击内容栏内的文字，弹出“编辑标注内容”对话框。

⑯在对话框中可修改文字。

⑰点击样式栏内的样式名，弹出“标注样式管理”对话框。

⑱在对话框中可修改当前标注的样式。

(2)混植标注。

说明：在混植区域内，多个树种配植形成混植。标注时，需要选择所有混植植物，如果混植种植时选择的是种植点和植物轮廓线表示的，标注时应该选择种植点才可正确完成标注。

①选择“标注→植物标注→混植标注”。命令行提示：请选择植物，按下鼠标右键结束选择。

②在图中选择地块 1 中混植区内部的所有种植点。

③点击右键，完成选择。命令行提示：绘制标注引出线　请点取引出线起点位置。

④在图中点取引出线位置。命令行提示：请点取文字标注位置。

⑤在图中选择混植标注的位置，弹出如图 5－193 所示对话框，显示混植的树种及数量。

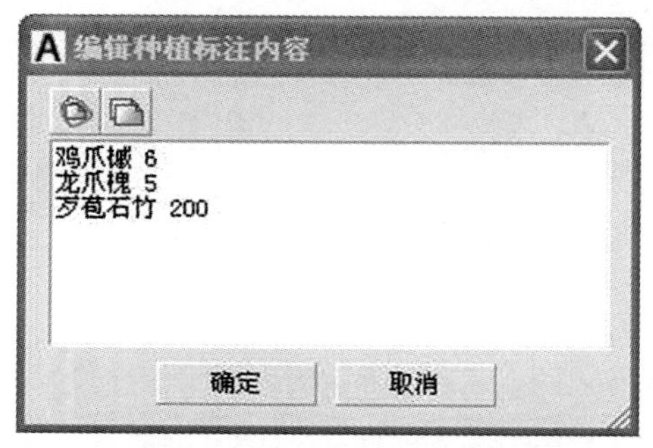

图 5－193　“编辑种植标注内容”对话框

说明：当混植区内，同树种但规格不同，作为不同树种标出。

⑥选择“确定”按钮，完成混植标注。混植标注的图形如图 5－194 所示。

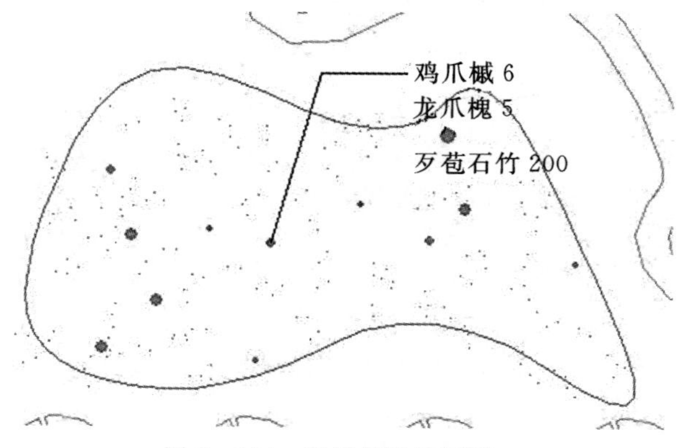

图 5－194　混植标注的图形

⑦要修改标注文字的内容，可在属性表内修改，与“植物标注”内容相同。

(3)标注地形。

①选择“标注→地形标注→标注地形高程”。命令行出现提示：标注地形高程　请拾取地形点　选择子实体。

②选择地块1内地形网格交点。

③按回车键或点击右键。命令行提示：选中点标高值〈－0.370〉。

④输入修改值，按回车键或右键确认，弹出“编辑竖向高程值”对话框。

⑤可在对话框中修改数值。

⑥选择“确定”按钮，关闭对话框。

⑦完成在图中的标注。

(4)标注高程。

①选择“标注→标高标注→建筑室外标高”。命令行提示：请选择室外高程点。

②选择高程点，按回车键或右键。命令行提示：选中点标高值〈15.000〉。

③输入高程数值或按回车键确认，完成图中标注。

④选择“标注→标高标注→建筑室内标高”。命令行提示：请点取要标注的竖向高程点位置。

⑤在图中选择竖向高程位置点。命令行提示：请输入竖向标高位置值(米)。

⑥输入标高值0.5后，按回车键确认。

⑦在图中显示标注符号和位置，命令行提示：请点取标注位置。

⑧在图中拉动鼠标，确定竖向标高的符号方向。

⑨标注高程的图形如图5－195所示。

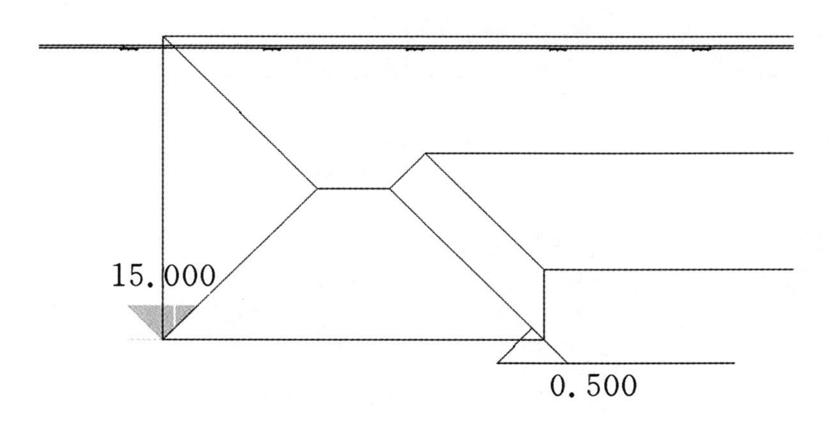

图5－195　标注高程的图形

(5)道路放线。

说明：道路标注方法有两种，等距标注道路基线或边界线的坐标(标定位线)，按参考基线等距标注道路线和基线间的距离(标注园路)。

①在“图层管理”对话框中，选择道路基线、道路边界线，打开图层。

②选择“标注→定位标注→标注定位线”。命令行提示：请选择要标注的边界[选择(&S)/间距(&L)]〈选择边界〉。

③输入 L,命令行提示:请指定标注间距〈5000〉。

④输入 10000,命令行提示:请选择要标注的边界[选择(&S)/间距(&L)]〈选择边界〉。

⑤在图中选择道路基线。命令行提示:请点选定位标注的开始端点。

⑥在图中选择标注的端点,完成标注。

⑦生成的标注定位线图形如图 5－196 所示。

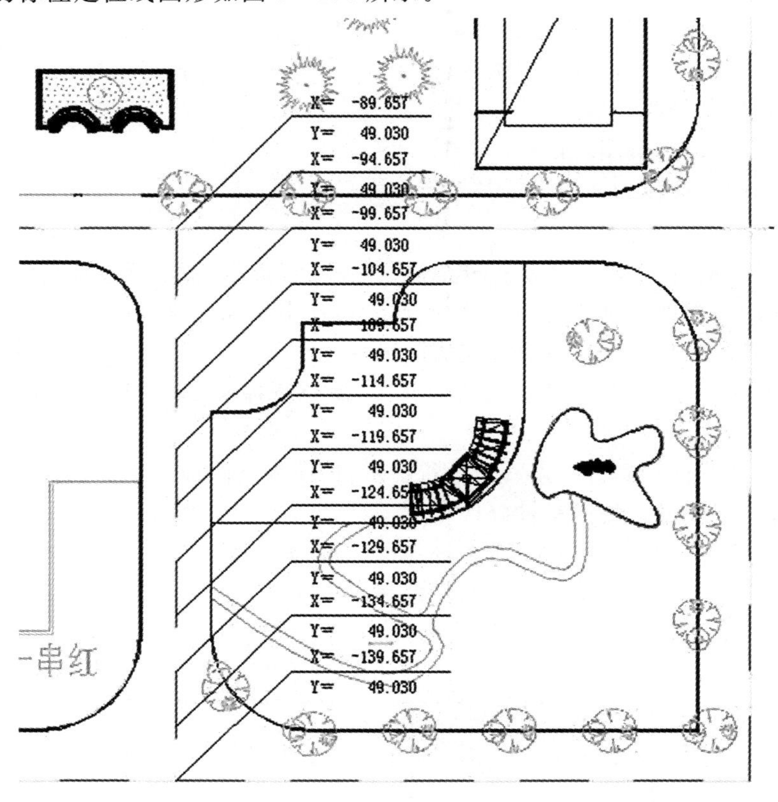

图 5－196　标注定位线图形

标注园路线命令通常用于不规则园路线的定位。

①选择“标注→定位标注→标注园路”,弹出如图 5－197 所示对话框。

图 5－197　“园路定位标注”对话框

②在“基线”栏，点击选择按钮，在图中选择基准线，返回“园路定位标注”对话框。

③在“园路线”栏，点击选择按钮，在图中选择园路线，返回“园路定位标注”对话框。

④在“间距”栏，输入标注间距（基线间的间距值）3000。

⑤选择“标注”按钮，命令行提示：请点取园路线的起始端点。

⑥在图中选择园路的起始端点，完成园路标注。完成图如图5-198所示。

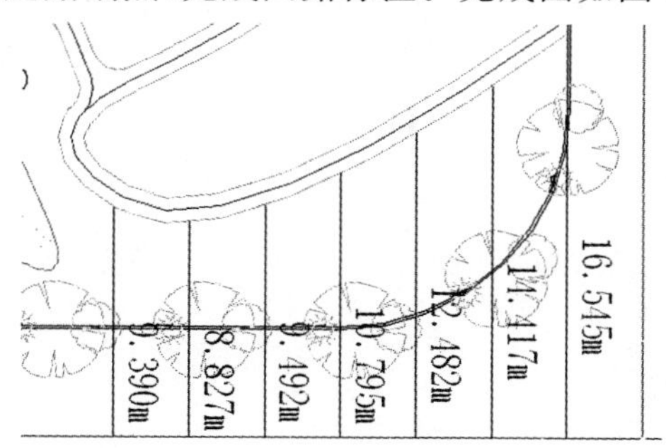

图5-198　完成园路标注图形

注意：基线应为一段折线，不应为闭合直线，可用断开方式预先作打断，或直接划出一根折线。若要修改字大小，在属性表中修改。

(6)竖向标注。

①标注城市道路的排水，用标注排水坡度命令。

a.选择“标注→竖向标注→标注排水坡度”。命令行提示：请在平面上点取标注位置起点。

b.在图中点取标注起点，命令行提示：目标点。

c.在图中点取目标点，命令行提示：请输入排水坡度值〈%〉。

d.输入0.3按回车键确认，在图中标出。

e.在属性表可修改文字大小、坡度值。

②标注大力变坡点的坡度和距离，用标注坡度距离命令。

a.选择“标注→竖向标注→标注坡度距离”。命令行提示：请在平面上点取标注位置起点。

b.在图中点取标注起点，命令行提示：目标点。

c.在图中点取目标点，弹出如图5-199所示对话框。佳园软件，根据选择的起点和终点自动计算出两点间的坡度和距离值。也可在对话框中修改坡度和距离值，选择是否标注距离、是否标注坡度。

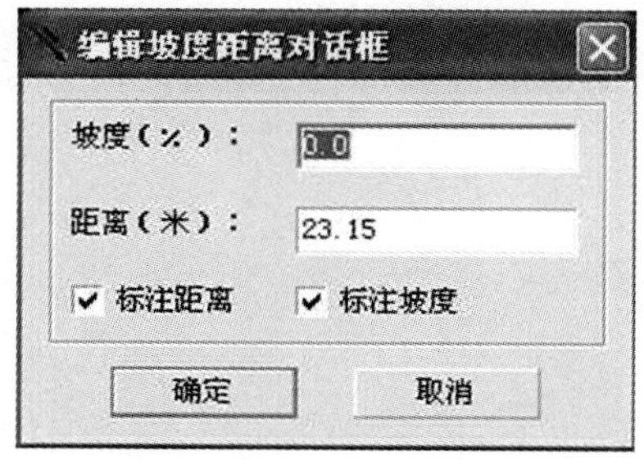

图5-199　编辑坡度距离对话框

d. 选择“确定”按钮，完成在图中的标注。在属性表可修改文字大小、坡度值。生成图形如图 5－200 所示。

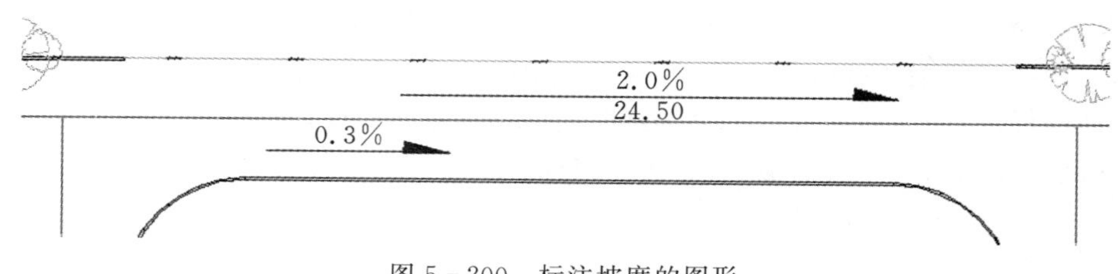

图 5－200　标注坡度的图形

2. 园林绘制

园林绘制，在平面上可绘制不同样式的林缘线，填充草点，绘制碎石路、石块路、台阶道路、游廊、施工网格等。

(1)林缘线。

在种植平面图中，根据不同的树种、种植方式表示植物的林缘线，有多种方式。

①选择“园林绘制→园林线→林缘线”，弹出如图 5－201 所示对话框。

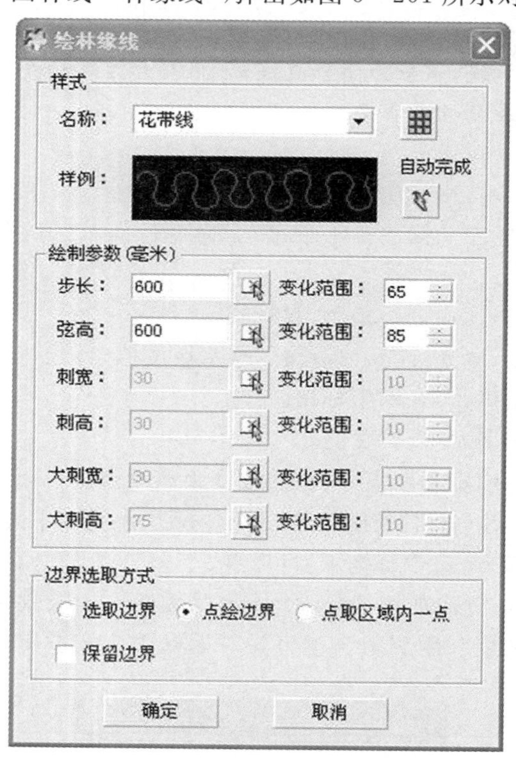

图 5－201　“绘林缘线”对话框

②选择按图形界面选择林缘线类型按钮，弹出如图 5－202 所示对话框。

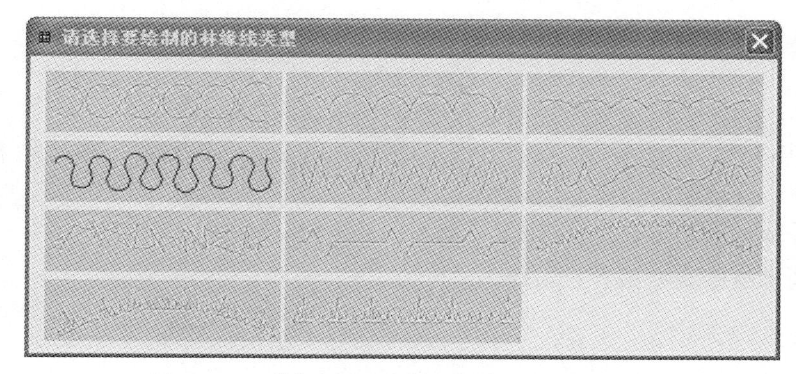

图 5-202 “请选择要绘制的林缘线类型”对话框

佳园软件提供了 11 种林缘线样式，每种林缘线可设置参数，参数间是相互关联的。设定步长值后，点击自动完成按钮，其他相关参数自动生成。

③选择花带线样式，返回“绘林缘线”对话框。

④在“绘制参数(毫米)”项“步长”栏输入花带的步长值。

⑤选择自动完成按钮，佳园软件自动按步长值计算出弦高。

⑥在“边界选取方式”项，选择“点绘边界”选项。

⑦选择“确定”按钮，命令行提示：起点。

⑧在图中画出花带线的路径，按右键或回车键完成。

⑨按命令行提示可连续绘出花带线，按右键或回车键退出。

在属性表中可修改花带线参数：步长、弦高、变化范围。

其他样式的林缘线，操作同上。

(2)绿篱线。

佳园软件可绘制多种样式的林缘线、云线、手绘线。绿篱线是园林施工图中常用的表现方式。

①选择“园林绘制→绿篱”。命令行提示：当前绿篱宽度=1.0 米　绿篱样式=整形式。

②请输入植物名称(用于统计)〈小叶黄杨〉。

③输入小叶黄杨，命令行提示：指定边界起点或[选择边界(B)/宽度(W)/样式(S)]〈选择边界〉。

说明：

边界形式：绘制边界，选择边界 B。

宽度(W)：设置绿篱宽度值。

样式(S)：自然式、整形式绿篱。

④在命令行输入 W 或右键选择宽度(W)。命令行提示：指定绿篱宽度〈1 米〉。

⑤设定绿篱宽度 1.2 米，输入 1.2 按回车键确认。命令行返回提示：绘制绿篱边界或[选择边界(B)/宽度(W)/样式(S)]〈绘制边界〉。

⑥在命令行输入 S。按回车键或按右键选择样式(S)。命令行提示：选择绿篱[自然(N)/整形(E)]〈整形〉。

⑦在命令行输入 E。按回车键或右键选择整形(E)。命令行返回提示：绘制绿篱边界或

[选择边界(B)/宽度(W)/样式(S)]〈绘制边界〉。

⑧按回车键确认绘制边界,命令行提示:起点。

⑨按命令行提示绘出绿篱线的位置。

⑩绿篱线的填充图案、比例、角度,可在属性表中修改。双击属性表中的填充图案,在道路填充图案中可选择落叶绿篱、常绿绿篱。

⑪如上方式绘制的绿篱线,通过生成苗木表显示统计数据。

⑫生成的绿篱图案如图 5-203 所示。

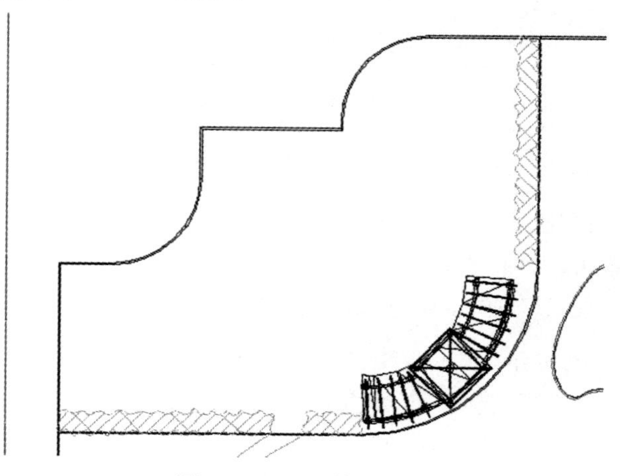

图 5-203　绿篱图案

(3)碎石路、石块路。

园林施工图中要表现碎石路和石块路的,可表现石块的不规则状态。在地块 1 和地块 3 分别绘制碎石路和石块路。

①选择“园林绘制→碎石路”。命令行提示:当前道路宽度=2.0 米。

②指定道路起点或[选择边界(B)/宽度(W)]〈选择边界〉。

③在命令行输入 W。按回车键或点击右键选择宽度(W)。命令行提示:指定道路宽度〈2 米〉。

④输入 1 按回车键,命令行返回提示:指定道路起点或[选择边界(B)/宽度(W)]〈选择边界〉。

⑤在命令行输入 B,按回车键或点击右键选择选择边界(B)。命令行提示:选择边界。

⑥在地块 1 中选择道路基线,生成碎石路。图形如图 5-204 所示。

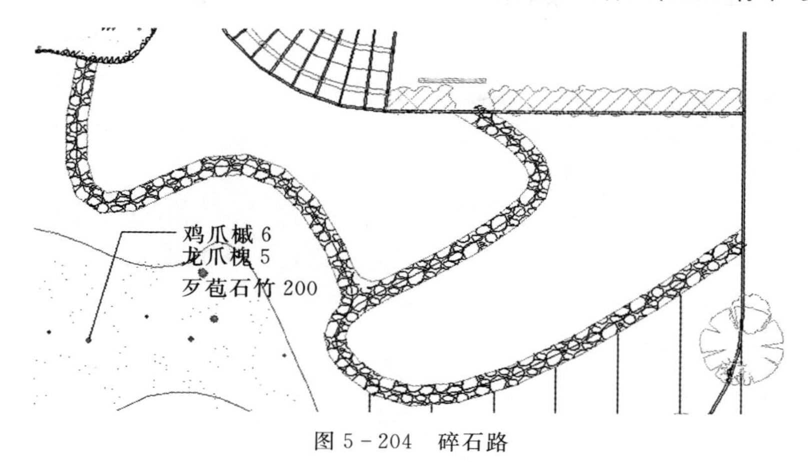

图 5－204　碎石路

⑦选择"园林绘制→石块路"，弹出如图 5－205 所示对话框。

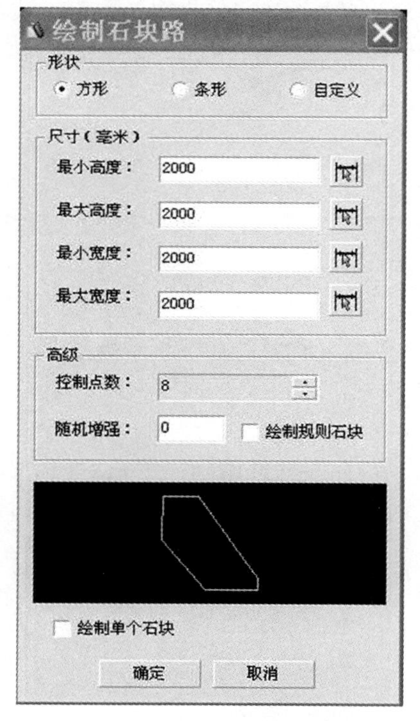

图 5－205　"绘制石块路"对话框

说明：

①石块的形状分为方形、条形和自定义三种。

②绘出的石块在最大和最小高度、宽度间随机变化，生成不规则形状。如果选择"绘制规则石块"，可绘制整齐、规则石块。

③当输入最小高度时，选择方形或条形选项，自动生成方形或条形石块。

④自定义形状的石块，输入最小、最大的高度、宽度值。

⑤每个石块可输入控制点数，使绘出的石块点数不超过一定范围。

⑥在“随机增强”栏输入随机数，增强石块的形状变化。

⑧输入最小高度值，选择方形，其他参数自动按方形生成。

⑨选择“确定”按钮，命令行提示：绘制边界或[选择边界(B)/步长(W)]〈绘制边界〉。

⑩在命令行输入 B，按回车键。命令行提示：选择边界。

⑪在地块 3 中，选择园路的边界线或园路的基线。命令行提示：请点选绘制石块的一侧。

⑫在图中拉动放置石块的侧向，生成石块路。生成石块路如图 5－206 所示。

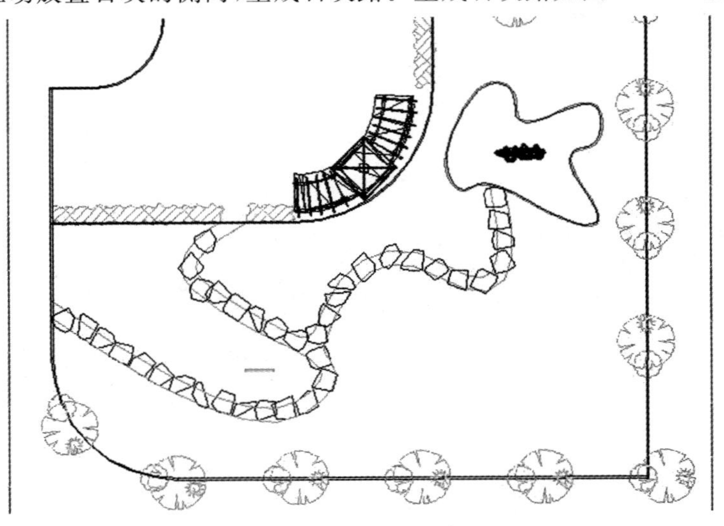

图 5－206　石块路

说明：对有地形的台阶路，在平面表示时，可用“园林绘制→台阶道路”命令，设置参数生成台阶道路。

(4)施工网格。

施工定位要用施工网格表示，佳园软件的施工网格，可表现全部或部分施工网格。

①选择“园林绘制→施工网格”，弹出如图 5－207 所示对话框。

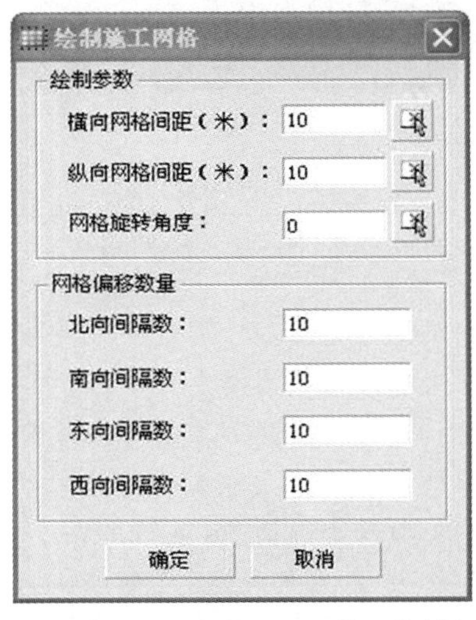

图 5－207　“绘制施工网络”对话框

②在“绘制参数”栏，输入横向、纵向网格间距（米），如 10 米。

③输入网格旋转角度。

④在“网格偏移数量”栏，输入北、南、东、西向间隔数。

⑤选择“确定”按钮，命令行提示：请点取施工网格插入点。

⑥在图中点取施工网格的基点（地块 1 左下角的道路基线交点），即插入点。

⑦打开属性表（按 Ctrl＋1），选择施工网格。在属性表中，可分别修改北、南、东、西向间隔数，行距和列距。

说明：

①间隔数可以为＋、－值，行距和列距以米为单位。

②施工图网格，可在图中拖动网格夹点以调整网格个数和网格位置。

（5）剖切。

施工图中需要表示竖向位置关系，特别是植物和其他模型间的位置关系，佳园软件可自动剖切生成有植物的竖向图。

在剖切前，把要剖切显示的相关图层打开，其余图层关闭。本例中，打开的图层有：柱、连梁、花架条、柱、柱顶灯、墙、栅栏、原始地形、常绿乔木、落叶乔木、种植轮廓线、常绿灌木、落叶灌木、设计地形、路缘石，其他图层关闭。关闭 3ds 有关的图层，其余图层可打开。

①选择“种植设计→定义剖切线”。命令行提示：定义剖切线（S—实体，D—绘制）：〈D〉。

②在图中设计地形处取两点绘制剖切线。

③在图中可直接拉动箭头，可改变剖切方向。

④选择“种植设计→剖切”。命令行提示：选择剖切线段　选择单个实体。

⑤在图中选择剖切线，弹出如图 5－208 所示对话框。

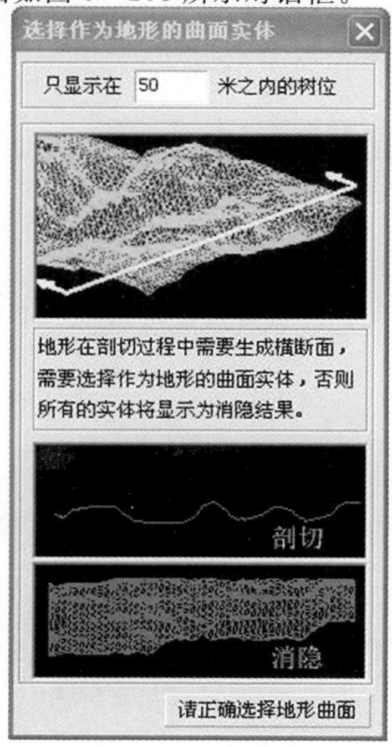

图 5－208　“选择作为地形的曲面实体”对话框

⑥如果图中需要显示剖切地形，需要选择地形曲面；输入剖切后看到的树位距离值100米。

⑦选择“请正确选择地形曲面”按钮，命令行提示：请选择需要剖切的地形或曲面实体。

⑧如果图中没有表示地形的网格或曲面，按回车键确认；在本例中，选择地形网格，按回车键或右键确认；图中弹出进度条以显示当前进程；完成后，在图中点取完成剖切后的竖向图位置。

5.6.10 标注并打印施工图

佳园软件渲染图和施工图在同一平台完成，在软件的图形平台上可直接打印输出施工图。

在完成了园林的专业标注后，要进行必要的基本标注，如：线性标注、标注角度、标注半径、标注面积、标注坐标和引出标注，查改打印比例尺、插入图框等。

①选择“标注→线性标注”。命令行提示：指定第一条尺寸界线原点或〈选择对象〉。

②在图中选择要标注的直线。命令行提示：[文字(T)/水平(H)/垂直(V)/旋转(R)/平行(P)]。

③按选项设置，标注文字的方向和文字内容。

④输入V按回车键，命令行提示：指定尺寸线位置[文字(T)]。

⑤在图中选择标注文字的位置。

说明：选择“标注→标注样式”，可设置尺寸线样式、文字大小。完成标注后，可在属性表修改。

⑥选择“园林绘制→查改比例尺”，弹出如图5-209所示对话框。

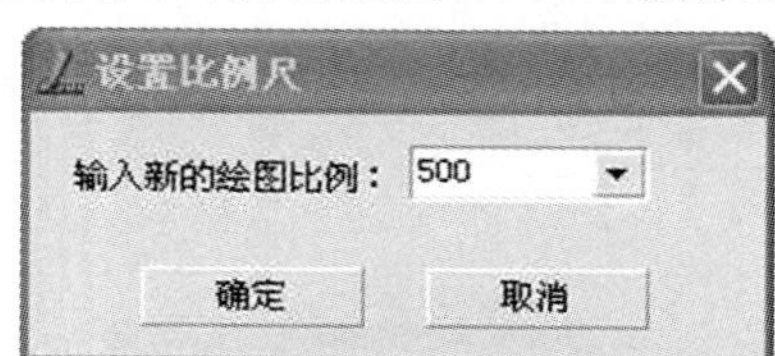

图5-209 “设置比例尺”对话框

⑦选择或输入新比例尺1000，选择“确定”按钮。

说明：比例尺的大小和文字相关。佳园软件设定的文字尺寸为实际打印尺寸。当图中的比例尺变化时，文字随之变化，但实际打印尺寸不变。

⑧选择“园林绘制→插入图框”，弹出如图5-210所示对话框。

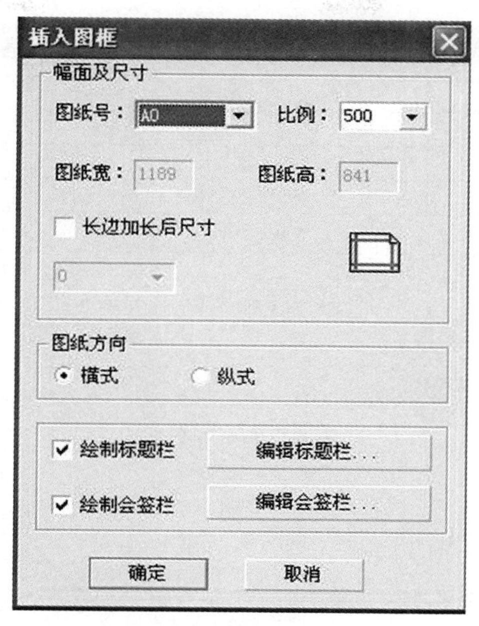

图 5-210 “插入图框”对话框

⑨在“幅面及尺寸”栏，选择图纸号、比例。在“图纸方向”栏，选择横向或纵向。

⑩选择“绘制标题栏”，选择 编辑标题栏... ，弹出如图 5-211 所示对话框。可选择或自定义标题栏。

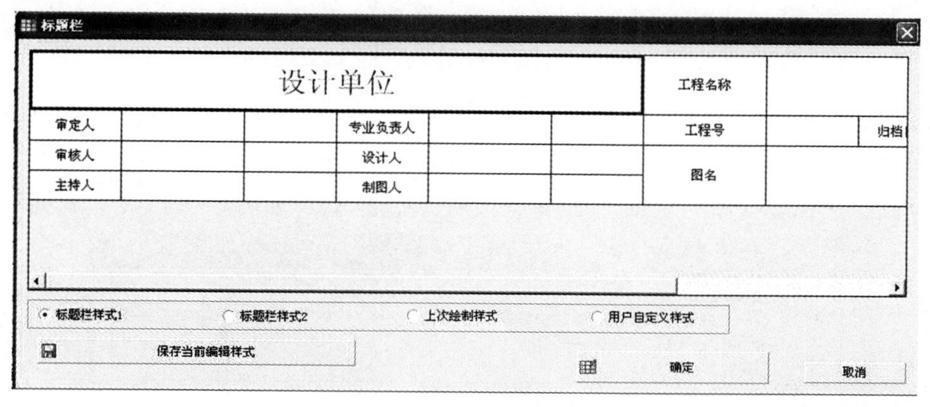

图 5-211 标题栏

⑪选择“绘制会签栏”，选择 编辑会签栏... 按钮，弹出如图 5-212 所示对话框。

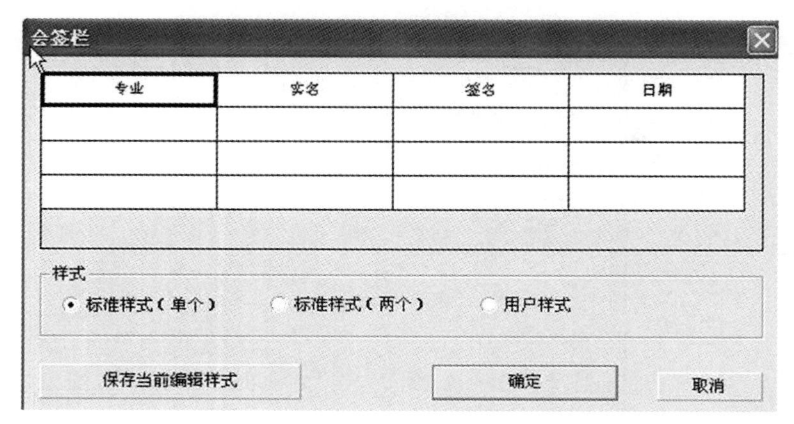

图 5－212　会签栏

⑫可选择或自定义会签栏，选择“确定”按钮。命令行提示：请点取图框左下角插入点。

⑬在图中点取图框左下角点，插入图框。

⑭选择“文件→打印绘图”，弹出如图 5－213 所示对话框。

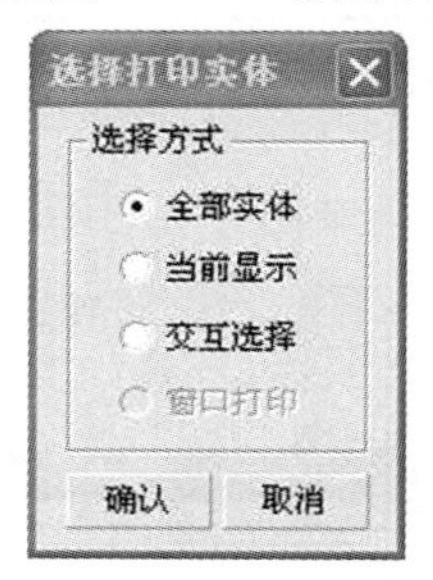

图 5－213　“选择打印实体”对话框

⑮选择“交互选择”，点击“确认”按钮。命令行提示：选择实体。

⑯在图中选择要打印的对象，按回车键或右键完成，弹出如图 5－214 所示对话框。

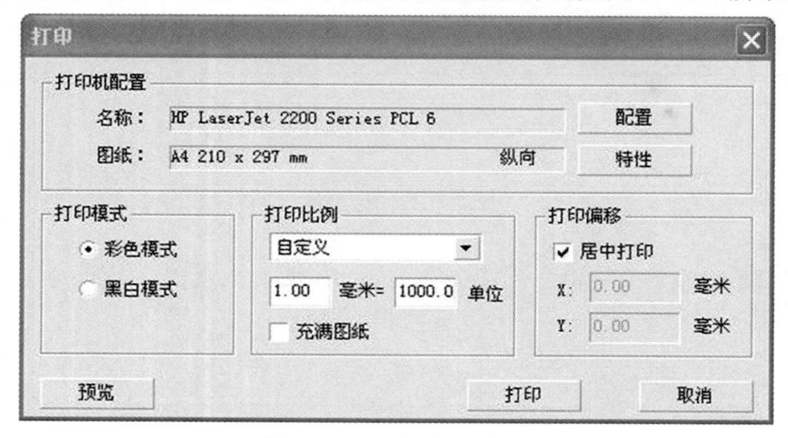

图 5－214　“打印”对话框

⑰在“打印模式”栏，选择“黑白模式”。

⑱在“打印比例”栏，在下拉项选择自定义比例，按上图输入 1∶1000。

说明:如果选择充满图纸方式,则自定义比例无效。

⑲在"打印偏移"栏,选择"居中打印"方式。

⑳在"打印机配置"栏,选择"配置"按钮,弹出如图5-215所示对话框。

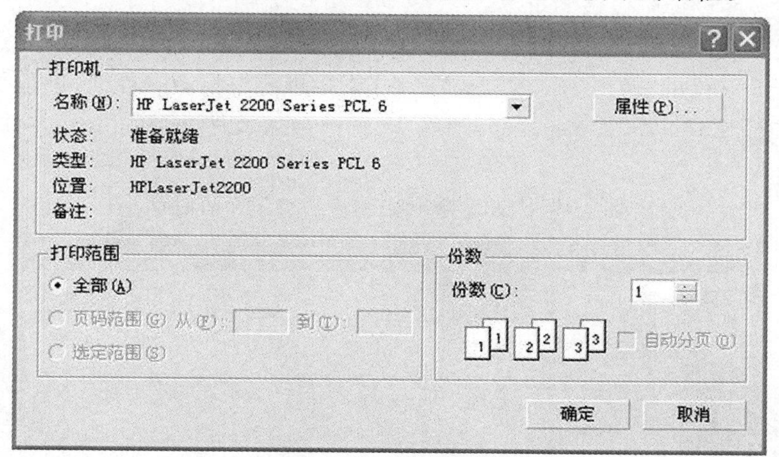

图5-215 打印机配置

㉑在"打印机"栏,选择打印机名称。选择"属性"按钮,弹出如图5-216所示对话框。

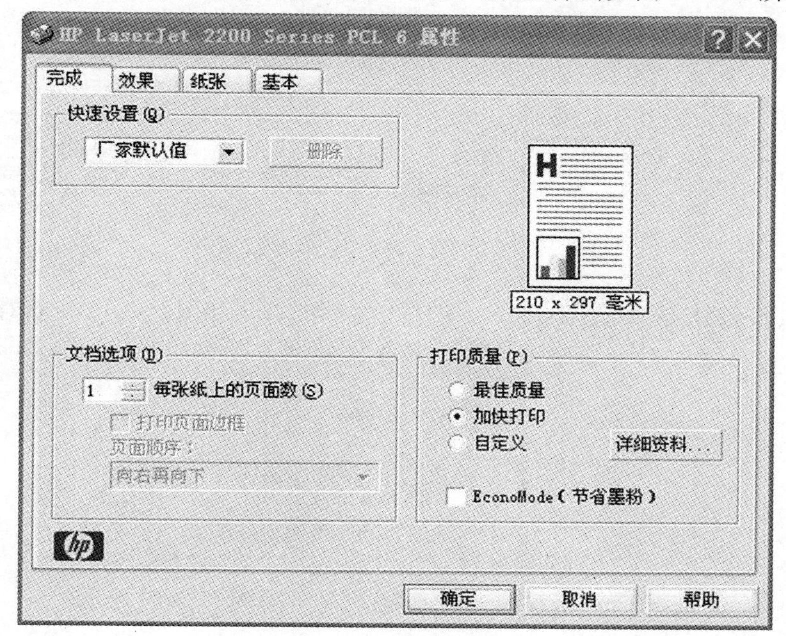

图5-216 属性设置

㉒选择纸张栏,选择要打印的图纸号,并双击图纸方向。

㉓选择"确定"按钮,返回上一级对话框。

㉔最后返回"打印"对话框,选择"预览"按钮,预览显示打印图形。

㉕选择"打印"按钮,打印出图。

5.6.11　二维渲染

二维渲染，用于表现设计方案的平面着色图，输出结果可为矢量图(＊.r2d)或位图(＊.bmp)，在方案设计阶段极为重要。

1. 进入二维渲染

可通过佳园软件的“输出到二维渲染”命令，直接进入二维渲染界面，进行平面着色的操作。也可以先打开 render2d.exe 程序，通过“文件→导入文件→导入 glrd 文件”命令导入之前保存的＊.glrd 文件。

(1)选择“文件→输出到二维渲染”，弹出如图 5－217 所示对话框。

图 5－217　“另存为”对话框

(2)在“文件名”栏输入“平面图”，选择“保存”按钮，弹出如图 5－218 所示对话框。

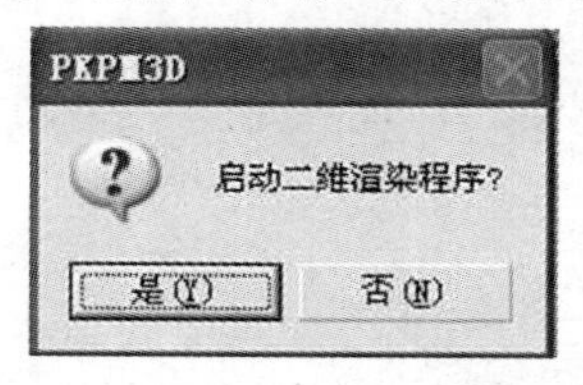

图 5－218　是否启动二维渲染程序

(3)选择“是”按钮，将视图切换到二维渲染程序中，如图 5－219 所示。

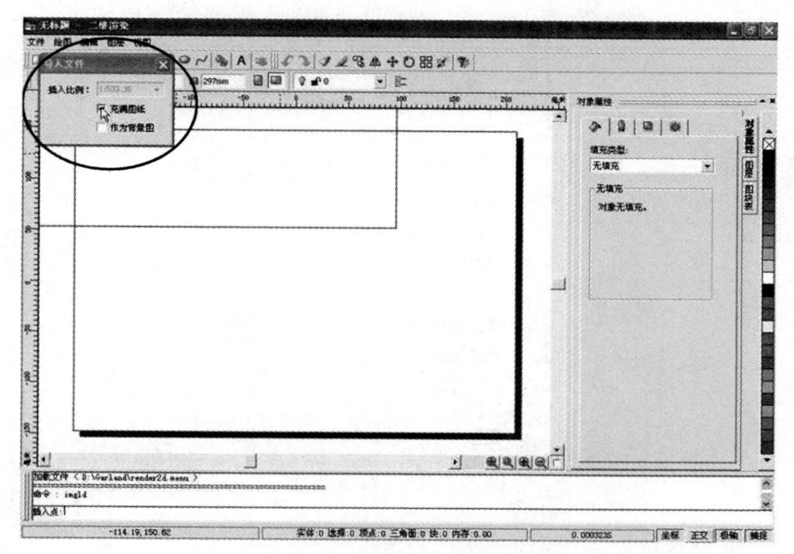

图 5-219　二维渲染

(4)选择“充满图纸”栏，将图形插入到相应位置。完成如图 5-220 所示。

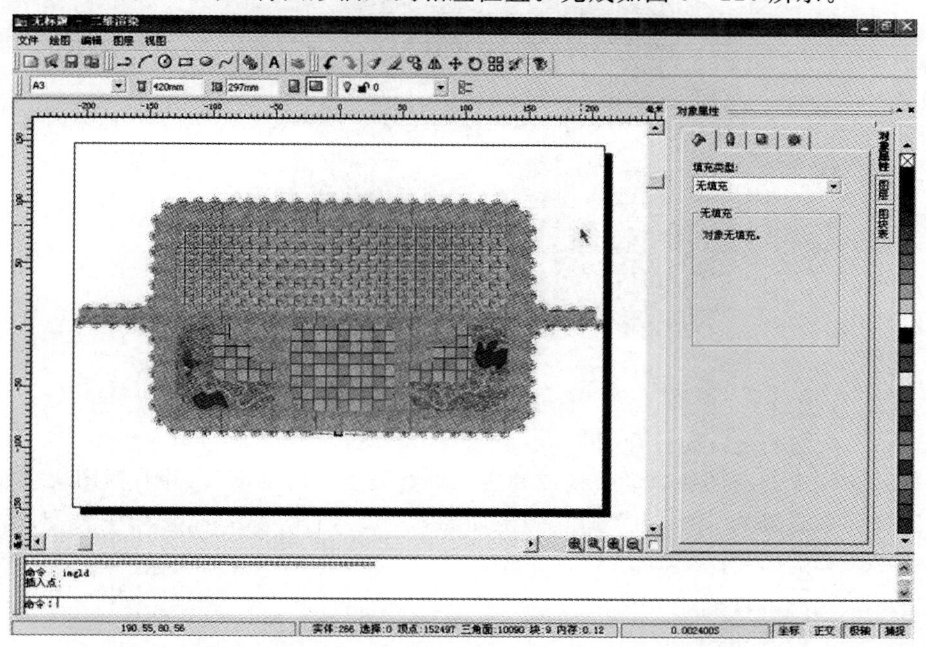

图 5-220　完成二维渲染

2.调整显示顺序

通过选择实体或选择某一图层上的所有实体，从而更改对象的叠放顺序，表现前后叠加的效果。

(1)在图中点选“广场”实体，选中后单击鼠标右键，弹出如图 5-221 所示右键菜单。

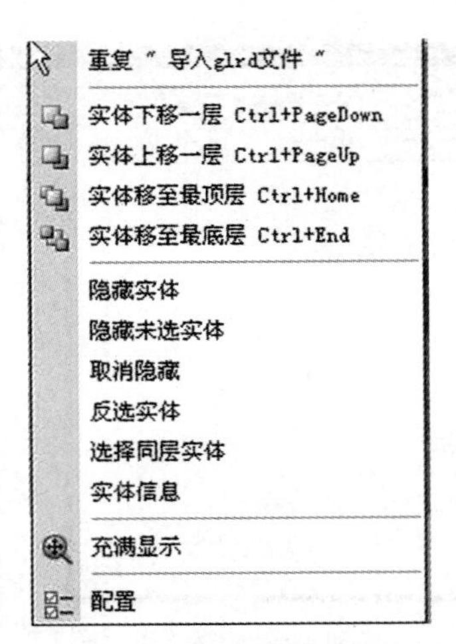

图 5 - 221　右键菜单

(2)选择“实体移至最底层”选项。

(3)用同样的方法分别将道路、绿地都下移一层。如图 5 - 222 所示。

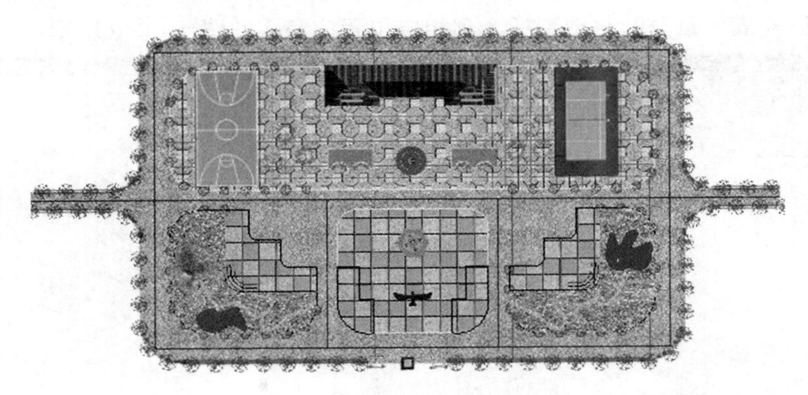

图 5 - 222　调整显示顺序

3.编辑图块——替换植物平面

将佳园软件中的树图块自动替换成利用二维渲染表现的树图片,并对树图块进行编辑。

①选择屏幕右侧的“图块表”按钮,弹出如图 5 - 223 所示对话框。“图块表”对话框中显示该工程中所有的植物。

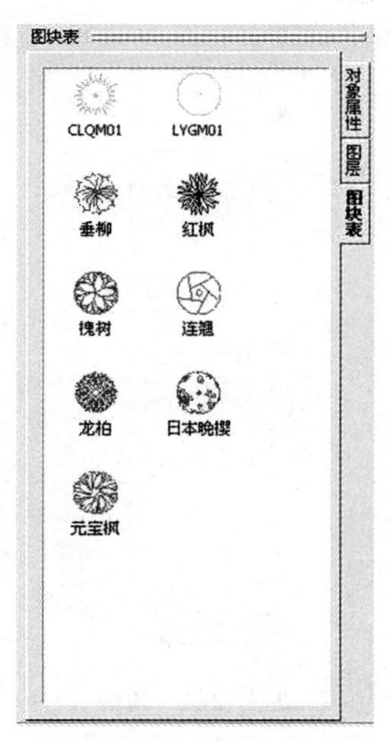

图 5-223 “图块表”对话框

②在“图块表”中选择“垂柳”，单击鼠标右键弹出右键菜单，如图 5-224 所示。

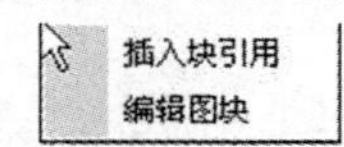

图 5-224 右键菜单

③选择“编辑图块”命令，进入图块编辑界面，如图 5-225 所示。

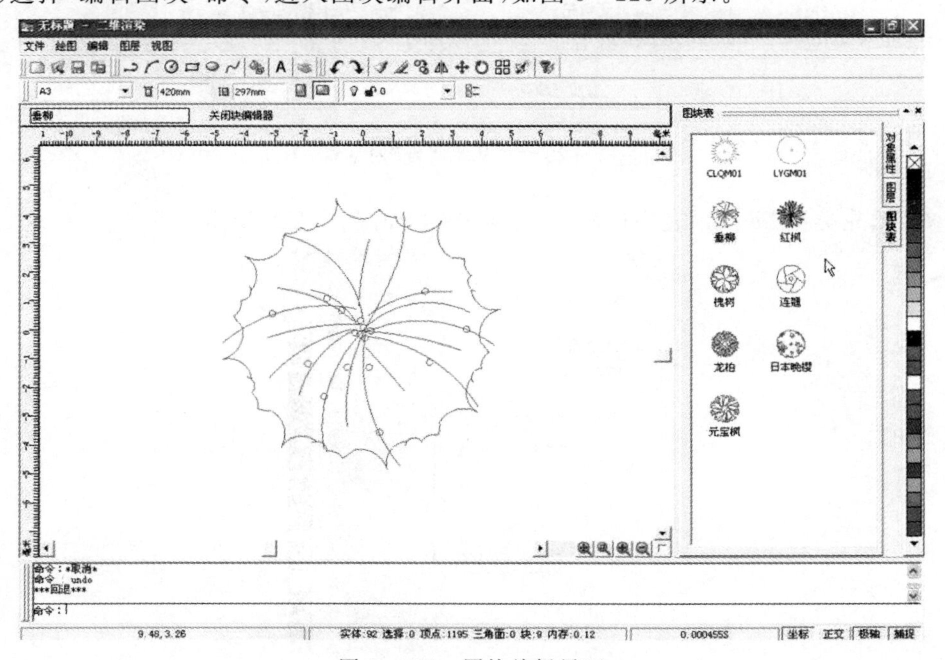

图 5-225 图块编辑界面

④选择“文件→圆”命令，以图中植物中心点为圆心，植物大小为半径画圆，如图 5-226 所示。

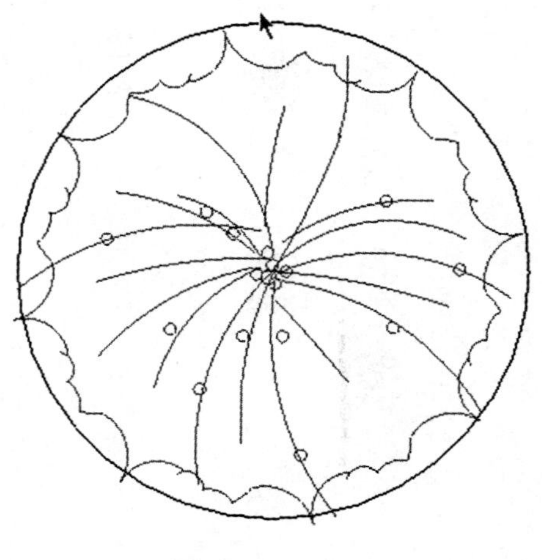

图 5-226　画圆

⑤将图 5-226 中植物图素删除，只保留绘制的圆。

⑥选中图 5-226 中的圆，点击屏幕右侧“对象属性”按钮，切换到“对象属性”对话框，如图 5-227 所示。

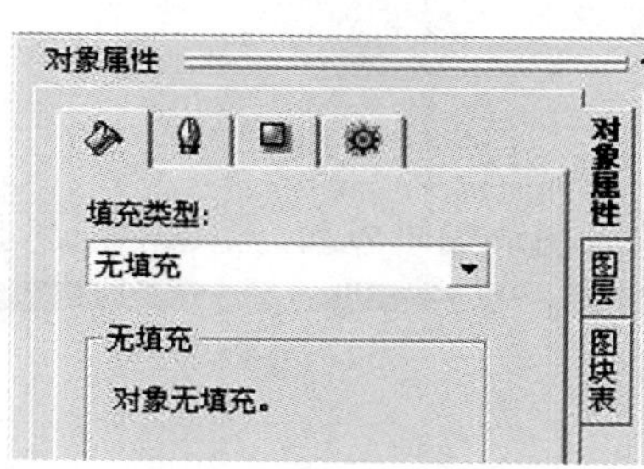

图 5-227　“对象属性”对话框

⑦在“填充类型”下拉列表中选择“图片填充”。如图 5-228 所示。

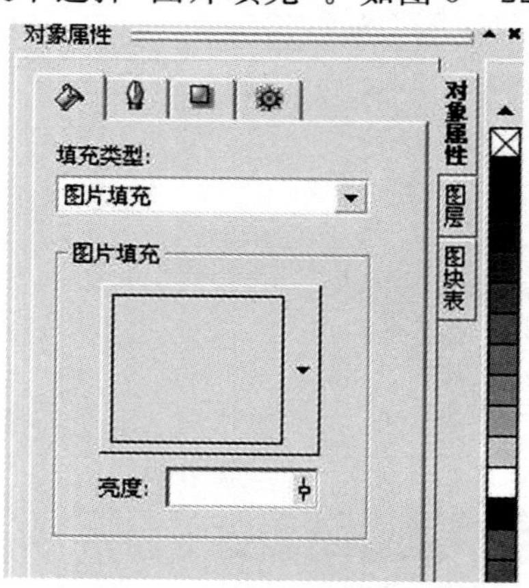

图 5-228　选择“图片填充”

⑧点击"图片填充"按钮，弹出如图 5－229 所示对话框。

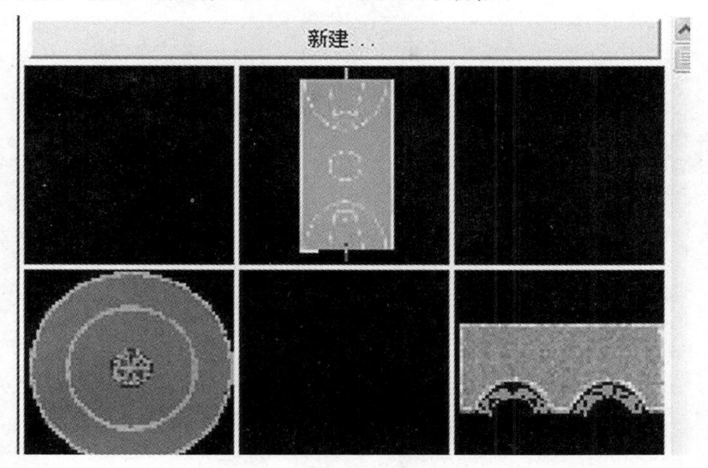

图 5－229　新建

⑨点击"新建"按钮，弹出如图 5－230 所示对话框。

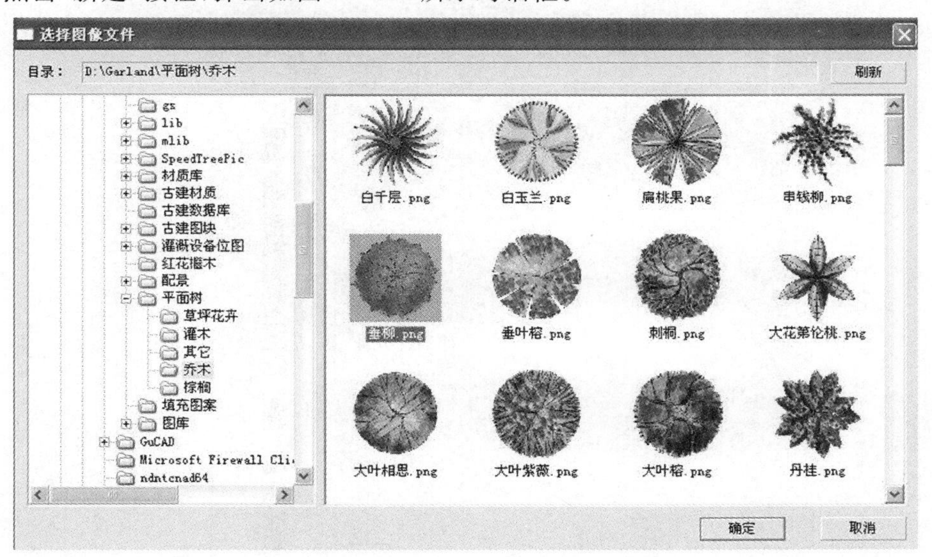

图 5－230　选择图像文件

⑩在"D\:Garland\平面树\乔木"路径下选择植物图片"垂柳.jpg"。

⑪点击 按钮，弹出如图 5－231 所示对话框。

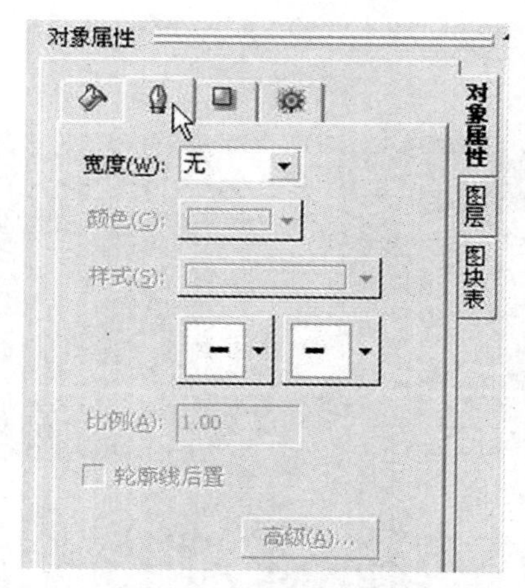

图 5－231　属性设置

⑫在“宽度”下拉项中选择“无”。

⑬选择 按钮，弹出如图 5－232 所示菜单。

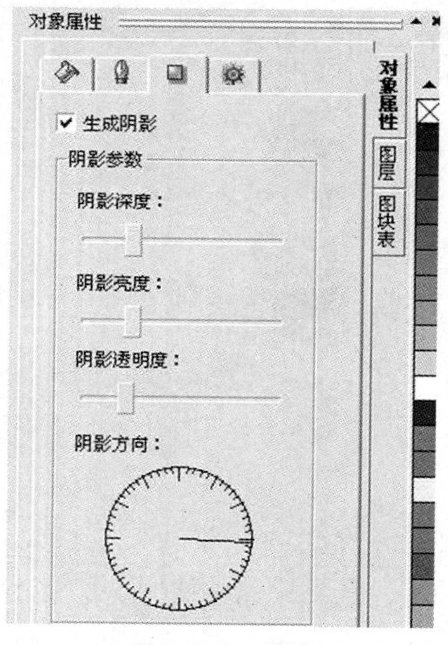

图 5－232　阴影

⑭在“阴影参数”栏中调整阴影深度、阴影亮度、阴影方向等参数。

⑮调整完成后，通过水平工具条中的“关闭块编辑器”按钮，关闭编辑界面。

⑯用同样的方法编辑其他的植物，完成图如图 5－233 所示。

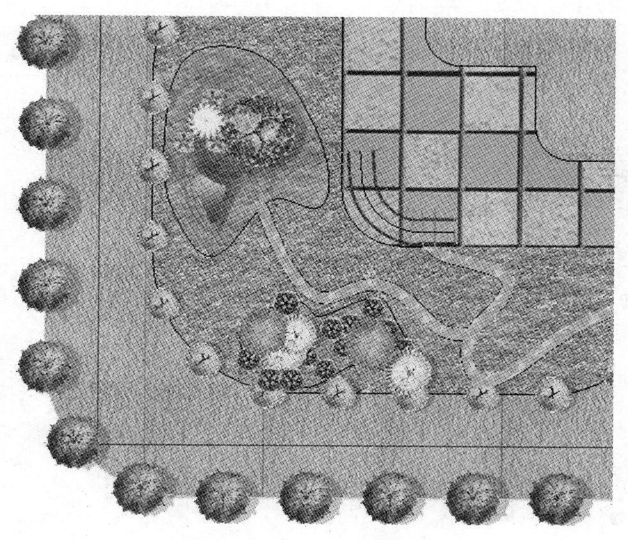

图 5-233　完成效果

同上，在选中要编辑的树图块后，也可以进行渐变填充。

①在屏幕右侧对话框中选择 CLQM01 植物平面，通过右键“编辑图块”命令进入图块编辑界面，如图 5-234 所示。

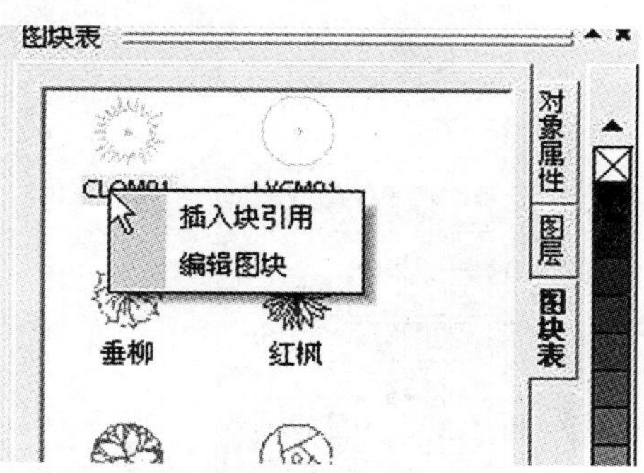

图 5-234　进入图块编辑界面

②选中编辑的图块如图 5-235 所示。点击屏幕右侧“对象属性”按钮，切换到“对象属性”对话框。填充类型选择渐变填充，如图 5-236 所示。

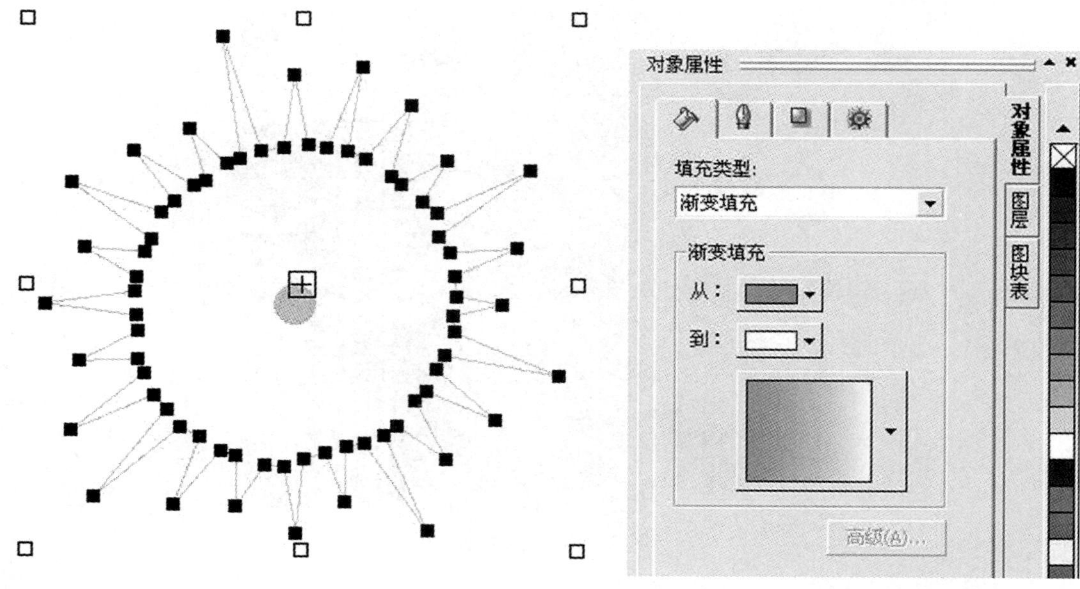

图 5－235　选中图块

图 5－236　选择渐变填充

③点击从: 弹出下拉列表，如图 5－237 所示，选择相应颜色。

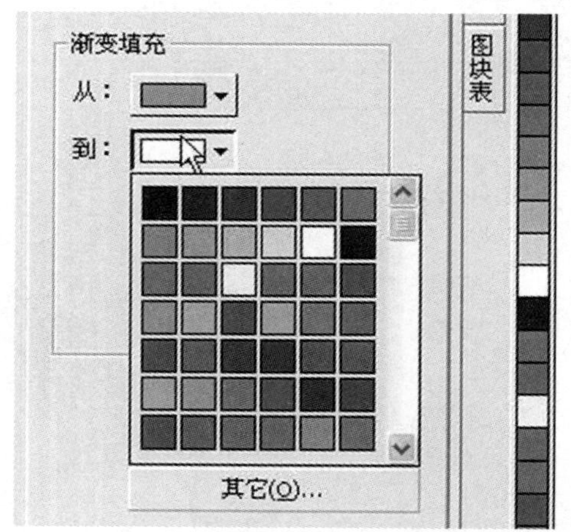

图 5－237　颜色列表

④同理，在到: 中调整渐变颜色。

⑤点击 按钮，弹出如图 5－238 所示下拉对话框，从中选择渐变方式。

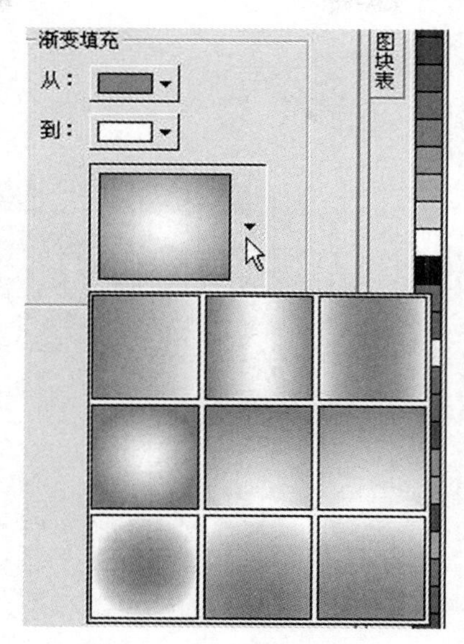

图 5-238　选择渐变方式

⑥填充完成，如图 5-239 所示。

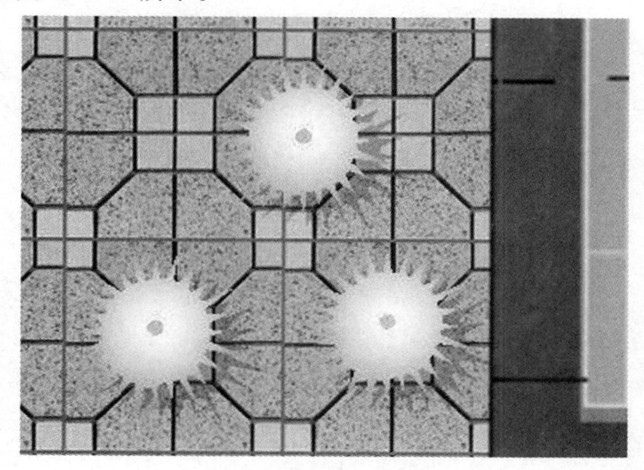
图 5-239　渐变填充效果

4. 其他着色处理

可选择区域内部任一点，自动搜索区域边界，完成均匀填充、渐变填充和图片填充。

(1)选择"绘图→智能填充"命令，命令行提示：在所需区域内点取一点。

(2)在图中花池内部点取一点并选中，如图 5-240 所示。

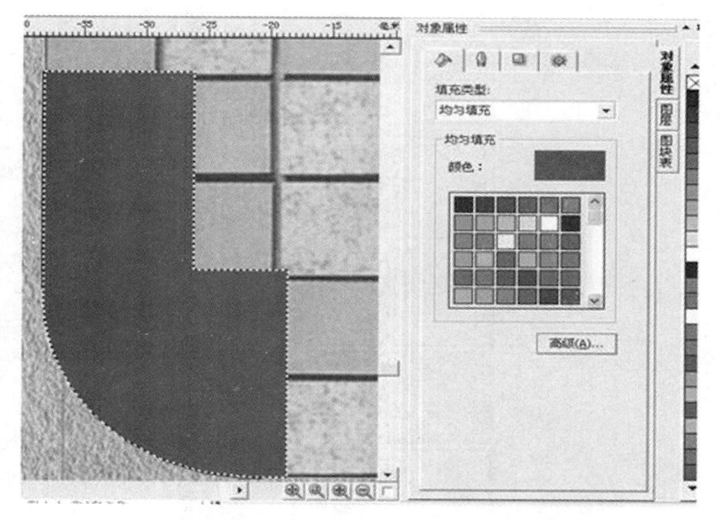

图 5 - 240　选中区域

(3)在“填充类型”下拉列表中选择“图片填充”,如图 5 - 241 所示。

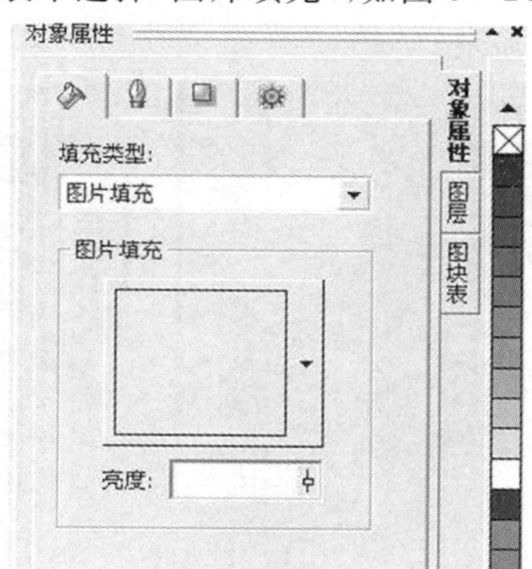

图 5 - 241　选择“图片填充”

(4)点击“图片填充”按钮,弹出如图 5 - 242 所示对话框。

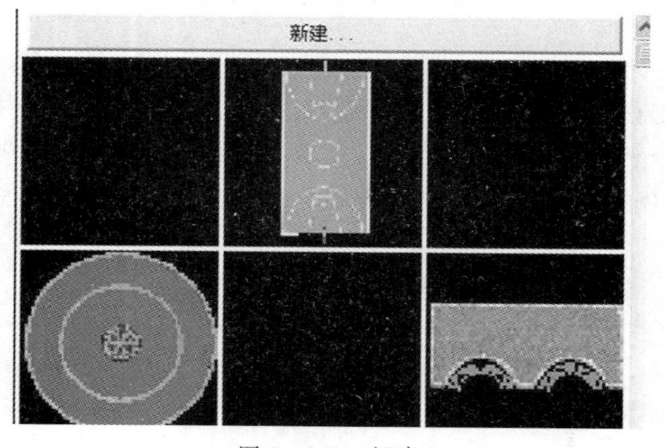

图 5 - 242　新建

(5)点击“新建”按钮，弹出如图 5-243 所示对话框。

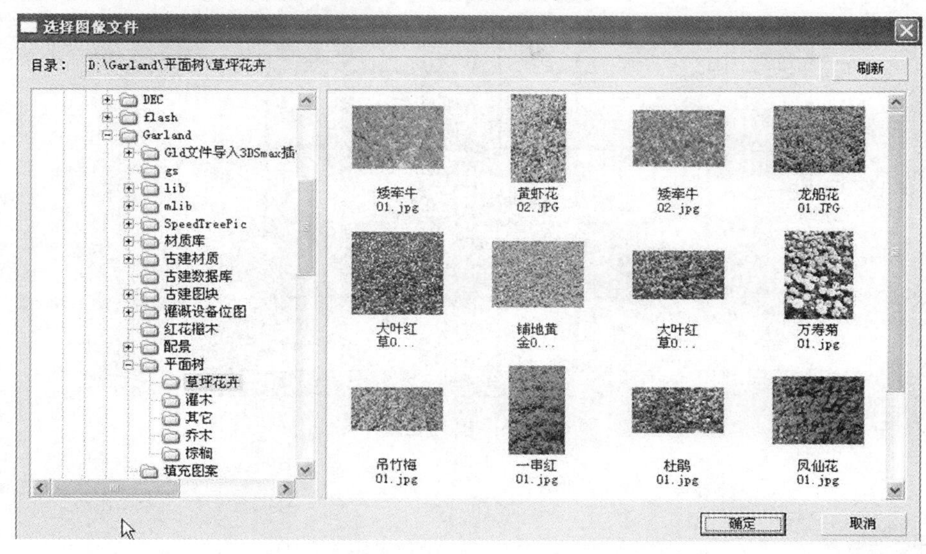

图 5-243　选择图像文件

(6)在“D\:Garland\平面树\草坪花卉”路径下选择植物图片“矮牵牛.jpg”。

(7)选择“确定”按钮完成选择。

(8)选择 ，弹出如图 5-244 所示对话框。分别调整计算方式、水平参数、垂直参数等参数，如图 5-244 所示。

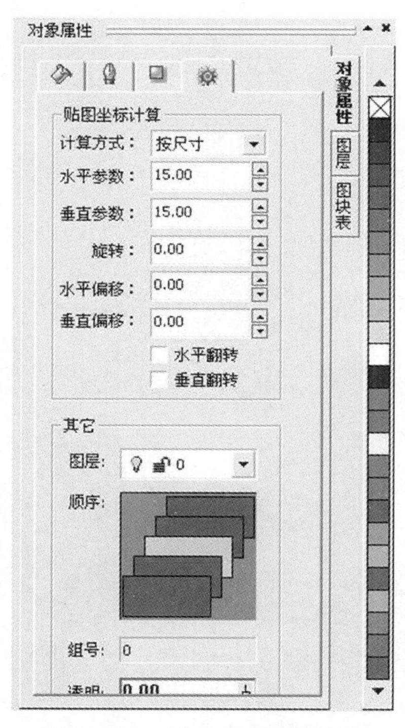

图 5-244　图片填充属性设置

(9)用同样的方法填充其他的花池、水域等。完成效果如图 5－245 所示。

图 5－245　填充完成效果

第6章 园林工程BIM模型综合与应用

教学导入

对BIM模型按照专业拆分建模，模型绘制完成后，使用链接功能将模型整合到一个项目文件中，从而形成完整的工程模型。

学习要点

- BIM建模的专业划分
- 各专业BIM模型的整合

6.1 园林BIM模型综合

6.1.1 主导专业的确定

在园林工程中往往由于项目需要，对模型按照不同专业进行拆分。这样不仅可以提高建模的效率，同时也能避免由于项目模型过大而导致的机器卡顿现象。模型绘制完成后，首先确定一个主导专业（一般以景观工程场地设计为主导），再由各项目负责人将各专业、区域模型整合到一个项目文件中，而整合的方式就是使用Revit的链接功能完成。在进行模型整合的过程当中，由于主模型与链接模型之间的协调，需要经常对链接模型进行编辑，但由于Revit软件的限制，如果想要对链接模型进行编辑的话，需要进行多次操作才能完成。

打开可见性图形，在模型类别中勾选场地中的项目基点和测量点，设置各专业中的同一轴线为项目基点和测量点，为模型链接做准备，如图6-1所示。

图6-1 勾选项目基点和测量点

6.1.2 各专业的模型综合

目前,工程上以链接模型的编辑操作来完成模型综合。具体步骤如下:

(1)重新打开项目文件,或者在主模型中卸载掉当前的链接文件,如图6-2所示。

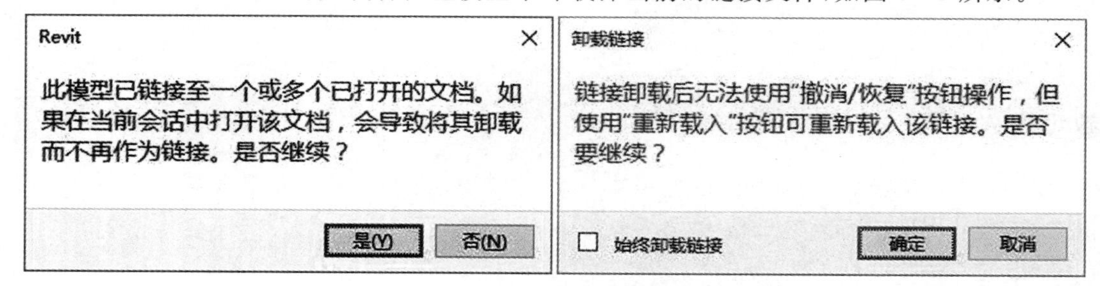

图6-2 卸载链接

(2)使用Revit单独打开链接模型并进行修改,保存,关闭。

(3)打开主模型文件。

(4)再次加载链接模型。

各专业模型分别如图6-3至图6-7所示。

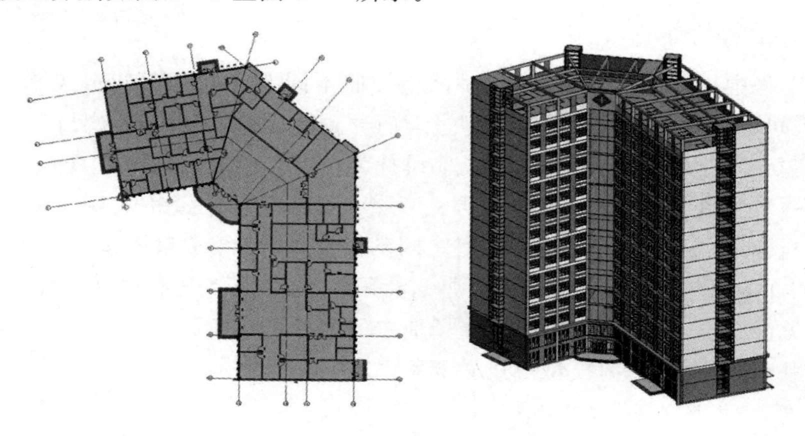

图6-3 建筑专业模型

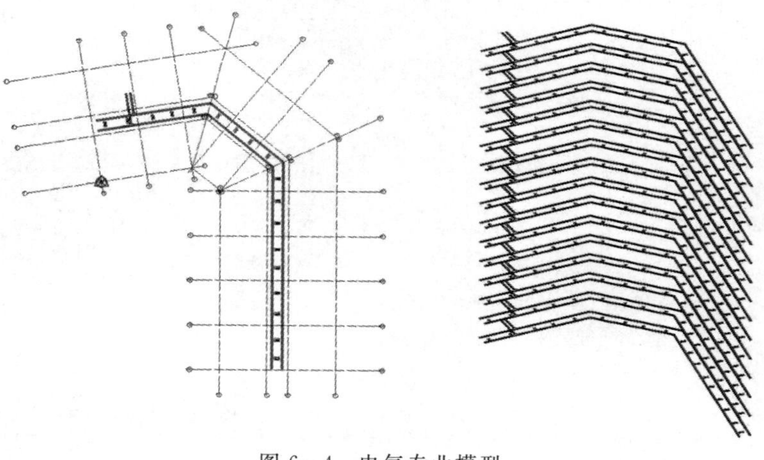

图6-4 电气专业模型

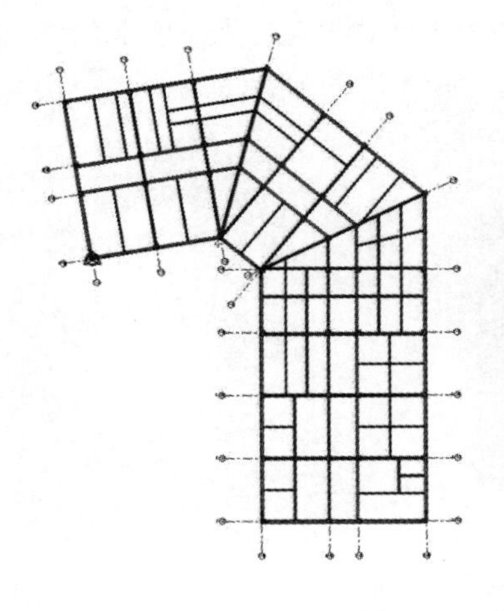

图 6-5　结构专业模型

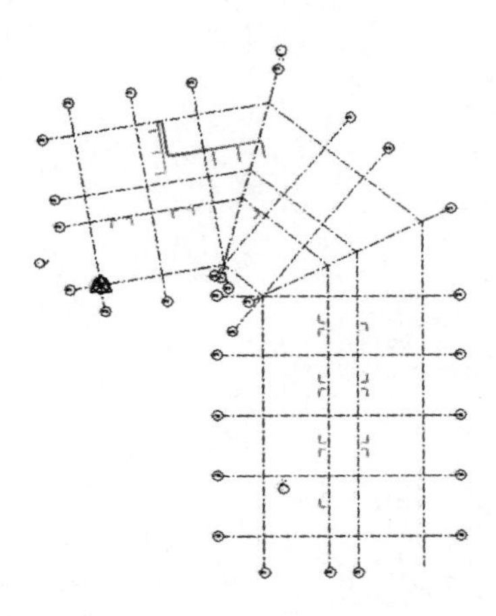
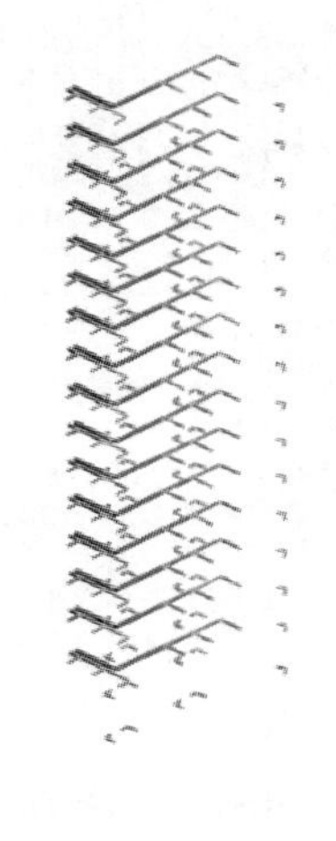

图 6-6　暖通专业模型

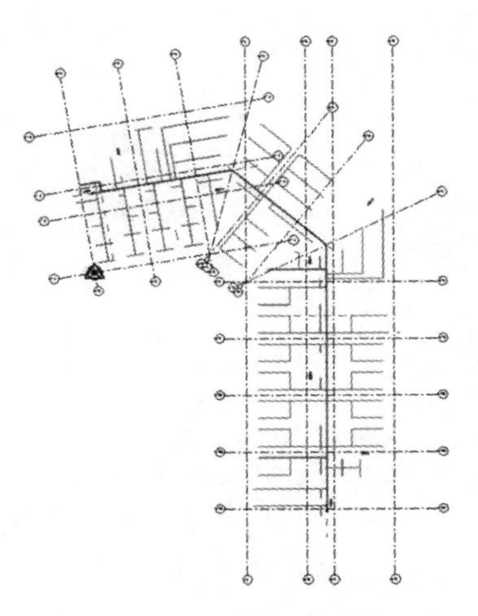

图 6-7　水专业模型

(5)合模:以景观专业为主导专业,如图 6-8 所示,在“插入”选项卡的链接面板中单击“链接 Revit”工具,打开导入/链接 Revit 对话框,如图 6-9 所示。

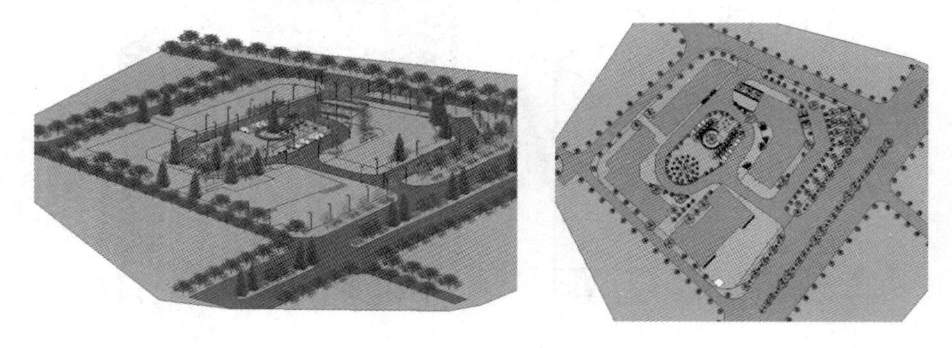

图 6-8　景观专业模型

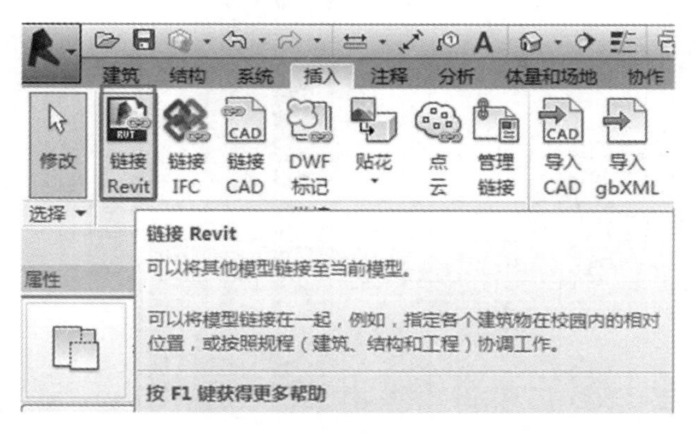

图 6-9　链接 Revit

浏览至光盘中的建筑模型,如图 6-10 所示,修改对话框中的“定位”方式为“自动-原点到原点”。单击“打开”按钮,分别载入各专业模型.rvt 项目,Revit Architecture 将自动按原点对齐链接模型与当前模型。

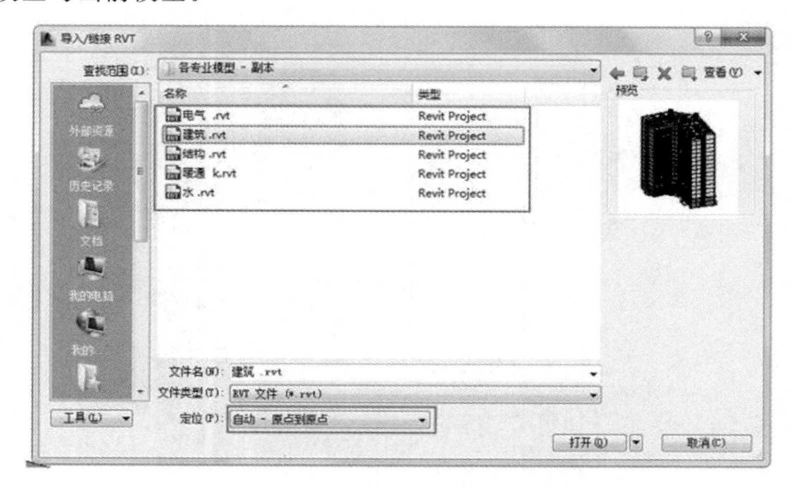

图 6-10　导入/链接 RVT

(6)各专业合模成果如图 6 - 11 所示。

图 6 - 11　合模成果

需要注意的是,如果一个主模型中有多个链接模型,并且需要对多个链接模型均进行编辑,那么在主模型与链接模型之间切换的操作时间将是巨大的,可以说在模型之间切换的操作和等待时间能占到整个操作的 50%左右,这样不仅不能提高工作效率,反而会浪费大量的时间。

橄榄山编辑链接工具能够快速完成对链接模型的编辑。橄榄山编辑工具可以在不卸载当前链接模型的情况下,直接打开链接模型,并且在编辑保存关闭后,在主模型中能够自动更新对链接模型的编辑。

(1)在“模型深化”选项卡中启动“编辑链接模型”工具,选择需要进行编辑的链接模型,如图 6 - 12 所示。

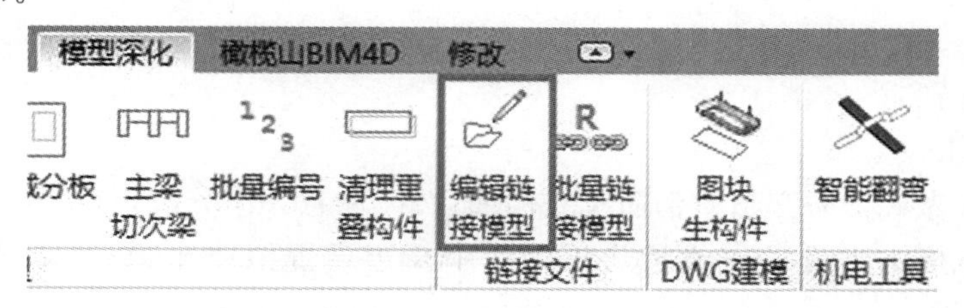

图 6 - 12　编辑链接模型

(2)此时会自动打开链接模型,进行编辑、保存关闭即可。

对链接模型编辑保存关闭之后,可以在主模型中看到链接模型已经自动进行了更新,无须再进行载入工作。

对于链接模型较多的项目,这样的操作可以节省大量的操作时间。

除了对链接模型的修改之外,Revit 在进行模型链接的时候只能一个一个地进行操作,橄榄山提供了“批量链接”工具,能够批量对模型进行链接,如图 6 - 13 和图 6 - 14 所示。

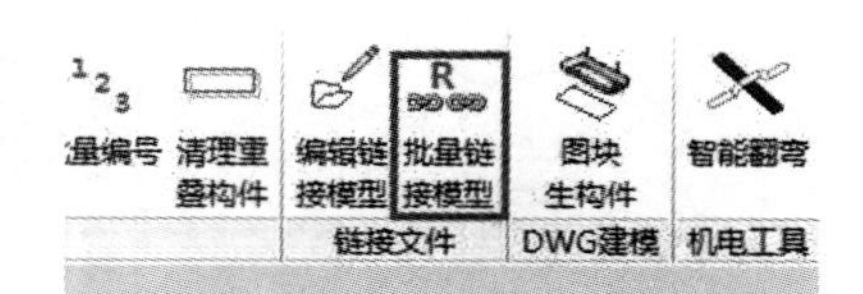

图 6－13　批量链接模型

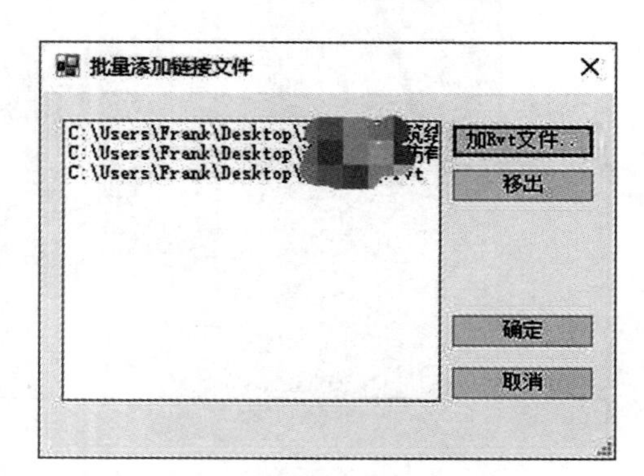

图 6－14　批量添加链接文件

6.1.3　模型校审

BIM模型审查的主要工作内容是：利用三维模型作为会审的沟通平台，根据项目现场数据采集结果，整合项目设计阶段模型，进行设计、施工数据检测、问题协调；在三维模型的基础上，检测各专业设计合理性与协调性，核查设计问题及施工可行性。具体来说，景观工程BIM模型可以直接在Revit中进行模型审查，也可以借助Navisworks、Fuzor等软件方便地进行相关内容审查。审查要点一是景观工程专业问题；二是BIM模型的规范、信息的完整与合理。依据以往景观工程设计及施工经验教训总结和国家相关设计规范进行提炼，审查主要包括硬质景观设计、种植设计、水电设计等内容。下面以总体设计要求和种植设计为例说明其专业要点。

1. 总体设计要求

(1)消防要求。

①总图中应做好消防车道及消防车登高面设计，注意人车分流。

②高层建筑周围宜设环形或沿建筑的两个长边设置消防车道；尽端式消防车道应设18m×18m回车场。

③消防车最小转弯半径：高层12m，多层9m。

④消防车道最小宽度：登高面处6m，其他处4m，可做成隐性消防通道。

⑤消防车道的坡度：登高面≯1%，其他处≯7%。

⑥消防车道距建筑物距离宜≮5m。

(2)流线设计。

住宅出入口处应设置人车分流专用通道；动静态交通应组织合理，通达性好，对居住不造成干扰。

当商住楼住户大堂与流量大的商业服务空间临近时，商业用房的货运出入口宜设在地下室或与大堂入口异向布置，避免人、货流交叉，减少交通安全隐患。

(3)无障碍设计。

应考虑无障碍设计,各内容应满足规范或业主认可。

(4)安全性考虑。

水景、泳池边界是否有护栏或绿化处理,平台临界边的护栏是否满足规范及安全要求(高度要在1050 mm以上)。

汀步/小桥两米内水深不得超过500mm,否则就要设置栏杆,栏杆高度要求在1050mm以上。

(5)居住区道路宽度。

(6)道路及绿地最大坡度。

2.种植设计

(1)植物材料属性。

①模型中应注明的规格、数量是否全面;

②乔木规格应注明高、冠幅、胸径,如果是行道树还要注明最低要求的分枝点;

③灌木规格应注明高、冠幅、地径;

④地被要标明高、冠幅、每平方米种植数量、修剪要求;

⑤蔓生植物要注明枝长,丛生植物要注明一丛最低要保证多少枝。

(2)乔灌木种植设计。

①小环境的各生态特性是否适合所设计植物种类的生长;

②是否满足消防等规范的要求;

③要注明植物种类、规格、数量;

④各种不同品种的植物要用不同的颜色,以便于区分;

⑤地下车库或人防顶板上回填土是否满足种植要求。

(3)地被种植图。

①小环境的各生态特性是否适合所设计植物种类的生长;

②要明确各地被种植块的种植范围;

③要标明地被种类、种植面积;

④不同地被植物运用不同的颜色,以便于区分。

(4)放线网络图。

①模型给出易找的网络定位原点;

②规则式群植的乔灌木要标明准确的间距,以及规则式地被种植尺寸。

6.2 园林BIM模型应用

6.2.1 项目分析与调整

BIM模型通过审查景观工程专业问题及BIM模型的规范、信息的完整与合理,对出现的问题及时调整,调整内容主要包括硬质景观设计、种植设计、水电设计等。要求如下:

(1)调整后的各专业模型。模型深度和构件要求符合各阶段的各专业模型内容及其基本信息要求。

(2)优化报告。报告中应详细记录调整前各专业模型之间的问题,并提供解决方案。

6.2.2 相关文件生成与可视化

1.相关文件生成

(1)各专业参建单位如采用其他软件建模的,在提交模型时,必须将其他软件构建的模型转换格式以 *.rvt 格式提交,补充构件信息至完整并保证该模型能够被 Revit 系列及 Navisworks 软件正确读取。

(2)Revit 导入 3ds Max 的方法:可以将 Revit 创建的三维模型导入到 3ds Max 中进行更为专业的渲染。从 Revit 导入 3ds Max 有两种常用格式,即 fbx 与 dwg,默认下设置 fbx 是带有材质信息而 dwg 则没有,所以我们一般采用导入 fbx 格式。导出的信息格式如图 6-15 所示。

(3)Revit 导入 Lumion 的方法:Revit 模型可以导出 dwg、nwc、ifc 等格式的文件,但不能直接导出支持 Lumion 的 dae 格式,因此需要第三方 SketchUp 软件进行格式转换,先通过 Revit 模型导出 dwg 格式的模型,再用 SkctchUp 调取先前导出的 dwg 文件,利用 Sktch-Up 导出 dae 文件,这样便于 Lumion 直接调用。

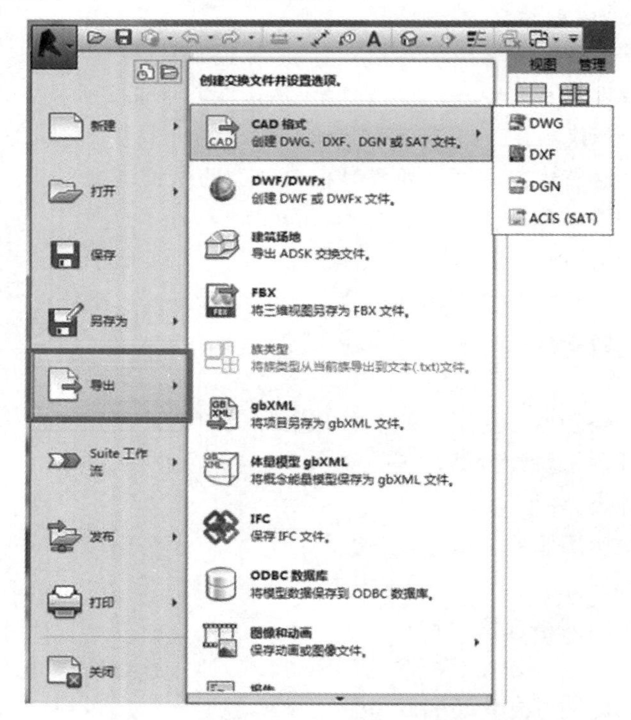

图 6-15 导出文件格式

2.可视化:某医院效果展示

某医院建筑体量模型效果如图 6-16 至图 6-18 所示。

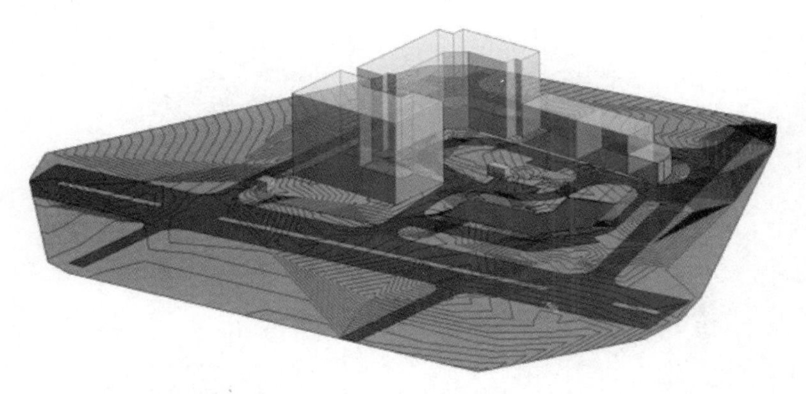

图 6-16　景观小品模型效果

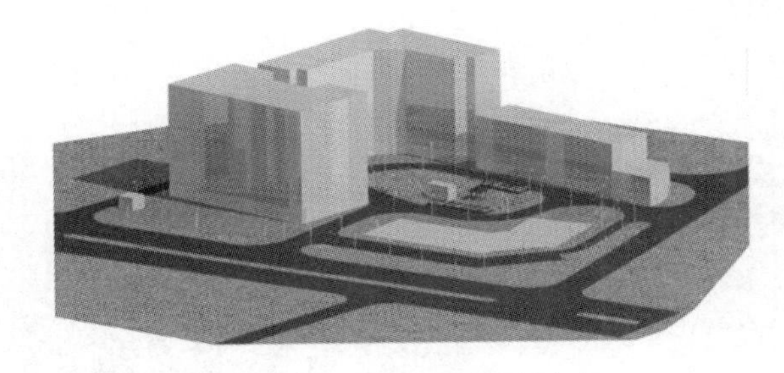

图 6-17　室外景观模型展示 1

图 6-18　室外景观模型展示 2

景观与建筑合模模型展示如图 6-19 至图 6-21 所示。

图 6-19　光线追踪状态下模型 1

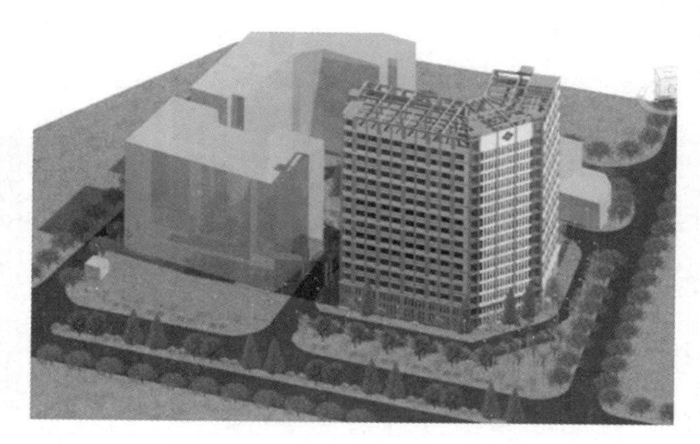

图 6-20　光线追踪状态下模型 2

图 6-21　真实状态下模型

3. Fuzor Plugin 特效

Fuzor 是革命性的 BIM 软件，是 BIM VR 的先行者，它不仅提供实时的虚拟现实场景，它让 BIM 模型数据在瞬间变成和游戏场景一样的亲和度极高的模型，最重要的是它保留了完整的 BIM 信息，做到了“用玩游戏的体验做 BIM”，并成为第一个实现 BIM VR 理念的平台。其界面如图 6-22 所示，效果如图 6-23 所示。

图 6-22　Fuzor 2017

图 6－23　Fuzor 效果展示

设置场景，放置人物在场地中环视一圈，可设置不同气候的场景（见图 6－24），效果展示如图 6－25 至图 6－28 所示。

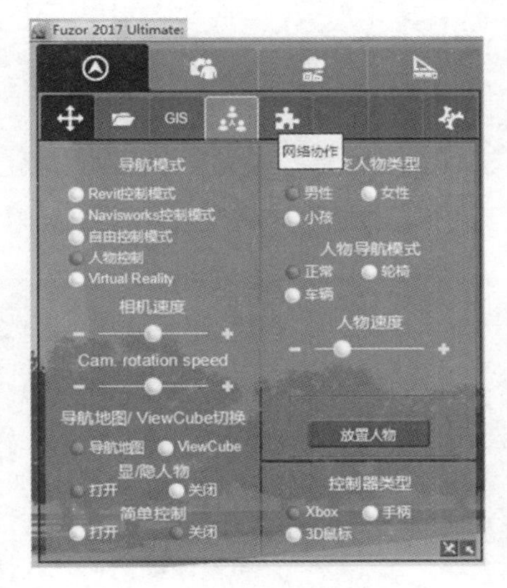

图 6－24　设置场景

图 6－25　天气晴朗效果

图 6-26　雨季效果

图 6-27　夜晚效果 1

图 6-28　夜晚效果 2

第7章 园林工程BIM协同与数据

教学导入

本章主要介绍园林工程“工作集”和“模型链接”的协同；同时将非几何信息集成到园林工程3D构件中，如材料特征、物理特征、力学参数、设计属性、价格参数、厂商信息等，使得建筑构件成为智能实体，3D模型升级为BIM模型。

学习要点

- “工作集”和“模型链接”的协同
- BIM模型信息的管理与交换

7.1 协同设计的数据引用

通过进一步将非几何信息集成到园林工程3D构件中，如材料特征、物理特征、力学参数、设计属性、价格参数、厂商信息等，使得建筑构件成为智能实体，3D模型升级为BIM模型。

园林工程BIM模型可以通过图形运算并考虑景观专业出图规则自动获得2D图纸，并可以提取出其他的文档，如工程量统计表等，还可以将模型用于日照分析、声学分析、客流物流分析等诸多方面。

7.2 协同设计的常用方法

在实际项目中我们可以选择“工作集”模式进行协同，也可以选择“模型链接”的方式进行协同。根据实际项目经验，总结了如下几条基本原则：

①单个模型文件大小建议不要超过300M；

②项目专业之间采用链接模型的方式进行协同设计；

③项目同专业采用工作集的方式进行协同设计；

④建议不要在协同设计的过程中做机电的深化设计(一是上传和下载模型浪费时间，二是机电深化要从整体出发)；

⑤项目模型的工作分配最好由一个人整体规划并进行拆分，同时拆分模型最好是在夜晚或者周末进行，以免耽误工作。

用户也可以根据自己的需要做调整，如多人能工作在同一工作集上，但是工作集的拥有者只能有一个，其他人只是这个工作集的借用者，工作集的拥有者对该工作集的所有已存在的构建有权限，除了被借走的构建。其他非工作集的拥有者能把构建创建在该工作集内，但是不能拥有工作集内已有构建的权限，并且非工作集的拥有者创建的构建相当于被该用户“借”走了，一旦他还回去了，将需要重新向工作集的拥有者“借”。当工作集没有拥有者时，Revit会自动把该构建借给需要借的用户。

协同设计通常有两种工作模式："模型链接"和"工作集"。

(1)模型链接法。

如图 7-1 所示，在"插入"选项卡的链接面板中单击"链接 Revit"工具，打开导入/链接 RVT 对话框。

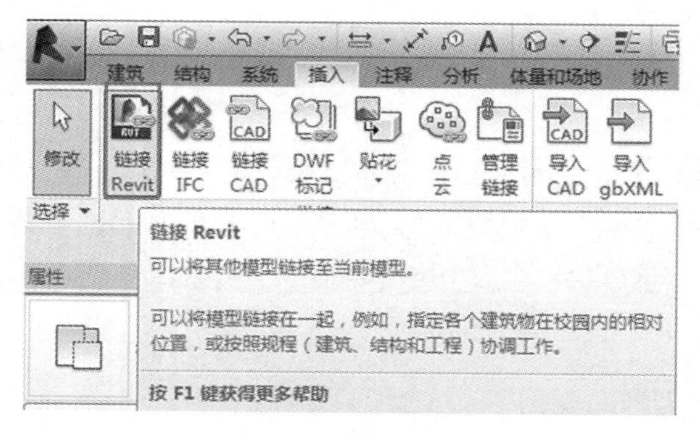

图 7-1　链接 Revit

浏览至光盘中的建筑模型，如图 7-2 所示，修改对话框中的"定位"方式为"自动-原点到原点"，单击"打开"按钮，载入项目建筑模型. rvt 项目，Revit Architecture 将自动按原点对齐链接模型与当前模型。

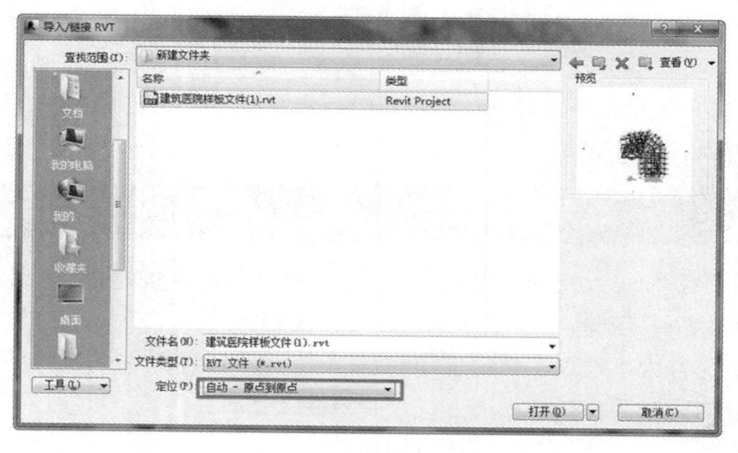

图 7-2　导入/链接 RVT

(2)工作集。

工作集是由项目经理或项目管理者在开始共享工作前设置完成，并保存于服务器共享文件夹中，以确保所有用户具备可以访问并修改中心文件的权限。工作集如图 7-3 所示。

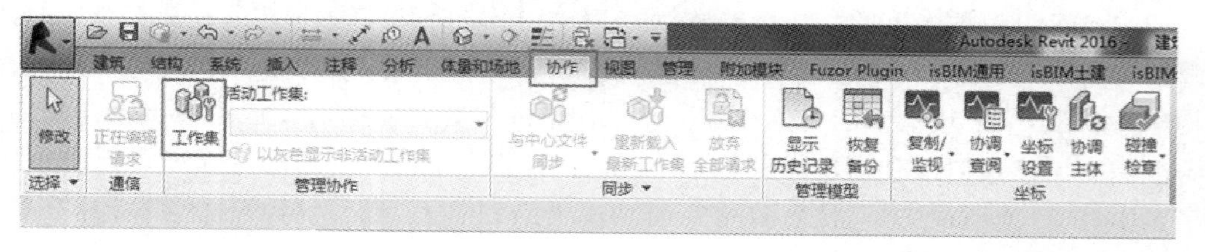

图 7-3　工作集

(3)“模型链接”和“工作集”优缺点。

这两种方式各有优缺点,但最根本的区别是:“工作集”可以多个人在同一个中心文件平台上工作,互相都可以看到对方的设计模型;而“模型链接”是独享模型,在设计的过程中不能在同一个平台上进行项目的交流。

虽然“工作集”是理想的设计方式,但由于“工作集”方式在软件实现上比较复杂,而“模型链接”相对成熟、性能稳定,尤其是对于大型模型在协同工作时,性能表现优异,特别是在软件的操作响应上。关于利用 Revit 工作集协同工作有以下几点建议:

①不同专业之间尽量避免使用工作集,因为这样会使中心文件非常大,使得工作过程中模型反应很慢。建议使用互相链接(Revit 提供将建筑链接结构,结构再链接建筑的工作模式)进行各专业之间协同工作。

②养成经常和中心文件同步的好习惯。对于多人同时在中心文件工作时,存在本地文件和中心文件不能同步的风险,及时地同步本地和中心文件能避免该风险,即使一旦发生这种情况也不至于工作了大半天的工作丢失。

③养成经常释放构建权限的习惯。如果把自己创建构建权限全部牢牢拽在手上,确实能避免别人随意修改,但是这样会出现别人经常需要向你借构建的情况,于是你一半的时间花在把构建借给别人上(当和他人工作交叉较多时)。

7.3 数据的共享与管理

一般由建设单位或总包方收集并集成包括模型、图纸、设备信息等 BIM 相关的数据,并按照一定的规则进行分类,并尽可能将数据与模型进行匹配,达到利用模型来查找数据的目的。

对于总包方负责的项目,根据分包的要求进行数据的提供与更新,并反馈图纸中出现的问题,将数据在平台上进行共享。总包定期对数据进行检查,并将模型信息、施工信息及其他信息进行定期发布,供各分包进行查阅与修正。分包方若需总包提供相应数据,必须提交数据请求表,在总包认可情况下进行数据提取。

综合实训篇

第 8 章　园林工程 BIM 实训案例

教学导入

本章主要以滇西应用技术大学为例重点介绍园林工程 BIM 的应用流程和相关要求。通过实训使学生了解用 Revit 创建室外景观的思路，理解建模流程和使用 Lumion 软件快速制作园区展示视频，做到熟练掌握软件的基本功能与使用方法。

学习要点

- 完成项目的正向设计
- 重点掌握 Revit 创建室外景观的思路，理解建模流程和使用 Lumion 软件快速制作园区展示视频
- 根据模型完成工程量清单及经济指标

8.1　项目概况

本项目位于滇西应用技术大学，包括珠宝学院和腾冲职教园区，经济技术指标如表 8－1 和表 8－2 所示。

表 8－1　滇西应用技术大学珠宝学院总经济技术指标表

	总建筑面积（m^2）	总占地面积（m^2）
一期	110246（地上建筑面积：107353＋地下/半地下建筑面积：2893）	27658
远期	81878	22923
总指标	192124（地上建筑面积：189231＋地下/半地下建筑面积：2893）	50581

表 8－2　腾冲职教园区一期建设完成后经济技术指标

总经济技术指标
用地面积：386945m^2（580.4 亩）
总建筑面积：184978.94m^2
地上建筑面积：174280.38m^2
地下建筑面积：10698.56m^2
建筑总占地面积：41304.45m^2
容积率：0.45
绿地率：49％
建筑密度：10.6％

学校分为六个功能区，分别为教学实验区、学生宿舍区、教师生活区、体育运动区、实训酒店区及种养殖基地区。

教学区：主要包括教学楼、实验楼、图书馆、行政办公用房、信息中心及学术交流中心。

学生宿舍区：主要包括一个学生宿舍组团及一栋食堂建筑。考虑到生活区的便利度和提高土地使用效率，将食堂与学生服务中心合建，便于学生使用。

教师生活区：包括一个教工宿舍组团及相关绿化、活动区。

体育运动区：由体育馆、一个标准田径场和各类室外运动场地组成。运动区靠近城市道路布置，既可供园区使用，也可对外经营，降低维护管理成本，并与宿舍区联系便捷。

种养殖基地区：在设计中考虑到职业院校与一般教育院校相比存在着强化技能培训这一比较特殊的要求，在基地的独立区域设置一处实验实训基地。

实训酒店区：提供实训人员住宿。

8.2 项目成果展示

8.2.1 传统成果展示

传统成果展示如图 8－1 至图 8－5 所示。

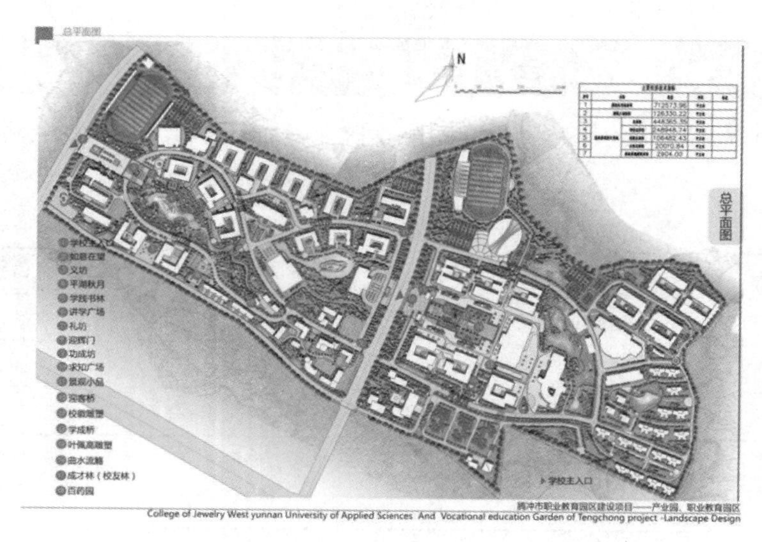

图 8－1　总平面图

图 8-2 入口鸟瞰

图 8-3 入口跌水

图 8-4 中心水景观

图 8-5　图书馆前广场

8.2.2　基于 BIM 模型的三维展示

基于 BIM 模型的三维展示如图 8-6 至图 8-10 所示。

图 8-6　入口水景

图 8-7　入口广场

图 8-8　中心广场

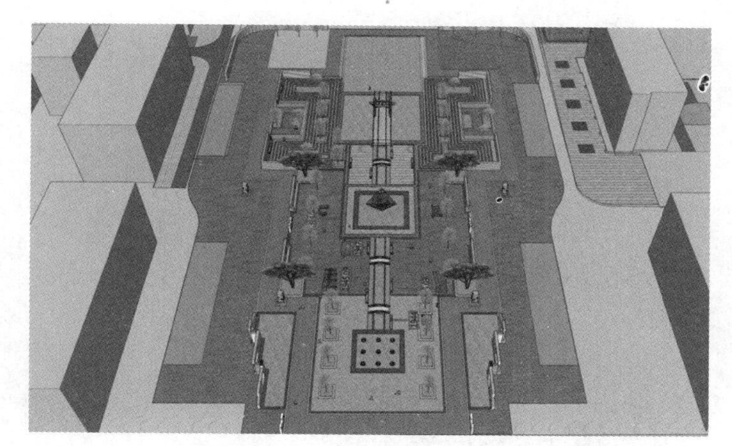

图 8-9　中心广场鸟瞰图

图 8-10　学成桥效果图

8.2.3　基于BIM模型的动画效果

(1)打开Lumion,选择场景,如图8-11和图8-12所示[注:图中上处当前语言改为CN(中文)]。

图8-11　打开Lumion

图8-12　语言改为中文

(2)导入新模型,格式为skp或者3D,如图8-13和图8-14所示。

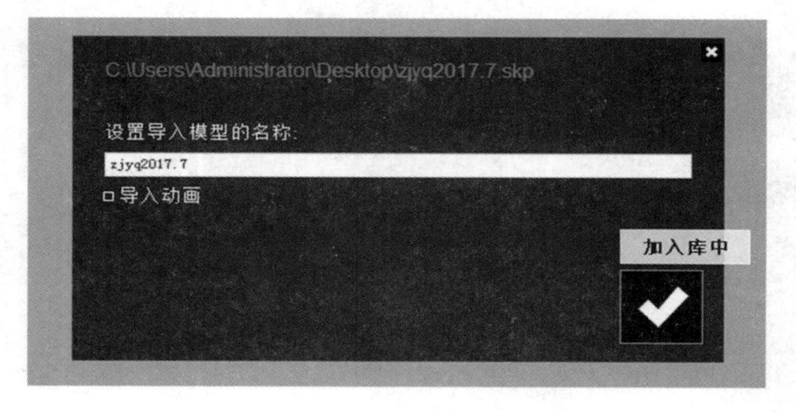

图8-13　导入新模型

图 8-14 格式为 skp

(3)选取角度,点击相机拍照,然后进入编辑模式,如图 8-15 所示。

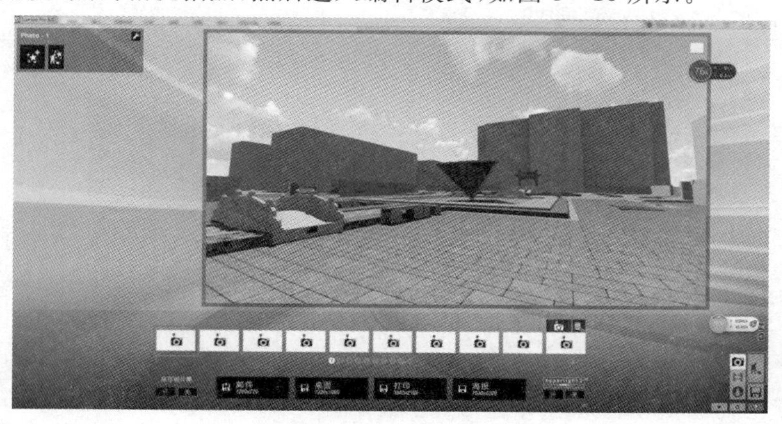

图 8-15 进入编辑模式

(4)调节天空、云朵、太阳高度,如图 8-16 所示。

图 8-16 调节云朵、天空、太阳高度

(5)调节材质、水域,可调整波高、反射率、光泽度,如图 8-17 和图 8-18 所示。

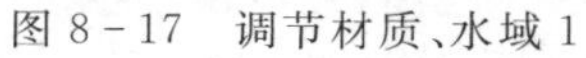
图 8-17　调节材质、水域 1

图 8-18　调节材质、水域 2

(6)放置乔木和背景树种,如图 8-19 所示。

图 8-19　放置背景树

(7)增加小乔木和灌木,如图 8-20 和图 8-21 所示。

图 8-20　增加小乔木和灌木

图 8-21　增加小乔木和灌木效果展示

(8)增加人物,如图 8-22 所示。

图 8-22　增加人物

(9)点击相机导图,如图 8-23 所示。

离散成面
合并三维实体
离散成线
变换区域成面
删除编辑历史
配置
系统工具
编辑工具
移动
复制
旋转
缩放
阵列
删除
手动编辑
Undo
Redo
设置视口属性
减小相机推进速度
增加相机推进速度
视线水平
充满显示选择
视图操作
常用命令
属性
路径设置
交互调整
动画预览
动画录制
顶点编辑
重复 " 动画路径 "
隐藏实体
隐藏未选实体
取消隐藏
锁定实体
取消锁定
反选实体
选择同层实体

图 8-23　相机导图

8.3 实训目标要求

通过实训使学生了解用Revit创建室外景观的思路,理解建模流程,做到熟练掌握软件的基本功能与使用方法。此外,学生还可以选择自己的可见设计作品完整地把模型表达出来。

8.4 提交成果要求

提交的成果主要包括项目的模型(格式按不同软件生成要求)、模型碰撞检测报告书、室外景观的渲染图、漫游图及场地构建明细表/图各一份。

8.5 实训准备

在实训开始前学生应根据自己的学习情况,选择方便获得的一款或多款软件进行组合训练。例如以下一些软件:Autodesk Revit、Navisworks、SketchUp、Fuzor、GIS、Civil 3D、Lumion、园林古建、园林景观佳园及鸿业 BIMSpace 系列软件等。

8.6 实训步骤和方法

(1)Autodesk Revit 建模软件,用于建筑物模型创建,同时用 Navisworks 检查模型的相关问题。同时,可以用 SketchUp、GIS、鸿业市政、BIMSpace 和 Civil 3D 进行场地的模型创建。

(2)用国产佳园园林设计软件为工具,按本教材第 5 章 5.6 节综合步骤和方法的相关内容进行景观工程设计。

(3)安装 Fuzor Plugin 软件,用于结合 Revit 的检查及漫游动画创作。

(4)安装 Lumion 软件,用于结合 Revit、SketchUp 的漫游动画创作。

8.7 实训总结

在园林工程中应用 BIM 设计相较于传统 CAD 出图而言,可自动生成各立面、各角度剖面视图,精确迅速完成之后即可进行标注,在获得业主认可后,实时出具施工图与工程量清单。通过 BIM 模型导入 Lumion 软件中,可轻松快速制作园区展示视频。因 Lumion 中自带植物库,更为逼真,展示效果更佳。故项目乔木部分 BIM 模型单独导入软件中,根据设计树种在库中进行选择替换。园林工程中漫游展示和工程清单及造价设计过程中,可随时根据模型提出工程量清单进行工程套价,及时把握调整园林的经济指标。目前,园林工程普遍要求进行限额设计,一般都是根据经验进行粗略估算,经常要在设计完成之后,做出详细概算,然后才能返回来对设计进行增减。但是有了园林 BIM,就能快速、准确生成工程量清单,全过程精确把控工程成本。园林 BIM 应用通过可视化手段,降低业主方与设计者在沟通上的成本与认知偏差,直观展示设计成果,得以使设计充分满足业主需求,同时在 BIM 协同化工作的支持下,提高设计、预算等部门间的工作效率。通过景观项目的操练,总结了应用流程,探索了 BIM 化园林项目模式。在园林工程中应用 BIM 技术,还可将苗木、设备、施工信息等平台化,为苗木建立可追溯的移植档案,了解其原产地,以提高种植成活率;为苗木生产建立工厂化模式,进行精细管理,确保订单按质按量完成,打造工业化的园林景观。

附　录　BIM 相关软件获取网址

序号	名称	网址
1	AutoCAD	http://www. Autodesk. com. cn/products/AutoCAD/free-trial
2	SketchUp	http://www. sketchup. com/zh-CN/download
3	3ds Max	http://www. Autodesk. com. cn/products/3ds-max/free-trial
4	Revit	http://www. Autodesk. com. cn/products/Revit-family/free-trial
5	ArchiCAD	https://myarchiCAD. com/
6	AutoCAD Architecture	http://www. Autodesk. com. cn/products/AutoCAD-architecture/free-trial
7	Rhino	http://www. Rhino3d. com/download
8	CATIA	http://www. 3ds. com/zh/products-services/catia/
9	Tekla Structures	https://www. tekla. com/products
10	Bentley	www. bentley. com
11	PKPM	http://47. 92. 92. 199/pkpm/index. php? m=content&c=index&a=lists&catid=35
12	天正软件	http://www. tangent. com. cn/download/shiyong/
13	斯维尔	http://www. thsware. com/
14	广联达 BIM	http://bim. glodon. com/
15	浩辰 CAD	http://www. gstarCAD. com/downloadall/index. html
16	鸿业科技	http://www. hongye. com. cn/
17	博超软件	http://www. bochao. com. cn/index. asp
18	广厦软件	http://www. gsCAD. com. cn/Downloads. aspx? type=0
19	探索者	http://www. tsz. com. cn/view/webjsp/sygm/zhichifuwu. jsp
20	鲁班软件	http://www. lubansoft. com/
21	译筑 EBIM 软件	http://www. ezbim. net/
22	晨曦 BIM	http://www. Chenxisoft. com/CXBIM/Product/ProductCentre? menuIndex=2
23	品茗软件	www. pmddw. com

参考文献

[1] BIM工程技术人员专业技能培训用书编委会.BIM建模应用技术[M].北京:中国建筑工业出版社,2016.

[2] 柏慕进业.Autodesk Revit Architecture 2016官方标准教程[M].北京:电子工业出版社,2016.

[3] 许蓁.BIM建筑模型创建与设计[M].西安:西安交通大学出版社,2017.

[4] 鸿业BIMSpace系列软件教程[Z].2017.

[5] PKPM GARLAND佳园园林设计软件及PKPM古建设计软件GUCAD[Z].中国建筑科学研究院建筑工程软件研究所,2008.

[6] 中国建筑科学研究院建筑工程软件研究所.园林古建软件教程[EB/OL].(2008-06-01)[2017-02-01].http://www.baidu.com.

[7] 黄强.IFC-BIM与P-BIM的区别与前景[Z].2017.

[8] 何关培.BIM总论[M].北京:中国建筑工业出版社,2011.